RIEMENTRIEBE · KETTENTRIEBE · KUPPLUNGEN

RIEMENTRIEBE KETTENTRIEBE KUPPLUNGEN

SPRINGER FACHMEDIEN WIESBADEN GMBH

SCHRIFTENREIHE ANTRIEBSTECHNIK

Heft 12

Herausgegeben von der

Fachgemeinschaft Getriebe und Antriebselemente

im

Verein Deutscher Maschinenbau-Anstalten e. V.

(VDMA)

ISBN 978-3-663-00983-2 ISBN 978-3-663-02896-3 (eBook)
DOI 10.1007/978-3-663-02896-3

Vorträge und Diskussionsbeiträge

der Fachtagung „Antriebselemente“, Essen 1953

mit 230 Abbildungen

1954

Softcover reprint of the hardcover 1st edition 1954

Ursprünglich erschienen bei Friedr. Vieweg & Sohn, Braunchweig 1954

Herstellung: H. Heenemann KG, Berlin, und Fritzsche/Ludwig, Berlin

Vorwort

Jedem Ingenieur, der auf dem Gebiete der Antriebstechnik arbeitet, sind aus seiner Berufsarbeit die Maschinenelemente geläufig. Leider sind ihm aber in vielen Fällen gewisse, damit im Zusammenhang stehende wichtige wirtschaftliche Tatbestände nicht bekannt. Sie kommen in den folgenden Zahlen zum Ausdruck:

Unter den Erzeugnisgruppen des gesamten Maschinenbaues nehmen die Antriebselemente — zu ihnen gehören Gleit- und Wälzlager, Kupplungen, Zahnräder und andere Transmissionsteile — sowie die Zahnradgetriebe und die stufenlos regelbaren Getriebe einen beachtlichen Platz ein. Umsatzmäßig repräsentierten sie im Jahre 1952 einen Wert von etwa 700 Millionen DM und standen damit in der fachlichen Unterteilung an vierter Stelle. Der Anteil der direkten Ausfuhr in diesen Erzeugnissen betrug etwa 10 Prozent der vorgenannten Summe.

In der Gruppe Stahlgelenkketten wurde im Jahre 1952 ein Gesamtumsatzwert von rund 33 Millionen DM bei einem Ausfuhranteil von 25 bis 30 Prozent erstellt. — Im gleichen Zeitabschnitt beliefen sich die Gesamtumsätze der Hersteller von Lederriemen auf etwa 20 Millionen DM. Hier betrugen die Exporterlöse etwa 10 Prozent dieser Summe. — Die Kautschukindustrie beziffert ihre Gesamtumsätze in Gummikeilriemen auf etwa 19 Millionen DM für das Jahr 1952, dabei lag der Wert der direkten Ausfuhr bei etwa 15 Prozent. — In Textil- und Kunststoffflachriemen wurden schätzungsweise noch größere Umsätze erzielt.

Aus den angegebenen Zahlen wird die große Bedeutung, die den Herstellern von Getrieben und Antriebselementen im Rahmen der gesamten Industrie zukommt, eindrucksvoll sichtbar. In der Tat, es dürfte nur wenige Industriezweige geben, denen die Antriebselemente in ihren vielfältigen Ausführungsformen — als Zulieferungen — nicht vorgelagert sind. Dabei stellen hier die angegebenen Exportzahlen nur einen kleinen Teil der effektiven Exportleistung dieser Industrie dar.

Antriebselemente werden den verschiedensten Fabrikaten zugeordnet und gehen als wesentliche Bestandteile oder Zubehör dieser Erzeugnisse ins Ausland. Da in der deutschen Exportleistung aber nur die Endfabrikate erfaßt und gezählt werden, treten sie als Exporterzeugnisse in einem zahlenmäßigen Ausweis nicht mehr in Erscheinung.

Im Hinblick auf die besondere Bedeutung der Antriebselemente hat die Forschung und Weiterentwicklung auch auf dem Gebiete der Riementriebe, Kettentriebe und Kupplungen weite Ausstrahlungen auf die verschiedensten Erzeugnisgruppen der Industrie. In der technischen Qualität und Leistungsfähigkeit dieser Antriebselemente wird aber die Qualität und Leistungsfähigkeit der Endprodukte bestimmt.

Im Sinne der Weiterentwicklung der Industrie kann es nur wünschenswert sein, wenn sich die Spezialfirmen, die sich mit der Herstellung hochwertiger Antriebselemente beschäftigen, ihrer Verpflichtungen bewußt sind, unter Beachtung und Berücksichtigung der Forderungen der Normung und Rationalisierung dem Fortschritt zu dienen.

Die Veranstalter der Fachtagung 1953, die Fachgemeinschaft Getriebe und Antriebselemente im Verein Deutscher Maschinenbau-Anstalten, die Fachabteilung Stahlgelenkketten im Wirtschaftsverband Eisen-, Blech- und Metallwarenindustrie und die Arbeitsgemeinschaft Deutscher Konstruktions-Ingenieure im Verein Deutscher Ingenieure, hoffen, daß diese Veranstaltung hierzu neue Anregungen gegeben hat.

Inhaltsverzeichnis

Prof. Dr.-Ing. K. KOLLMANN, Karlsruhe

Grenzen der Drehmomenten- und Leistungsübertragung bei Riementrieben, Kettentrieben und Kupplungen

Je nach der Art der für die Energiefortleitung vorgesehenen Anordnung der Wellen kommen verschiedenartige Maschinenelemente für die Drehmomenten- und Leistungsübertragung zur Anwendung. Für fluchtende Wellen, bei denen höchstens kleine Fluchtungenauigkeiten, herrührend von der Art der Aufstellung, der Genauigkeit der Montage, der Art der treibenden und getriebenen Maschinensätze, ausgeglichen werden müssen, werden im allgemeinen einfache Kupplungen eingebaut. Sind die zu verbindenden Wellen aber in größerer Entfernung parallel zueinander oder in einer beliebigen Winkellage liegend angeordnet, so erfolgt die Kraftübertragung über zwischengeschaltete Bauelemente, z. B. Riementriebe oder Kettentriebe oder, wie man in allgemeiner Form sagt, über Hülltriebe. Diese Hülltriebe werden vor allem dann angewendet, wenn der Aufwand an Zahnrädern zu groß und zu kostspielig würde, um die Wellen miteinander zu verbinden, und neuerdings dann, wenn besondere Laufruhe verlangt wird, die auch bei besthergestellten Zahnrädern aus Stahl oder Kunststoffen oft nicht befriedigend erreicht werden kann.

Wenn hier von Kupplungen und Hülltrieben die Rede ist, so können also zunächst bei der generellen Betrachtung von Maschinenelementen für die Drehmomenten- und Leistungsübertragung folgende Merkmale in den Vordergrund gestellt werden:

1. Kupplungen.

Grundsätzlich für fluchtende Wellen bzw. Wellenstränge, bei denen höchstens kleine Fluchtungsfehler, wie Wellenversatz oder Winkelabweichungen, auszugleichen sind.

2. Hülltriebe,

also Riemen- oder Kettentriebe für *nicht* fluchtende Wellen, die parallel oder in beliebiger Richtung zueinander angeordnet sind, mit gleichen oder verschiedenen Drehzahlen und in gleichem oder entgegengesetztem Drehsinn angetrieben werden sollen.

Bei beiden Gruppen von Verbindungselementen findet man zwei Arten der Kraftübertragung:

1. durch kraftschlüssige Verbindungselemente, wie sie bei Reibkupplungen, Riementrieben und Seiltrieben zur Anwendung kommen. Das Charak-

1 Antriebselemente

teristische dabei ist, daß eine im allgemeinen von der Größe des zu übertragenden Drehmomentes bzw. der zu übertragenden Leistung abhängige Spannkraft aufgewendet werden muß, um die Energieübertragung vornehmen zu können. Fällt diese Kraft fort, so wird die Energieübertragung unterbrochen bzw. unmöglich gemacht.

2. durch formschlüssige Verbindungselemente, z. B. Klauenkupplungen und Kettentriebe, bei denen durch Klauen, Stifte oder Zähne, ohne eine Spannkraft aufbringen zu müssen, mechanisch die Kraftübertragung vom treibenden auf den getriebenen Teil erfolgt.
   Als formschlüssig werden auch Verbindungselemente bezeichnet, wie sie bei allen Arten von elastischen Kupplungen mit und ohne Dämpfungsglieder angewendet werden.

Wenn man in einem einleitenden Überblick auf die Grenzen der Drehmomenten- bzw. Leistungsübertragung der angeführten Verbindungselemente eingehen soll, erscheint die getrennte Behandlung der kraftschlüssigen und formschlüssigen Verbindungselemente notwendig.
Welches sind nun die Einflußgrößen, auf die bei den kraftschlüssigen bzw. bei den formschlüssigen Verbindungselementen Rücksicht zu nehmen ist?

A. Kraftschlüssige Verbindungen:
   1. Reibwert (Umschlingungswinkel),
   2. Schlupf,
   3. Erwärmung,
   4. Festigkeit,
   5. Verschleiß,
   6. Laufgeräusch,
   7. Elektrische Leitfähigkeit bzw. elektrische Aufladung.

B. Formschlüssige Verbindungen:
   1. Hertzsche Pressung bzw. spez. Flächenbelastung,
   2. Gleit- oder Wälzreibung,
   3. Erwärmung,
   4. Festigkeit,
   5. Verschleiß,
   6. Herstellungsgenauigkeit,
   7. Laufgeräusch.

A. Kraftschlüssige Verbindungen

Wenden wir uns zunächst den kraftschlüssigen Übertragungselementen zu.
Die Kraftübertragung erfolgt über den Reibungsschluß von zwei oder mehreren Reibelementen. Damit ist diese in weiten Grenzen abhängig von den „Schmierbedingungen“, denen die mit größerer oder kleinerer Geschwindigkeit (Schlupf) aneinander vorbeigleitenden Reibflächen ausgesetzt sind. Be-

kanntlich hängt der Reibwert μ von der Gleitgeschwindigkeit, vom spezifischen Flächendruck, vom Schmierzustand, von den chemischen und physikalischen Eigenschaften des Schmierstoffes und schließlich vom Werkstoff und der Oberflächenbeschaffenheit (nicht Rauhigkeit) der Gleitflächen ab.

Während nun bei Gleitlagern der Einfluß dieser Größen im wesentlichen bekannt ist, fehlen klare Ergebnisse für Reibtriebe, wie sie Riementriebe und Reibkupplungen darstellen.

Nach der hydrodynamischen Schmiertheorie ist zur Bildung eines tragfähigen Ölfilmes eine keilförmige Anlaufzone notwendig, in der sich der Öldruck aufbaut. Bei axial belasteten Lagern unterteilt man deshalb die meist ringförmige Laufbahn in einzelne Segmente, die sich entsprechend der Druckbelastung leicht schiefstellen und den Aufbau des erforderlichen Schmieröldruckes in der belasteten Zone ermöglichen.

Es ist nun anzunehmen, daß bei ebenen plangeschliffenen Kupplungslamellen der Aufbau eines tragfähigen Ölfilmes unmöglich ist. Da bisher darüber noch keine Versuchsergebnisse vorliegen, wurden in meinem Institut Grundlagenversuche mit planen Lamellen durchgeführt, wobei folgendes geklärt werden sollte:

1. Ist es überhaupt möglich, den Zustand der flüssigen Reibung zu erreichen?
2. Durch welche Kenngrößen kann die Charakteristik des Reibwertes in Abhängigkeit von der Gleitgeschwindigkeit beeinflußt werden?

Untersucht wurden:

a) Verschiedene Ausbildung der Oberfläche (glatt gegen glatt, glatt gegen profiliert),
b) verschiedene Materialpaarungen,
c) verschiedene Schmierstoffe mit und ohne besondere Zusätze.

Bei der für diese Versuche besonders entwickelten Prüfeinrichtung wurde bewußt Wert darauf gelegt, geschlossene Reibflächen bzw. ganze Lamellen auf ihr Reibwertverhalten zu untersuchen. Auf eine mit der zu untersuchenden Gleitgeschwindigkeit umlaufenden Platte wurde die Prüflamelle eingebaut. Ein mit einem veränderlichen Gewicht belasteter Gegenkörper trug die Gegenfläche der zu untersuchenden Paarung. Bei den erwähnten Versuchen wurde für diese Gegenfläche Einsatzstahl verwendet, dessen Oberfläche gehärtet und poliert war. Das Reibmoment wurde auf eine empfindliche mechanische Waage übertragen, aus deren Anzeige der jeweilige Reibwert ermittelt werden konnte. Heizeinrichtungen gestatteten, die Temperatur dosierter Schmierstoffmengen konstant zu halten.

Um zunächst zu beweisen, daß grundsätzlich für flächige Reibkörper, deren Reibflächen geschmiert sind, gleichartige Beziehungen wie für Gleitlager gelten, wurden Untersuchungen an verschiedenen Stahlsorten mit ebenen glattpolierten Oberflächen durchgeführt *(Bild 1)*. Bei Gleitgeschwindigkeiten von 2 bis 300 mm/s konnten bei einer Belastung von 2 kg/cm² eindeutige Stribeck-Kurven ermittelt werden, die schon bei etwa 80 mm/s Gleitgeschwindigkeit den Ausklinkpunkt, also den Übergang in den Zustand der flüssigen Reibung, zeigen. Demnach liegt der Bereich der Grenzreibung bei kleinen Gleitgeschwindigkeiten. Er erweitert sich um so mehr, je höher die spez. Flächenpressungen gewählt werden. Im gleichen Bild ist auch der Einfluß des Schmieröles gezeigt, der den Bereich der Grenzschmierung nicht unwesentlich verlagert. Es scheint mir besonders wichtig zu sein, in diesem Zusammenhang darauf hinzuweisen, wie groß bei der gewählten Materialpaarung der Unterschied zwischen dem Haftreibwert bei der Gleitgeschwindigkeit Null und dem Gleitreibwert bei größeren Gleitgeschwindigkeiten (0,3 m/s) ist. Im vorliegenden Fall verhalten sich beide Werte zueinander etwa wie 15 : 1 bis 30 : 1.

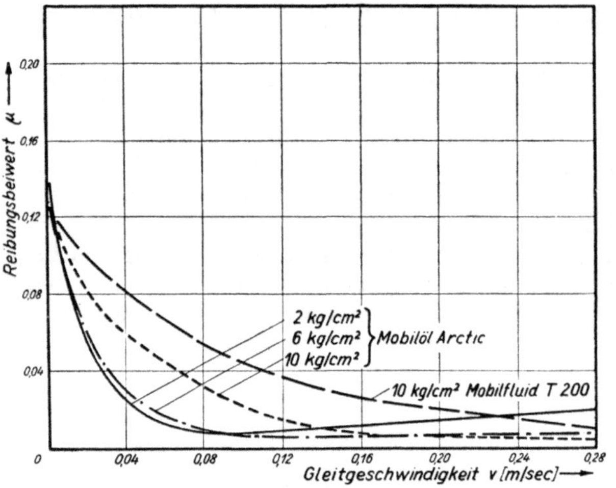

Bild 1. **Verlauf des Reibwertes μ abhängig von der Gleitgeschwindigkeit ($v = 2$ bis 300 mm/sec).**
Gleitflächen: glatt poliert, Bleistahl gegen Einsatzstahl gehärtet
Schmierstoff: Mobilöl Arctic und Mobilfluid T 200

Bei sehr kleinen Gleitgeschwindigkeiten stellen sich stark spürbare hochfrequente Schwingungen ein, die von verschiedenen Größen, wie Belastung, Schmierstoff und Temperatur, abhängen und sowohl senkrecht wie in der Ebene der Reibflächen wirken. Da diese Schwingungen bei Schaltvorgängen, wie sie an Werkzeugmaschinen häufig vorkommen, störend wirken, soll in gesonderten Versuchen die Art und die Entstehung dieser häufig als Rattern bezeichneten Schwingungen geklärt werden.

Ersetzt man nun eine der Reibflächen, z. B. durch gesintertes Material *(Bild 2)*, so steigt der Gleitreibwert μ *(Bild 3)* bei einer Gleitgeschwindigkeit von 0,3 m/s von etwa 0,005 auf etwa 0,04 an, während der Haftwert mit 0,12 bis 0,14 etwa erhalten bleibt. Der Reibwert verändert sich also bei dieser Reibflächenpaarung etwa im Verhältnis 3 : 1.

Ändert man nun auch die Form der Oberfläche nach *Bild 2* z. B. durch Aufbringen spiralförmig verlaufender scharfer Nuten, so erhält man wesentlich höhere Gleitreibwerte, z. B. steigt bei $v = 0{,}3$ m/s der Reibwert μ von 0,04 auf etwa 0,1 an, d. h. das Verhältnis von Haftreibwert zu Gleitreibwert wird etwa 1,5 ($v = 0{,}3$ m/s) bis zu 1,87 ($v = 0{,}7$ m/s) : 1.

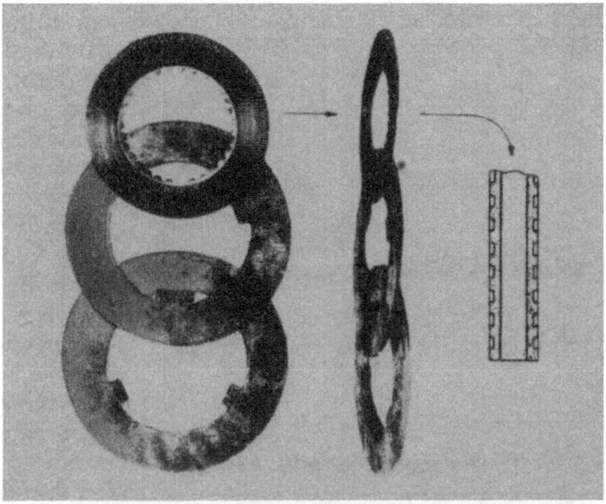

Bild 2. Lamellen mit beidseitig aufgesintertem Reibbelag aus Sinterbronze (Stromag, Unna) Gleitflächen: Sinterbronze mit Spiralnut

Diese Erkenntnis scheint deshalb außerordentlich wichtig zu sein, weil von der Neigung der Kurve oder besser gesagt vom Differential-Quotienten $d\mu/dv$ die Stabilität der Kraftübertragung durch Reibflächen abhängt. Wenn die Kraftübertragung bis zur Grenze des Reibwertes μ beansprucht wird und die Kupplung zum Rutschen kommt, so kann die Kupplung nicht mehr zur Ruhe kommen, da der Reibwert μ mit zunehmender Gleitgeschwindigkeit abnimmt. Dieses Verhalten des Reibwertes ist für Sicherungs- oder Rutschkupplungen zweifellos günstig, dagegen ungünstig für Schaltkupplungen, also Kupplungen, deren Schlupf möglichst den Wert Null beibehalten soll.

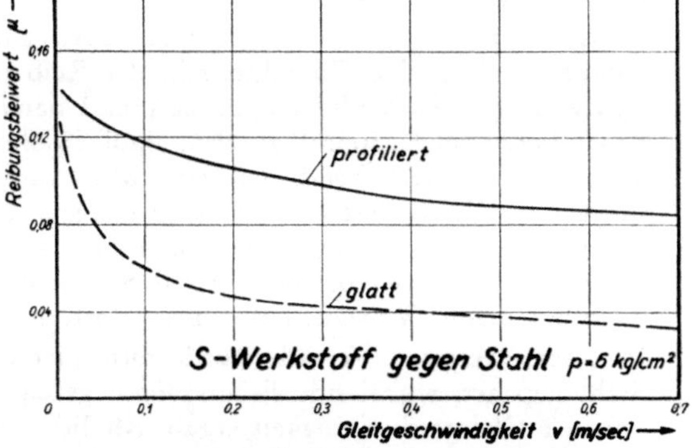

Bild 3. Verlauf des Reibwertes μ abhängig von der Gleitgeschwindigkeit ($v = 2$ bis 700 mm/sec).
Gleitflächen: Sinterbronze (glatt – – – und profiliert ——) gegen Einsatzstahl gehärtet (glatt), geschmiert

Interessant ist ferner, daß sich bei profilierter Reibfläche der Reibwert bei Trockenlauf nur unwesentlich ändert *(Bild 4)*. Vermutlich tritt bei dem verwendeten Sintermaterial bei Trockenlauf zunächst noch so viel Schmierstoff aus, daß die Gleitverhältnisse nicht wesentlich verändert werden. Längere Laufversuche wurden noch nicht durchgeführt.

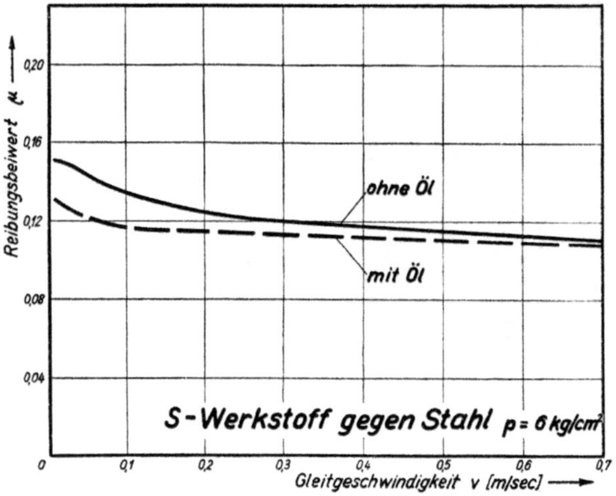

Bild 4. **Verlauf des Reibwertes μ abhängig von der Gleitgeschwindigkeit (v = 2 bis 700 mm/sec).**
Gleitflächen: Spezialsinterbronze mit Nickelzusatz (massiv gesinterte Lamellen), profiliert gegen Einsatzstahl, gehärtet, glatt (unter Öl – – – und trocken —— laufend)

Es zeigte sich bei diesen Versuchen ferner, daß abhängig von der Wahl der Werkstoffe der Reibflächen die bereits erwähnten Schwingungserscheinungen im Bereiche kleiner Gleitgeschwindigkeiten um so ausgeprägter sind, je steiler die Kurve vom Haftwert in den Gleitreibwert abfällt, also je größer der Wert $d\mu/dv$ ist.

Es wurde deshalb untersucht, wie weit durch Zusätze im Öl, also durch Veränderung der molekularen Bindungskräfte zwischen der Grenzschicht des Öles und den Grenzflächen der Reibelemente der Verlauf des Reibwertes abhängig von der Gleitgeschwindigkeit verändert werden kann.

Durch geringe Zusätze von Stearin- oder Oleïn-Säure (bis 0,5%) *(Bild 5)* konnte die bisherige Charakteristik der Reibwerte im Gebiet kleinster Gleitgeschwindigkeiten völlig umgeändert und damit ein stabiler Zustand für die Kraftübertragung erreicht werden, stabil insofern, als kleine Gleitgeschwindigkeiten reibwerterhöhend wirken. Mit zunehmender Gleitgeschwindigkeit steigt der Gleitreibwert rasch bis zu einem Maximalwert an, der praktisch konstant über dem untersuchten Geschwindigkeitsverlauf bleibt und etwa dem Wert entspricht, der bei Betrieb mit Schmieröl ohne Zusatz gefunden worden war. Bei diesen Versuchen trat kein Rattern ein.

In einem weiteren Versuch wurde nicht-metallischer Reibstoff (Graphit) mit Stahl gepaart, wobei sich die im *Bild 6* gezeigte Abhängigkeit des Reibwertes von der Gleitgeschwindigkeit ergab. Ähnlich wie bei den Versuchen, bei denen Öl mit Spuren von Oleïn- bzw. Stearin-Säure verwendet wurde, steigt bei dieser Paarung, sofern zwischen den Gleitflächen kein Schmieröl vorhanden ist, der Reibwert bei kleinen Gleitgeschwindigkeiten zunächst außerordentlich stark an und bleibt bei höheren Gleitgeschwindigkeiten nahezu konstant. Wird zwischen die Reibflächen Schmierstoff eingebracht, so bleibt der Haftreibwert praktisch erhalten, dagegen sinkt der Reibwert bei größeren Gleitgeschwindigkeiten von etwa 0,22 auf 0,09 ab. Das Verhältnis des Haftreibwertes zum Gleitreibwert beträgt dabei etwa 0,1 : 0,09, also etwa 1,1 : 1.

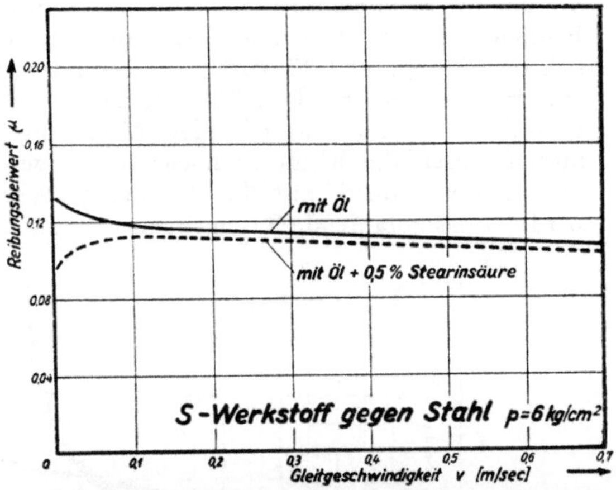

Bild 5. **Verlauf des Reibwertes μ abhängig von der Gleitgeschwindigkeit ($v = 2$ bis 700 mm/sec). Einfluß von Zusätzen zum Schmierstoff. Gleitflächen wie in Bild 4**

Da die gezeigten Kurven erste Versuchsergebnisse darstellen, die einer erheblichen Ergänzung durch weitere Versuche bedürfen, und vor allem auf nicht metallische Reibwerte ausgedehnt werden sollen, sei zusammenfassend folgendes klargestellt:

Das Verhalten von kraftschlüssigen Verbindungselementen, durch die Drehmomente und Leistungen übertragen werden, ist weitgehend von der Art der Paarung, also der Art der Werkstoffe, der Oberflächenbeschaffenheit und dem verwendeten Schmiermittel abhängig. Durch richtige Abstimmung der Einflußgrößen können je nach dem Verwendungszweck zweckmäßige Ausführungsformen festgelegt werden.

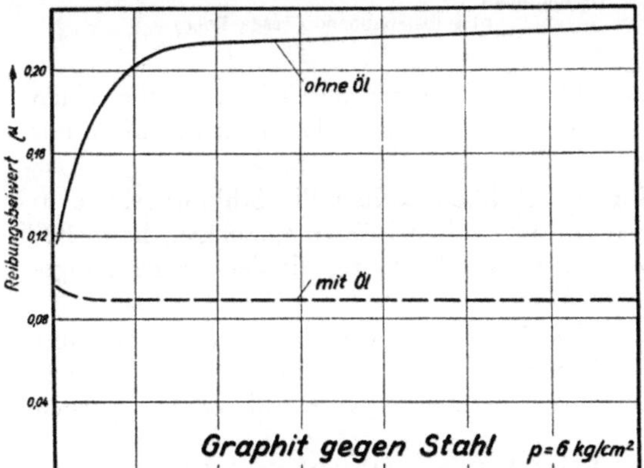

Bild 6. **Verlauf des Reibwertes μ abhängig von der Gleitgeschwindigkeit ($v = 2$ bis 700 mm/sec). Gleitflächen: glatt, Graphitring gegen Einsatzstahl, gehärtet (unter Öl – – – und trocken —— laufend)**

Wenn bei den angeführten Untersuchungen speziell metallische Reibpaarungen untersucht, also diejenigen Verhältnisse geklärt wurden, die speziell für Reibkupplungen in Frage kommen, so gelten diese Ergebnisse grundsätzlich auch für alle anderen Arten von Reibtrieben, z. B. Riementriebe, Keilriementriebe und dgl.

Im allgemeinen findet die Drehmomenten- und Leistungsübertragung bei kraftschlüssigen Verbindungen nicht ohne einen gewissen Schlupf zwischen den unter Reibschluß stehenden Verbindungselementen statt. Eine kraftschlüssige Verbindung ist um so günstiger, je geringer der Schlupf ist. Er kann bei Reibkupplungen durch geeignete Wahl der spezifischen Flächendrucke klein gehalten oder auf Null gebracht werden. Dagegen setzt sich der Schlupf bei Hülltrieben, insbesondere Riementrieben und Keilriementrieben, aus zwei Einflußgrößen zusammen, nämlich aus dem Schlupf der in Reibschluß miteinander stehenden Werkstoffe, also z. B. Leder oder anderen Stoffen gegen die Riemenscheiben, zum anderen aber auch aus einem Dehnschlupf, der dadurch entsteht, daß das gezogene Riementrum stärker gedehnt wird als das ablaufende Trum. Beim Umlauf um die treibende und getriebene

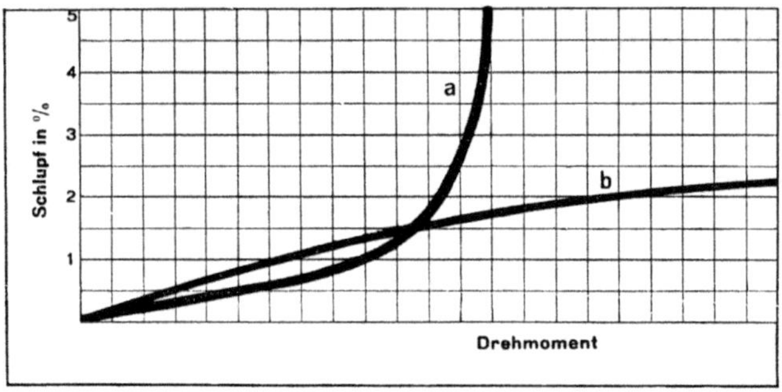

Bild 7. Schlupf eines Riementriebes in Abhängigkeit vom übertragenen Drehmoment.
a) normale Ausführung b) selbstspannend (Sespa-Trieb)

Scheibe kommt es also zu einer Längenänderung des Riemens, die einen zusätzlichen Schlupf des Riemens ergibt und von der Elastizität des Materials abhängt.

Schon mit Rücksicht auf die Wirtschaftlichkeit sollten die Schlupfverluste so niedrig wie möglich gehalten werden. Vor allem müssen unzulässig hohe Betriebstemperaturen vermieden werden, da sie die Festigkeit der Übertragungsmittel herabsetzen.

In diesem Zusammenhang sei im *Bild 7* gezeigt, wie durch geschickte konstruktive Maßnahmen bei den selbstspannenden Riementrieben die Grenze für die Drehmomenten- und Leistungsübertragung wesentlich erhöht werden kann.

Wie das *Bild 7* zeigt, steigt der Schlupf bei normalen Riementrieben mit zunehmender Leistungsübertragung außerordentlich stark an, während bei den selbstspannenden Riementrieben dieser Wert nur unerheblich zunimmt. Bekannt ist ferner die Steigerung der Leistungsfähigkeit eines Riementriebes durch Einbau von Spannrollen *(Bild 8)*, durch die die Riemenspannung konstant gehalten und der Umschlingungswinkel um das kleine Rad erheblich heraufgesetzt werden kann (max. 270°).

Während im allgemeinen bei Reibkupplungen die mechanische Festigkeit der Gleitstoffe von untergeordneter Bedeutung ist, spielt bei Riementrieben die Festigkeit der Flachriemen und Keilriemen eine große Rolle. Die Beanspruchung der Riemen ist eine ausgesprochene Dauerwechselbeanspruchung auf

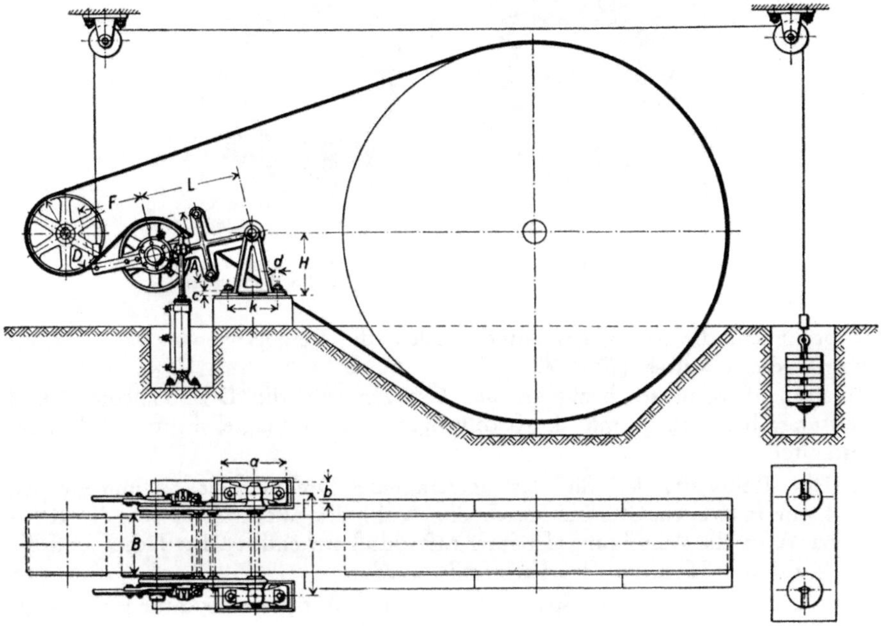

Bild 8. Riementrieb mit Spannrolle

Biegung und Zug, einerseits durch die Riemenspannung, andererseits durch die Fliehkräfte.

Im allgemeinen liegt die Zugfestigkeit bei Lederriemen je nach der Lederqualität bei 25 bis 33 kg/cm², während bei der Verwendung von besonderen Kunststoffriemen die zulässige Beanspruchung bis auf den etwa vierfachen Wert gesteigert werden kann.

Die zusätzliche Beanspruchung der Riemen durch die Fliehkräfte setzt eindeutige Grenzen für die Umlaufgeschwindigkeit der Riemen fest, die bei Lederriemen etwa bei 45 m/s, bei Hochkantriemen etwa bei 3 m/s, dagegen bei Kunststoffriemen wesentlich höher liegen. Bei letzterem konnten auf Prüfständen Umfangsgeschwindigkeiten von 100 m/s und mehr erreicht werden.

Materialeigenschaften und Schlupf stehen in unmittelbarem Zusammenhang mit dem Verschleiß, der selbstverständlich bei trocken laufenden Verbindungselementen im allgemeinen höher liegt als bei geschmierten. So liegt der Verschleiß bei Verbindungen mit metallischen Reibpaarungen, die unter Öl laufen, im allgemeinen außerordentlich niedrig, dagegen müssen bei trocken laufenden

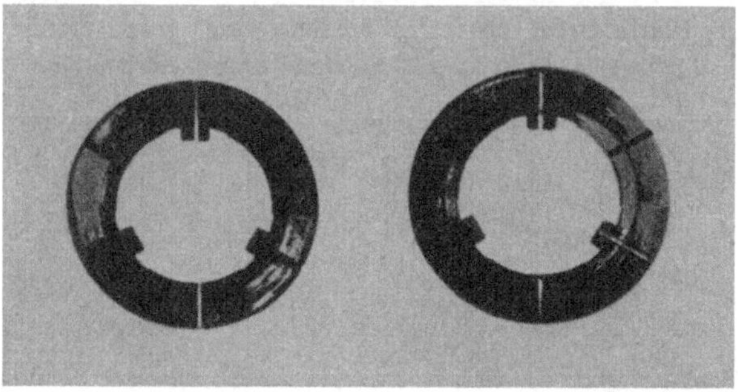

Bild 9. **Sinterlamelle (Stromag, Unna) nach Trockenlauf, Verschleißstellen beweisen gute Notlaufeigenschaften des Reibbelages**

Kupplungen, die häufig geschaltet werden, die Reibbeläge von Zeit zu Zeit ausgewechselt werden *(Bild 9).*

Zusammenfassend sei bezüglich der Grenzen für die Drehmomenten- und Leistungsübertragung mit kraftschlüssigen Verbindungselementen folgendes festgestellt:

1. Der Reibwert, der für das übertragbare Drehmoment bestimmend ist, kann in weiten Grenzen durch die Wahl des Werkstoffes für die Reibpaarung, die Ausbildung der im Kraftschluß stehenden Oberflächen und die Wahl des Schmierstoffes beeinflußt werden.
2. Die Anwendung von Spannrollen oder Selbstspanneinrichtungen ermöglicht es, die Kraftübertragung im wesentlichen nach Gesichtspunkten der Festigkeit der Riemenwerkstoffe auszulegen.
3. Mit kraftschlüssigen Verbindungen ist im allgemeinen ein schlupffreier Betrieb nicht möglich. Sie kommen also für Lösungen in Frage, bei denen kein festes Drehzahlverhältnis von Antriebs- zu Abtriebsdrehzahl eingehalten werden muß.
4. Die bei niedrigen Gleitgeschwindigkeiten beobachteten Schwingungserscheinungen bedürfen noch einer besonderen Klarstellung.

B. Formschlüssige Verbindungen

Der große Vorteil der formschlüssigen Verbindungselemente für die Drehmomenten- und Leistungsübertragung liegt in der unbedingt eindeutigen Drehzahlzuordnung vom treibenden und getriebenen Wellenstrang, also in der völligen Ausschaltung des Schlupfes. Die Grenzen derartiger Übertragungs-

elemente werden deshalb im wesentlichen durch die Festigkeitseigenschaften der Verbindungselemente bestimmt. Der Anwendungsbereich von festen, starren Kupplungen wird durch die Höhe der Leistung bzw. des zu übertragenden Drehmomentes nicht eingeschränkt.
Bei formschlüssigen *Kupplungen* wird die Größe des übertragbaren Drehmomentes im allgemeinen durch die zulässigen Flächendrücke, Scher- und Biegebeanspruchungen der die Kraft übertragenden Bolzenklauen bestimmt.

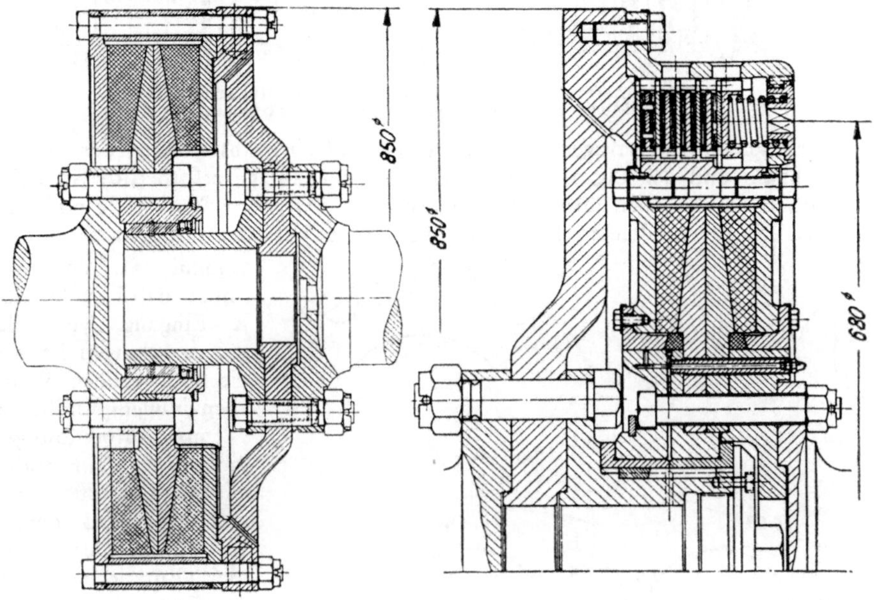

Bild 10. **Elastische Kupplung (links) und Sicherheits-Rutschkupplung mit nachgeschalteter elastischer Kupplung (rechts) eines MAN-Lokomotiv-Dieselmotors von 850 PS**

Bei Fluchtfehlern und axial beweglichen Verbindungen ist für eine ausreichende Schmierung zu sorgen, da sonst nur geringe Drehmomente übertragen werden können.
Geht man dagegen zu formschlüssigen elastischen Verbindungselementen über, wie sie zum Beispiel bei dreh-elastischen oder biege-elastischen Kupplungen Anwendung finden, so spielt die in den elastischen Elementen aufgenommene Formänderung eine ausschlaggebende Rolle, da diese in Wärme umgewandelt wird und damit auf die Festigkeitseigenschaften von Einfluß ist.
Eine sehr geschickt ausgebildete Kombination einer kraftschlüssigen Rutschkupplung mit einer formschlüssigen elastischen Kupplung zeigt *Bild 10*.
Der von der MAN für den Lokomotiv-Dieselmotor von 850 PS entwickelten elastischen Kupplung, deren Formschluß zwischen dem treibenden und ge-

triebenen Teil durch aufvulkanisierte elastische Gummischeiben hergestellt ist, ist eine kraftschlüssige Kupplung mit 9 Lamellen, die als Sicherheits-Rutschkupplung wirkt, vorgeschaltet.

Große Bedeutung kommt den elastischen Zwischenelementen in den formschlüssig die Kraft übertragenden Kupplungen zu, wenn periodisch wechselnde

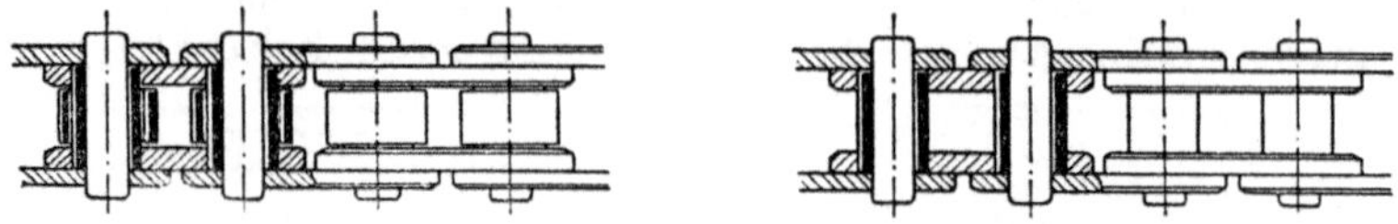

Bild 11. Aufbau der Rollenkette (links) und der Hülsenkette (rechts)
(*Bild 11 bis 18* aus Firmenkatalog IWIS-Präzisionsketten)

Drehmomente übertragen werden müssen und eine Abstimmung der Betriebsdrehzahl und der Eigenfrequenz der Maschinenanlage erforderlich ist. Leider reichen die Angaben über das Verhalten der elastischen Werkstoffe noch nicht aus, um die geeigneten Konstruktionen ohne Versuche festlegen zu können. Gummi als Werkstoff findet dabei mehr denn je Eingang, vor allem seit es gelungen ist, auch die hochwertigen öl- und benzinunempfindlichen, temperaturbeständigen Bunasorten einwandfrei mit Metalloberflächen zu verbinden. Trotzdem ist auf diesem Gebiet noch viel Entwicklungsarbeit zu leisten.

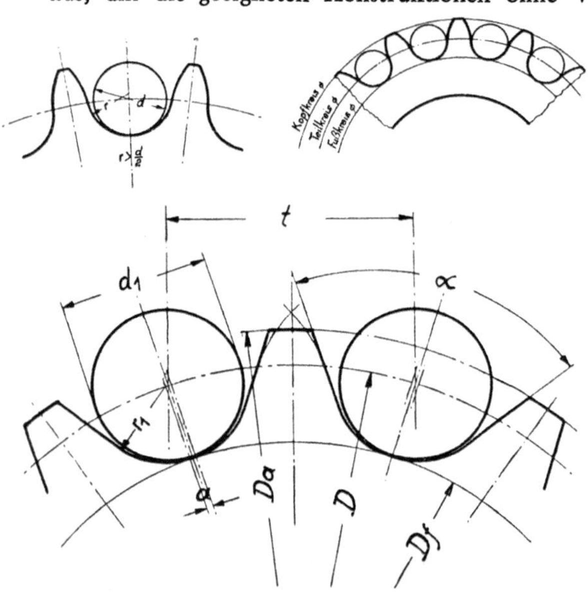

Bild 12. Kettenrad und Zahnform für Rollenkette

Bei den formschlüssigen Hülltrieben *(Bild 11* u. *12),* also Roll- und Zahnketten, liegt die Hauptbeanspruchung in den Bolzen und Hülsen, die bei hohen Flächendrücken zu starkem Verschleiß neigen *(Bild 13* u. *14).*

Der besondere Vorteil der Ketten liegt darin, daß die Kraftübertragung nicht über eine einzige Rolle oder einen einzigen Zahn, sondern über die gesamte Zahnreihe zwischen Ein- und Austritt der Kette im Kettenrad erfolgt. Bei gleichen Bedingungen arbeitet daher der Kettentrieb bei hohen Geschwindigkeiten leiser und geschmeidiger als ein Zahnradsatz.

Kennzeichnend für moderne Kettentriebe ist daher der Ersatz der Gleitgelenke durch Wälzgelenke und der geschlossene Umbau, der eine einwandfreie Schmierung möglich macht. Für die Haltbarkeit einer Kette ist weniger die Zug-

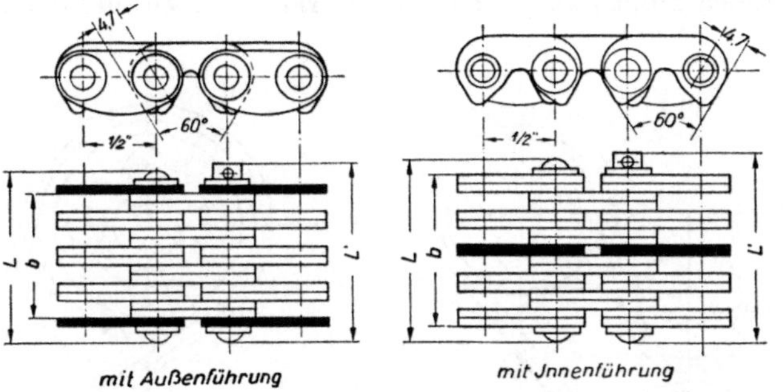

Bild 13. Aufbau einer Zahnkette mit Außenführung (links) und Innenführung (rechts)

festigkeit der Laschen als der Verschleiß der Gelenke maßgebend, der auch den Wirkungsgrad der Ketten bestimmt.

Gegenüber Rollen- und Hülsenketten sind die Verluste bei Zahnketten, bei denen die Zahnflanken der Laschen keinerlei Gleitbewegungen auf den Zahnflanken der Kettenräder ausführen, im allgemeinen kleiner. Trotzdem hat sich vor allem die Rollenkette für hohe Umfangsgeschwindigkeiten, die kleine Teilung und leichte Kettenglieder verlangen, erfolgreich durchsetzen können. Der geräuscharme Lauf, der den Ketten eigen ist, konnte durch die Rollenkette noch weiter verbessert werden, da das in der Rolle sich haltende Öl stark dämpft.

Die Reibungsverluste bestimmen im wesentlichen den Wirkungsgrad der Kettentriebe *(Bild 11* und *12)*.

Rollen- und Hülsenketten haben im allgemeinen höhere Verluste als Zahnketten, da bei letzteren die Flanken der

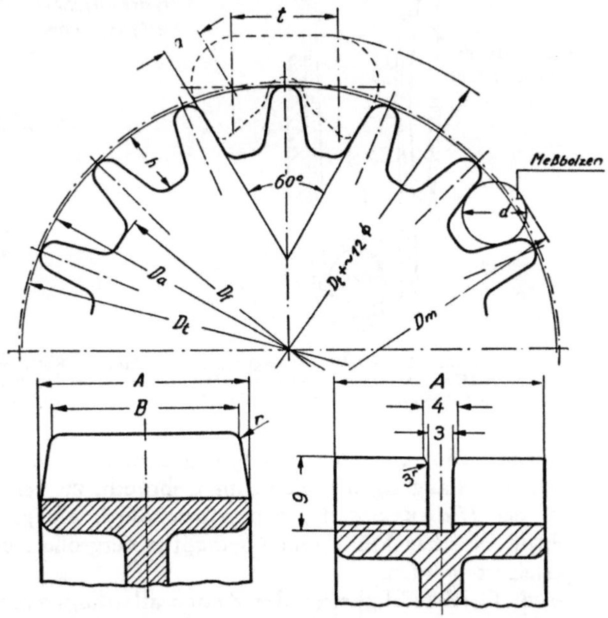

Bild 14. Kettenrad und Zahnform für eine Zahnkette

Laschen keinerlei Gleitbewegung auf den Zahnflanken der Kettenräder ausführen *(Bild 13* und *14)*.
Der weitere Vorteil der *Rollenkette* liegt darin, daß man die Rollen für Ketten, die großen Stößen ausgesetzt sind, stärker anlassen und dadurch zäher

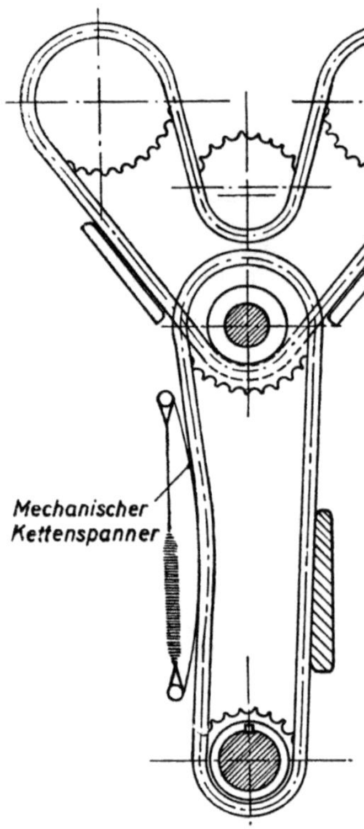

Bild 15. **Kettentrieb des englischen JAGUAR-Motors mit mechanischem Kettenspanner und Kettenführung**

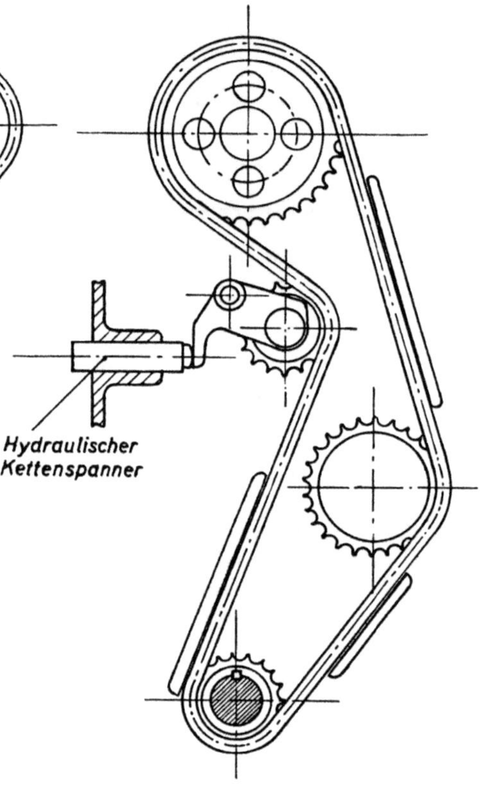

Bild 16. **Kettentrieb im Daimler-Benz-Motor des Mercedes Typ 300 mit automatischer hydraulischer Spannvorrichtung und Kettenführung durch Gleitschienen**

machen kann, ohne die Abnützung zwischen Hülse und Niete, also die Ursache der Längung der Kette im Gebrauch, zu vergrößern.
Bei der *Hülsenkette* dagegen würde durch die gleiche Maßnahme der Verschleiß zwischen Hülse und Nietzapfen vergrößert und die Längung der Kette gesteigert werden.
Große Geschwindigkeiten der Ketten allerdings zwingen zur Verwendung von Hülsenketten mit kleinem Hülsendurchmesser, da der Einfluß der Fliehkraft

wegen des kleineren Gewichtes der Kettenglieder gering gehalten werden kann. Wie aus diesen Hinweisen hervorgeht, wird also die Grenze bei Kettentrieben in erster Linie von materialtechnischen Gesichtspunkten bestimmt.

Da es sich im allgemeinen um im Massen-Fertigungsverfahren, vor allem im Stanzverfahren hergestellte Teile handelt, sind sorgfältige Kontrollmaßnahmen notwendig, um die einzelnen Teile gleichmäßig und bis zur zulässigen Grenze belasten zu können. Durch Verbesserung der Fertigungsverfahren sind in den letzten Jahren außerordentliche Fortschritte erzielt worden. Dadurch gelang es, ein- und mehrreihige Kettentriebe auch für hochtourige Antriebe, z. B. für Fahrzeugmotoren, einzuführen und den Anwendungsbereich erheblich zu erweitern *(Bild 15, 16, 17, 18)*.

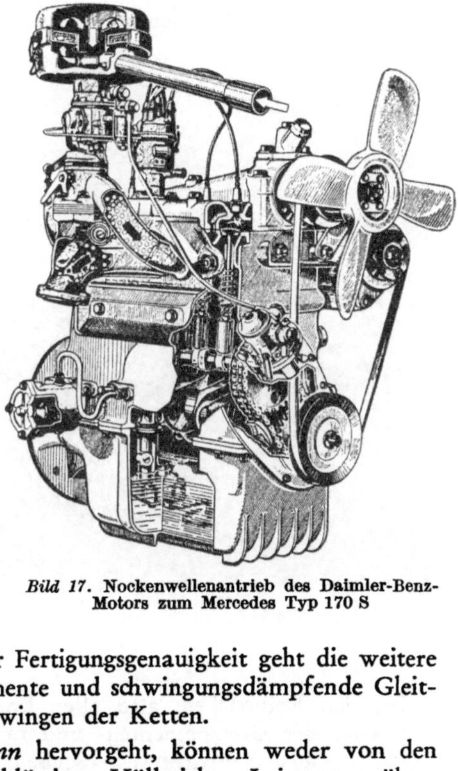

Bild 17. Nockenwellenantrieb des Daimler-Benz-Motors zum Mercedes Typ 170 S

Die *Zahnkette* ist in ihren Einzelelementen schwerer als die reine Rollenkette und deshalb für hohe Umfangsgeschwindigkeiten nicht im gleichen Maße brauchbar wie die Rollenkette. Sie eignet sich aber bei großen zu übertragenden Kräften besser zur Kraftübertragung als die Rollenkette, ergibt weichere Eingriffsverhältnisse und deshalb geräuschloseren Lauf.

Hand in Hand mit der Steigerung der Fertigungsgenauigkeit geht die weitere Verbesserung der Laufruhe. Spannelemente und schwingungsdämpfende Gleitstücke *(Bild 16)* verhindern das Ausschwingen der Ketten.

Wie aus Untersuchungen von *Niemann* hervorgeht, können weder von den kraftschlüssigen noch von den formschlüssigen Hülltrieben Leistungen übertragen werden, wie sie bei reinen Zahnradtrieben möglich sind. An dieser Tatsache können auch in den letzten Jahren gewonnene Erkenntnisse, die zu weiteren Leistungssteigerungen führten, grundsätzlich nichts ändern.

Weite Verbreitung finden Kettentriebe in der Transportindustrie, wo selbstverständlich andere Bedingungen vorliegen als bei der Übertragung der Leistung von Kraftmaschinen. Sofern nicht besondere Betriebsbedingungen erfüllt werden müssen, wie sie z. B. bei Härte- und Vergütungsanlagen, bei Hartlötofen, Salzbädern anfallen, sind die Förderelemente im allgemeinen nicht hoch beansprucht, dagegen sind sie häufig starkem Verschleiß durch Ver-

schmutzung (Förderbänder in der Bauindustrie, im Bergbau, Zementindustrie u. dgl.) ausgesetzt und schlecht gewartet.
Derartige Einrichtungen sollen jedoch im Rahmen dieser grundsätzlichen Betrachtungen nicht weiter zur Sprache gebracht werden.
Abschließend sollen die Probleme kurz zusammengefaßt werden, die bei der Betrachtung der Grenzen der Drehmomenten- und Leistungsübertragung von Kupplungen und Hülltrieben zu beachten sind:

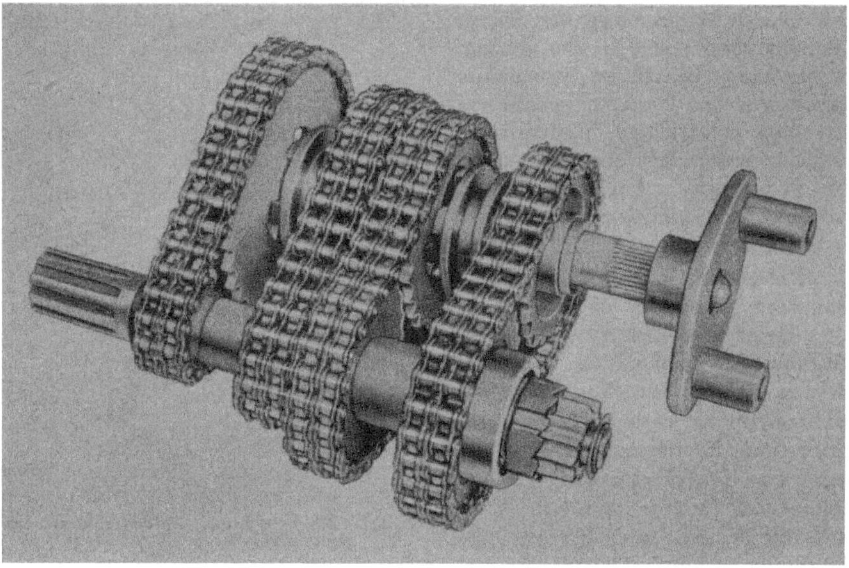

Bild 18. Duplex-Rollenketten im ZÜNDAPP-Viergang-Getriebe KS 601

1. Bei den Reibtrieben, also allen kraftschlüssigen Verbindungen, liegt die Grenze der Drehmomenten- und Leistungsübertragung in erster Linie bei den für den Kraftschluß maßgebenden Größen. Das ist die Vorspannung und das Verhalten des Reibwertes bei verschiedenem Schlupf. Durch Versuche an ebenen Reibflächen, wie sie in Lamellenkupplungen verwendet werden, konnte der Nachweis geführt werden, daß der Einfluß der Oberfläche und des Werkstoffes der Reibflächen groß ist, und daß vor allem durch Profilierung einer der Oberflächen eine günstige Kraftübertragung erreicht werden kann.
   Der Fall der Grenzreibung liegt bei höheren Flächendrücken bis zu hohen Gleitgeschwindigkeiten vor.
   Die Untersuchungen zeigen, daß auch bei ebenen Gleitflächen die in Gleitlagern festgestellten Schmierungszustände auftreten. Die bei sehr niedrigen

Gleitgeschwindigkeiten beobachteten hochfrequenten Schwingungserscheinungen sollen in besonderen Untersuchungen geklärt werden. Sie sind in ihrer Stärke und Amplitude abhängig vom verwendeten Schmierstoff als Zwischenträger und von der Oberflächengestalt der Reibflächen.

2. Bei formschlüssigen Verbindungselementen hängt der Wirkungsgrad der Kraftübertragung in erster Linie von den Bewegungsverhältnissen in den Gelenken und Berührungsflächen ab. Die Grenze für die Drehmomenten- und Leistungsübertragung wird bei diesen Verbindungselementen in erster Linie durch das Material und durch die Herstellungsverfahren bestimmt. Durch die Steigerung der Präzision der Herstellung konnten Kettentriebe auch bei hohen Umfangsgeschwindigkeiten Verwendung finden, wobei mit Rücksicht auf den geräuschlosen Lauf und die verschleißmindernde Wirkung bei allen geschmierten Ketten der Rollenkette ganz besondere Bedeutung zukommt.

Wenn in den vorliegenden Ausführungen nur die Probleme für die Grenzen der Drehmomenten- und Leistungssteigerung Erwähnung fanden, nicht aber die Lösungen, durch die wesentliche Fortschritte bei den verschiedenen Übertragungssystemen erzielt wurden, zur Behandlung kamen, so deshalb, weil nunmehr in einer Reihe von speziellen Vorträgen auf diese Einzelheiten eingegangen werden soll.

Die Zahl der Probleme ist noch groß, und es bedarf auf den verschiedensten Gebieten intensiver Versuchsarbeit, um die bis jetzt vorhandenen Lösungen bezüglich Wirkungsgrad, Leistungsübertragung und geräuschlosem Lauf weiter zu verbessern.

Prof. Dipl.-Ing. K. H. BUSSMANN, Berlin-Dahlem

Probleme bei der Berechnung und der Gestaltung von Treibriemen und Riementrieben

1. Einleitung

Der Maschinenbau-Ingenieur, der vor der Aufgabe steht, einen Riemenantrieb zu bemessen, ist im allgemeinen darauf angewiesen, sich nach Tabellen zu richten, denen er mehr oder minder vertrauen muß. Es ist ihm nämlich meist verwehrt, Riementriebe so zu rechnen, wie er dies bei den übrigen Maschinenelementen gewohnt ist, weil gleich zu Beginn dieser Arbeit Probleme auftauchen, denen er nicht gewachsen ist. Die Schwierigkeiten bestehen vorwiegend darin, daß ausreichende Angaben über die für Treibriemen geltenden Werkstoffkonstanten fehlen. In den üblichen Taschenbüchern ist im allgemeinen auch nur auf die bereits seit längerer Zeit bestehenden Tabellen und Nomogramme zurückgegriffen, die in mancher Hinsicht reformbedürftig sind.

Der Berechnung auf festigkeitstheoretischer Grundlage stellen sich fast unüberwindliche Schwierigkeiten entgegen. Der Anwendung dieser theoretischen Überlegungen steht außerdem die Scheu des Praktikers vor der Theorie auf einem Gebiet entgegen, wo mit organischen, natürlichen oder synthetischen Werkstoffen gearbeitet wird. Eine rechnerische Behandlung der Probleme in einer die Vorgänge analysierenden Form wird deshalb häufig auch dort abgelehnt, wo sie trotz aller Unsicherheit der Werkstoffkonstanten Nutzen bringen könnte, und das Streben geht nach ganz stark vereinfachten, zusammenfassenden Formeln, welche die Erfahrung der Praxis als Konzentrat enthalten sollen.

Es wäre jedoch verhängnisvoll, wollte man sich abgewöhnen, über die den Ablauf der Vorgänge bestimmenden Faktoren und deren Zusammenwirken sowie die daraus zu ziehenden Folgerungen nachzudenken.

Es soll deshalb die einfache, auf der *Eytelwein-Grashof*schen Beziehung aufgebaute Berechnung eines Hülltriebes noch einmal behandelt werden. Es soll gezeigt werden, welche Fragen dabei im einzelnen auftauchen, daß die Beobachtungen der Praxis im Grunde genommen mit den Schlußfolgerungen aus dieser Rechnung gut übereinstimmen und welche wertvollen Dienste Rechnung und Versuchswesen, richtig auf die Riementriebe angewendet, bei der Weiterentwicklung dieses Antriebselementes leisten. Dabei gilt praktisch alles zu Sagende ganz allgemein für Hülltriebe, d. h. also sowohl für Flach- als auch für Keilriemen des verschiedensten Aufbaues und aus Werkstoffen jeder denkbaren Art.

2. Die *Eytelweinsche* Beziehung

Die *Eytelwein-Grashof*sche Beziehung, welche die Grundlage für die Berechnung eines Hülltriebes bildet, ist auf nur zwei Voraussetzungen aufgebaut; diese sind:

1. Wenn ein Drehmoment übertragen werden soll, so muß die Kraft S_1 am einen Ende des die Scheibe umschlingenden Bandes größer sein als die Kraft S_2 am anderen Ende.
2. Der Kraftzuwachs dS am Riemenelement ist mit dem Reibwert μ und dem Anpreßdruck dN durch die Beziehung verknüpft

$$dS = \mu \cdot dN$$

Wendet man auf diese einfachen Voraussetzungen die Gesetze der Logik an, d. h. behandelt man sie mathematisch, so ergibt sich schon aus ihnen die *Eytelwein - Grashof*sche Beziehung; eine Ableitung ist in *Bild 1* gegeben

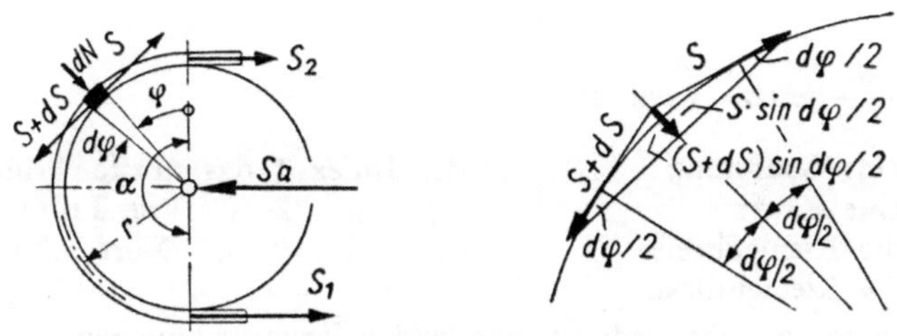

Bild 1. Die Kräfte im Riemen

$$S_1 \cdot r = M_d + S_2 \cdot r$$
$$M_d/r = S_n = S_1 - S_2$$
$$d\,N_S = S \cdot \sin d\,\varphi/2$$
$$d\,N_{S+dS} = (S + d\,S) \sin d\,\varphi/2$$
$$\text{Summe: } d\,N = d\,N_S + d\,N_{S+dS}$$
$$d\,N = 2\,S \sin d\varphi/2 + d\,S \sin d\varphi/2$$
$$\approx 2\,S \sin d\varphi/2 \approx 2\,S\,d\varphi/2$$
$$d\,N = S \cdot d\varphi$$
$$\text{Haftbedingung: } d\,S \leqq \mu \cdot d\,N$$
$$d\,S \leqq \mu \cdot S \cdot d\varphi$$
$$d\,S/S \leqq \mu\,d\,\varphi \qquad \ln\,(S_1/S_2) \leqq \mu\,\alpha$$
$$S_1/S_2 = e^{\mu\,\alpha} = m$$

und in jedem Lehrbuch zu finden. Es erübrigt sich, näher darauf einzugehen. Wichtig ist es nur in diesem Zusammenhange festzuhalten, daß die *Eytelwein*sche Beziehung nur auf den beiden genannten Voraussetzungen beruht, und daß sie bei der Berechnung eines Riementriebes für den Grenzfall gelten soll, daß das Band auf dem ganzen Umschlingungsbogen α auch voll an der

2*

Kraftübertragung teilnimmt, ohne daß aber bereits Gleitschlupf zu verzeichnen ist. Dies ist erfüllt, wenn der Reibwert an der Grenze zwischen Dehnschlupf und Gleitschlupf eingesetzt wird.

Zur Definition:
Dehnschlupf entsteht als Relativbewegung zwischen Band und Scheibe durch den Ausgleich der Dehnungen im Band beim Übergang jedes Bandelementes vom straffen zum losen Trum. Er erstreckt sich häufig nur auf einen Teil des Umschlingungsbogens.
Gleitschlupf bedeutet, daß das Band als Ganzes mit überall gleicher Gleitgeschwindigkeit über die Scheibe rutscht.
Für den Konstrukteur kommt es darauf an zu berechnen, welche Nutzkraft von einem Treibriemen unter bestimmten Verhältnissen übertragen werden kann. Die Ausgangsgleichungen hierfür sind:

$$\text{Nutzspannung } \sigma_n = \sigma_1 - \sigma_2 \tag{1}$$

und

$$\sigma_1/\sigma_2 = m, \tag{2}$$

wenn $\sigma = \dfrac{S}{b \cdot s}$ gesetzt wird und

σ	eine Spannung	der Index 1 das	straffe Trum
S	eine Kraft	„ „ 2 „	lose Trum
b	die Riemenbreite	„ „ n „	Wort „Nutz“
s	die Riemendicke		

bedeuten. Da es zu unbequem ist, mit beiden Trumspannungen σ_1 und σ_2 zu arbeiten, wird mit Hilfe der *Eytelwein*schen Beziehung die Spannung σ_2 des losen Trums durch σ_1 und m ausgedrückt und in die Gleichung für σ_n eingesetzt. Es ist dann:

$$\sigma_n = \sigma_1 \frac{m-1}{m} \tag{3}$$

Damit ist schon die Bedingung für die Sicherheit gegen Gleitschlupf gewonnen. Je größer der zulässige Wert für σ_1 und der Wert $(m - 1)/m$ werden, um so mehr Nutzspannung kann übertragen werden. Der Quotient $(m - 1)/m$ wird deshalb auch „Ausbeute“ genannt.
Bei zu großen Werten von σ_1 würde der Riemen zermürbt oder überdehnt. Zu der Gleitbedingung muß also noch die Festigkeitsbedingung treten, daß σ_1 höchstens gleich einem Grenzwert σ_{zul} werden darf, für den die Gleichung gilt

$$\sigma_{\text{zul}} \leqq \sigma_{\max} - \sigma_b - \sigma_f \tag{4}$$

Hierin sind: σ_b die Biegespannung und σ_f die Fliehkraftspannung. Die Gleichung (4) besagt, daß ein maximaler, werkstoffabhängiger Wert σ_{max} zunächst einmal bekannt sein muß. Von diesem werden dann die Biegespannung

$$\sigma_b = E_i \cdot \frac{s}{d} \tag{5}$$

und die Fliehkraftspannung

$$\sigma_f = \frac{v^2 \gamma}{g} \tag{6}$$

abgezogen. Beide Spannungen sind vom Werkstoff und von den Antriebsbedingungen abhängig. Bei der Biegespannung ist dies neben einem die elastische Steifigkeit kennzeichnenden Wert E_i das Verhältnis der Riemendicke s zum Durchmesser d der kleinen Scheibe.

Die Fliehkraftspannung ist, wie sich leicht beweisen läßt, nur abhängig vom Quadrat der Geschwindigkeit und dem spezifischen Gewicht, nicht aber von der Riemendicke oder vom Scheibendurchmesser. Insofern scheint die Gleichung (6) den Beobachtungen der Praxis zu widersprechen, die besagen, daß man für sehr schnell laufende Triebe am besten recht dünne Riemen nimmt. Diese praktische Erfahrung ist richtig. Sie wird aber auch durch die Rechnung bestätigt werden, der Widerspruch besteht deshalb nur scheinbar. Die beobachtete Erscheinung des besseren Funktionierens dünner Riemen bei hohen Geschwindigkeiten ist dadurch zu erklären, daß die Biegespannung dickerer Riemen, wie eine kleine Zahlenrechnung zeigt, bei hohen Fliehkraftspannungen besonders störend in Erscheinung tritt.

Bis auf einen Punkt, nämlich die Frage der Wärmeentwicklung infolge der inneren Arbeit, sind damit bereits alle wesentlichen Fragen angeschnitten. Die für die Berechnung von Hülltrieben entwickelte Grundgleichung lautet also:

$$\sigma_n = (\sigma_{\max} - \sigma_b - \sigma_f)\,\frac{m-1}{m} \tag{7}$$

Es ist wichtig festzuhalten, daß Reibwert μ und Umschlingungswinkel α in dem Ausdruck $(m - 1)/m$ berücksichtigt werden, und daß der Wert σ_{zul} nicht nur bestimmt ist durch den Wert $\sigma_{\max}$, sondern weitgehend dadurch, wieviel von $\sigma_{\max}$ nach Abzug von σ_f und σ_b noch für die Nutzspannung zur Verfügung steht. Von der sauberen gedanklichen Trennung dieser Einflüsse hängt die richtige Berechnung und Gestaltung von Riemen und Riementrieben ab, weshalb diese nachfolgend im einzelnen und in ihrer Verknüpfung näher behandelt werden.

3. Der Reibwert

Die Grundgleichung (7) zeigt, daß der Reibwert nicht unmittelbar die Größe der übertragbaren Nutzkraft bestimmt, sondern nur entsprechend der Ausbeute $\frac{m-1}{m}$. *Bild 2* zeigt, über dem Reibwert μ aufgetragen, die Ausbeute für einen Umschlingungswinkel $\alpha = 180°$. Die strichpunktierten Ordinaten kennzeichnen einen schlechten, durchschnittlichen und sehr guten Reibwert. Der Übergang vom Reibwert 0,1 zum Reibwert 0,35, also zum $3^1/_2$fachen, bringt eine Erhöhung der Ausbeute von 0,28 auf 0,66, also auf das rd. 2,35fache, was bedeutend ist. Der Übergang vom Reibwert 0,35 zum Reibwert 0,55, also zum 1,57fachen, bringt hingegen nur noch eine Erhöhung der Ausbeute von 0,66 auf 0,82, also auf das rd. 1,25fache; mit zunehmendem μ wird die Zunahme der Ausbeute immer geringer.

Das Bild zeigt, daß eine Steigerung des Reibwertes μ über den Wert von 0,75 hinaus beim Umschlingungswinkel 180° die Ausbeute nicht mehr wesentlich erhöht. Es ergibt sich auch die erstaunliche Tatsache, daß ein Riemen bei diesem Reibwert, ohne Gleitschlupf zu zeigen, eigentlich nur 15% weniger als z. B. eine Kette übertragen müßte. Der Umstand, daß eine solche Feststellung

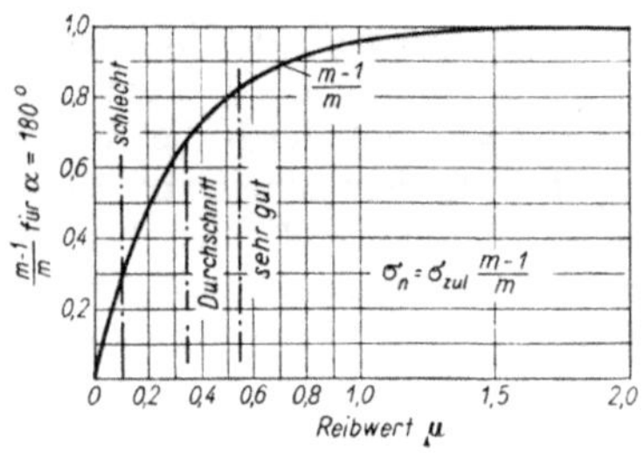

Bild 2. **Die Auswirkung des Reibwertes auf die Ausbeute für einen Umschlingungswinkel von 180°**

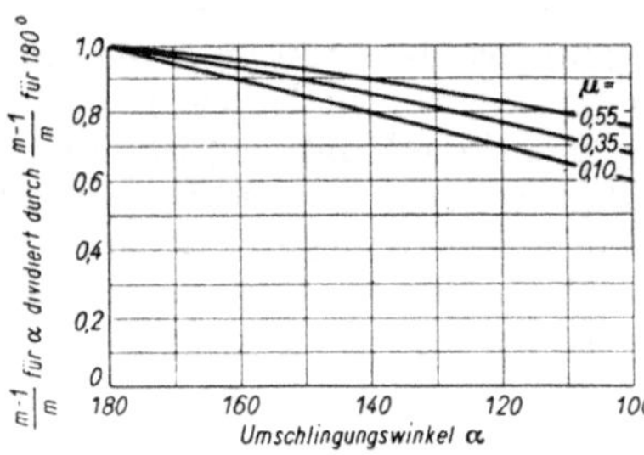

Bild 3. **Der Zusammenhang zwischen Umschlingungswinkel, Reibwert und Ausbeute**

der Erfahrung widerspricht, entkräftet keineswegs die hinsichtlich der Haftung zwischen Riemen und Scheibe angestellten Überlegungen, sondern beweist lediglich, daß in diesem Falle die übrigen Eigenschaften des Riemens die Hauptrolle spielen. Diese müssen so sein, daß der gute Reibwert auch zur Geltung kommen kann.

Da die Größe von m durch das Produkt aus dem Reibwert und dem Umschlingungswinkel bestimmt ist, ist es verständlich, daß ein Triebriemen mit hohem Reibwert weniger empfindlich gegen die Herabsetzung des Umschlingungswinkels ist als ein Riemen mit schlechtem Reibwert. Wie der Vergleich der Kurven von *Bild 3* zeigt, kann z. B. mit $\mu = 0{,}55$ bei 110° Umschlingungswinkel noch die gleiche Leistung übertragen werden wie mit $\mu = 0{,}1$ bei 140°; das ist ein beim ausgeführten Antrieb schon recht ins Auge fallender Unterschied.

Angesichts dieser Kurven drängt sich aber noch der Gedanke auf, wie wenig im Grunde genommen die Verringerung des Umschlingungswinkels ausmacht. Es erscheint doch im ersten Moment verwunderlich, daß der Übergang von einem Umschlingungswinkel von 180° auf einen solchen von 110° beim offenen Flachriementrieb selbst bei einem Riemen mit schlechtem Reibungsbeiwert nur 40% Leistungsabfall zur Folge haben soll, besonders angesichts der starken Betonung, welche der Bedeutung des Umschlingungswinkels sonst zuteil wird.

Nur die Schrift „Modern Leather Belting“ der American Leather Belting Association, New York, enthält in ihrem Berechnungsschema keinen Hinweis auf den Umschlingungswinkel. Die von der Interessengemeinschaft Ledertreibriemen in Deutschland in Anlehnung an die amerikanische Veröffentlichung herausgegebene Schrift beschritt den gleichen Weg. Dabei sind aber im Rechenschema beider Schriften Zuschläge anderer Art vorgesehen, welche diese Vernachlässigung, die z. B. bei $\mu = 0{,}35$ und $\alpha = 140°$ nur 15% ausmacht, wieder ausgleichen.

Wenn daher in der Literatur festgestellt wurde, daß Flachriemen kaum mit Umschlingungswinkeln unter 160°, Keilriemen kaum mit solchen unter 140 bis 120° laufen können, so ist diese Feststellung zu summarisch, um angesichts der Kurven des *Bildes 3* für jeden Fall hingenommen werden zu können.

Offenbar ist es in Wirklichkeit so, daß der kleine Umschlingungswinkel sich nur dann so unangenehm bemerkbar macht, wenn eine andere Eigenschaft des Riementriebes gleichzeitig nicht in Ordnung ist. Das kann aber nach den Voraussetzungen der *Eytelwein*schen Beziehung nur der Anpreßdruck zwischen Riemen und Scheibe sein. Da, wo durch die richtigen Eigenschaften des Riemens oder die richtige Ausbildung der Anordnung dafür gesorgt ist, daß stets ein angemessener Anpreßdruck zur Verfügung steht, ist es, wie praktisch bewiesen ist, möglich, auch bei einem Umschlingungswinkel von etwa 90° mit Flachriemen in offener Anordnung zu arbeiten. Es ist richtig, daß die dazu erforderlichen Eigenschaften bei den meisten Flachriemen noch nicht vorhanden sind, doch ergibt sich die Richtung, in der die Entwicklung gelenkt werden muß, zwanglos aus den im folgenden behandelten Anforderungen an Riemen.

Nicht recht geklärt ist bis jetzt die Frage, wie weit der Reibwert von der Riemengeschwindigkeit und dem Anpreßdruck abhängt. Diese Abhängigkeit ist, soweit sie überhaupt vorhanden ist, bei allen Werkstoffen anders und wahrscheinlich auch noch verschieden je nach dem Zustand des betreffenden Riemens und dem Scheibenmaterial. Noch über den Zusammenbruch gerettete Versuchsergebnisse sind jedenfalls widerspruchsvoll. Das *Bild 4* zeigt z. B. für zwei verschiedene Gummiflachriemen die Reibwerte. Diese wurden für nach der *Eytelwein*schen Beziehung abgeleiteten $\alpha = 180°$ und den Ruhewinkel Null aus der Gleichung

$$\mu = \frac{1}{\alpha} \ln \frac{S_1}{S_2} = \frac{1}{\alpha} \ln \frac{S_a + S_n}{S_a - S_n} \qquad (8)$$

errechnet. Während die Reibwerte für die Sorte *H* mit steigender Riemengeschwindigkeit zunehmen, gilt das für die Sorte *T* nicht.

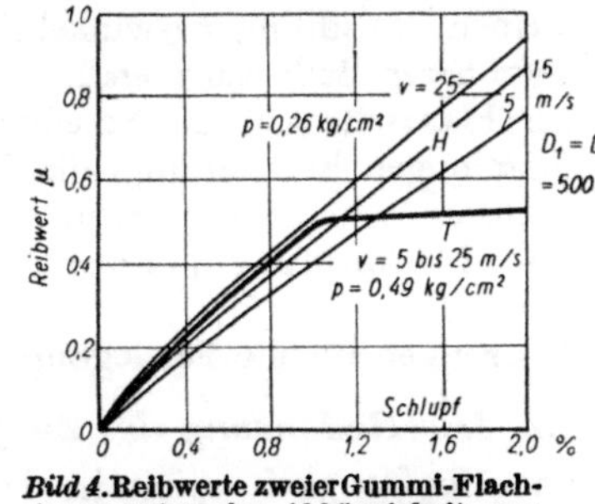

Bild 4. Reibwerte zweier Gummi-Flachriemensorten in Abhängigkeit von Schlupf und Geschwindigkeit (Ergebnis von Versuchen an während des Krieges hergestellten Riemen)

Leider sind keine Angaben mehr über die verwendete Gummimischung oder die sonstige Zusammensetzung des Riemens erhalten geblieben, so daß die Reibwerte als solche nicht auf Gummiflachriemen der jetzigen Fertigung übertragen werden können.

Bei Lederriemen wird mit einer Geschwindigkeitsabhängigkeit des Reibwertes gerechnet, die von *Skutsch* für die Fleischseite durch die Beziehung

$$\mu = 0{,}22 + 0{,}012\,v \tag{9}$$

und von *vom Ende* für die Haarseite durch die Beziehung

$$\mu = 0{,}33 + 0{,}02\,v \tag{10}$$

angegeben wurde. *Bild 5* zeigt diese Abhängigkeit des Reibwertes von der Riemengeschwindigkeit. Für den Reibwert auf der Haarseite ergibt sich ein

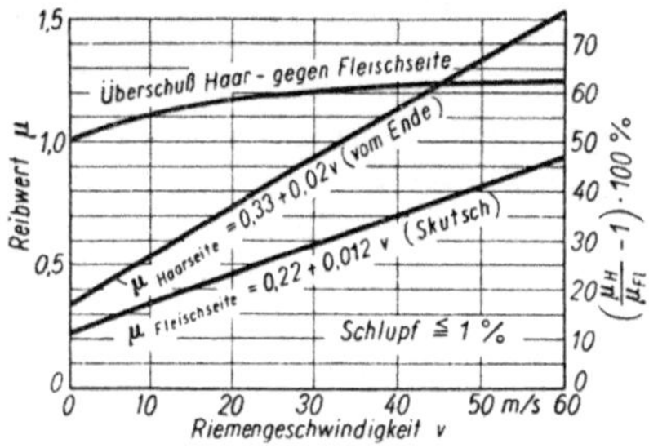

Bild 5. Reibwert μ von Lederriemen beim Lauf auf Fleisch- bzw. Haarseite in Abhängigkeit von der Riemengeschwindigkeit nach *Skutsch* u. *vom Ende*

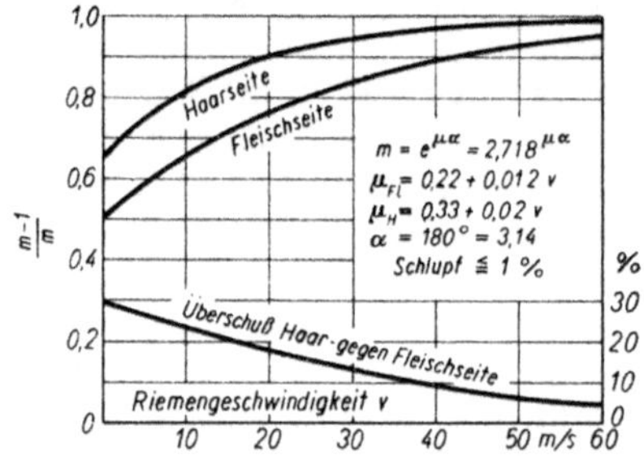

Bild 6. Ausbeute $(m-1)/m$ von Lederriemen beim Lauf auf Fleisch- bzw. Haarseite in Abhängigkeit von der Riemengeschwindigkeit

erheblicher Überschuß gegenüber dem auf der Fleischseite, der bei etwa 50% beginnt und mit wachsender Riemengeschwindigkeit einem Grenzwert von etwa 61% zustrebt.

Bei der Ausbeute wirkt sich dieser Überschuß aber, wie das *Bild 6* zeigt, nur im Bereich der Geschwindigkeiten bis etwa 30 m/s stärker aus. Bei Riemengeschwindigkeiten über 30 m/s wird also durch den Haarseitenlauf nur bei kleinen Umschlingungswinkeln ein wesentlicher Vorteil zu erzielen sein. Von besonderer Bedeutung erscheint es jedoch, langsam laufende Lederriemen mit der Haarseite auf die Scheiben aufzulegen. Voraussetzung für diese Schlußfolgerungen ist allerdings die Gültigkeit der Gleichungen (9) und (10), die in nächster Zeit auf der neuen Anlage des Materialprüfungsamtes Berlin-Dahlem einer Nachprüfung unterzogen werden sollen.

4. Grenzen für die Festlegung von σ_{max}

4.1. Die Bedeutung der Zugfestigkeit

Die Zugfestigkeit spielt in der gesamten Technik für die Beurteilung von Werkstoffen und Bauteilen eine hervorragende Rolle. Dabei wird die Berechtigung hierfür davon abgeleitet, daß ein unter bestimmten vergleichbaren

Bedingungen (z. B. mit festgelegter Probenform und Belastungsgeschwindigkeit) gewonnener Wert einen ausreichend sicheren Rückschluß auf das Verhalten der betreffenden Prüflinge auch unter anderen Bedingungen zuläßt. Solange die Beanspruchungen der Praxis verhältnismäßig niedrig blieben, genügte die Zugfestigkeit als Beurteilungsgrundlage auch durchaus. Weil aber mit wachsenden Anforderungen die Erfahrung lehrte, daß die Berechnung auf Grund der Zugfestigkeit immer häufiger zu Versagern führte, half man sich zunächst mit entsprechend großen Sicherheitszuschlägen. Dieses Verfahren ließ sich nur so lange anwenden, als man es sich leisten konnte, die Bauteile in der Mehrzahl der Fälle überzudimensionieren und nur in wenigen Fällen ihre Tragkraft wirklich auszuschöpfen.

Bei der Treibriemenberechnung ließ man als Beanspruchung $^1/_{20}$ bis $^1/_{10}$ der Zugfestigkeit zu. Das wieder hatte eine Entwicklung der Treibriemen in Richtung auf eine möglichst hohe Zugfestigkeit zur Folge, eine Tendenz, die sich nach einiger Zeit als unzweckmäßig herausstellte.

Zumal, als sich dann zeigte, daß eine hohe Zugfestigkeit ebenso gut mit geringer wie mit hoher Haltbarkeit verbunden sein kann wie eine geringe Zugfestigkeit, daß also ein verbindlicher Zusammenhang zwischen Haltbarkeit und Zugfestigkeit gar nicht besteht, ergab sich die Notwendigkeit, die Frage der Beanspruchung der Riemen beim praktischen Betriebe genauer zu studieren und die Folgerungen hieraus zu ziehen. Einige Treibriemenhersteller kamen verhältnismäßig schnell zu dieser Erkenntnis.

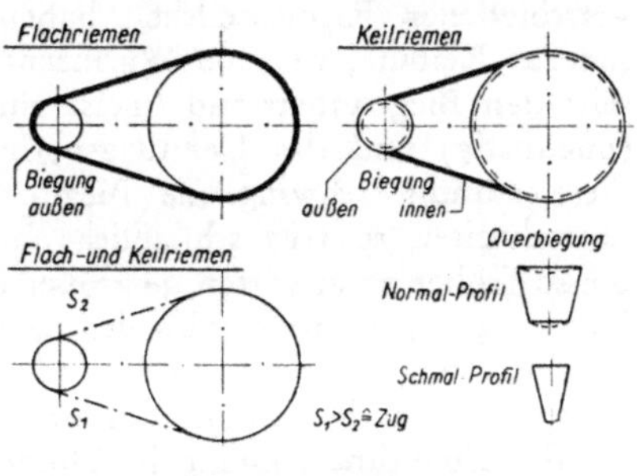

Bild 7. **Arten der zermürbenden Beanspruchung bei Riementrieben**

Die Zugfestigkeit bleibt deshalb dennoch ein wichtiger Kennwert z. B. für die Gleichmäßigkeit mehrerer Lieferungen, auch wird man von jedem Material einen seiner Eigenart zugeordneten Mindestwert der Zugfestigkeit verlangen müssen, der nicht unterschritten sein darf, wenn das Material noch als einwandfrei gelten soll. Alle anderen wesentlichen Eigenschaften aus ihm ableiten zu wollen, ist aber in jedem Falle verfehlt.

4.2. Die Bedeutung der zermürbenden Dauerbeanspruchung

Bild 7 zeigt schematisch, wie die Riemen ganz abweichend von den Bedingungen des Zugversuchs beim Lauf in Wirklichkeit beansprucht werden. Unter einer mittleren Zugspannung stehend, werden sie z. B. beim Lauf über die Scheiben gebogen.

Maßgebend ist dabei für den Flachriemen, dessen spannungsfreie Lage die Gerade ist, der Übergang über die kleine Scheibe, weil hier die stärkste Biegung vorliegt. In der Außenfaser entsteht dabei eine Zug-, in der Innenfaser eine Druckspannung.

Der Keilriemen wird als Kreis hergestellt. Bei ihm ist die Biegespannung beim Lauf über die kleine Scheibe in einem Maß, das von der Anordnung abhängt, geringer als beim Flachriemen; dafür wird aber jedes Riementeilchen beim Lauf durch das gerade Trum gestreckt, und auf der Innenseite des Riemens entsteht dadurch ebenfalls eine Zugspannung. Am geringsten werden die Biegespannungen im Keilriemen sein, wenn er sich, begünstigt durch die Anordnung der Scheiben, beim Lauf seiner ursprünglichen Kreisform weitgehend nähern kann. Aus dieser Betrachtung ergibt sich zwanglos die ganze Schädlichkeit einer den Keilriemen nach innen durchdrückenden Leitrolle. Beim Durchgang durch die Scheibenrille entsteht außerdem gleichzeitig eine je nach dem Profil und dem Aufbau des Keilriemens geringere oder größere Querbiegung, gegen die man durch Einführung des Schmalprofils vorgegangen ist, über das noch berichtet werden wird.

Schließlich wird jedes Riementeilchen sowohl bei Flach- als auch bei Keilriemen im ziehenden Trum einer größeren, im schlaffen Trum einer geringeren Spannung in ständigem Wechsel und ständiger Wiederholung ausgesetzt.

Diese ständigen, z. T. sehr schnell verlaufenden Änderungen der Dehnung der verschiedenen Riementeilchen haben, da das Riemenmaterial nicht frei von innerer Reibung ist, eine Wärmeentwicklung im Riemen zur Folge, die ihrerseits den Biegewiderstand (meist günstig), den Widerstand gegen Zermürbung (ungünstig) und das Dehnungsverhalten (meist ungünstig) beeinflußt. Wenn diese ständig schwingende Biege- und Zugbeanspruchung gewisse Grenzen überschreitet, so tritt schließlich eine Zermürbung ein. Diese ist naturgemäß um so früher zu erwarten, je größer der Abstand zwischen größter und kleinster Dehnung ist, je größer also der Bereich ist, in dem sich die ständige Änderung der Dehnung vollzieht, und je stärker die soeben besprochene innere Erwärmung ist. Bei der Biegung drückt sich das in der Krümmungsänderung aus, bei der Zugbeanspruchung im Unterschied zwischen den Kräften im losen und schlaffen Trum, diese ist also unmittelbar abhängig von der Größe der Nutzkraft.

Da der Widerstand gegen Zermürbung bei den Riemenwerkstoffen mit steigender Temperatur abnimmt, ist die Schnelligkeit, mit welcher die einzelnen Beanspruchungen aufeinander folgen, für die Haltbarkeit ebenfalls von ganz entscheidender Bedeutung.

Bei der Prüfung von Treibriemen kommt es also darauf an, den Zugversuch durch einen Versuch zu ersetzen, der ein Urteil über die voraussichtliche Bewährung unter den Bedingungen der Praxis gestattet. Dies ist der *Wöhler*versuch, der z. B. bei Zugbeanspruchung oder bei Biegebeanspruchung durchgeführt werden kann.

Das *Wöhler*verfahren beruht auf der Beobachtung, daß die Lebensdauer einer stets wiederholt beanspruchten Probe um so mehr wächst, je geringer die Prüfbeanspruchung gewählt wird.

Zur Prüfung einer Riemenart sind meist 6 bis 10 Proben erforderlich. Beginnend mit einer so hohen Beanspruchung σ (s. *Bild 8*, Mitte), daß der Bruch oder die Überdehnung nach einer geringen Lastspielzahl eintritt (1 Lastspiel = Biegung aus dem geraden Trum über die Scheibe und zurück), wird die Prüflast P von Probe zu Probe so lange ermäßigt, bis jener Wert gefunden ist, der auch bei praktisch unendlicher Lastspielzahl kein Versagen der Probe durch Bruch oder Überdehnung mehr hervorruft.

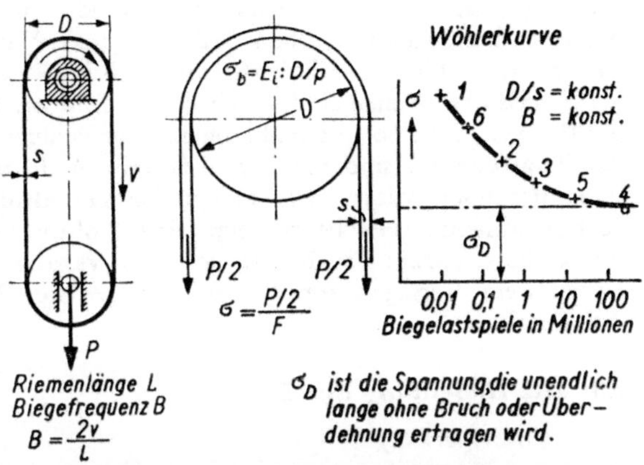

Bild 8. Der Dauerbiegeversuch mit Treibriemen

Für jede Probe werden die erreichte Lastspielzahl und die zugehörige Beanspruchung in ein Schaubild (s. Bild 8, rechts oben) eingetragen. Die Verbindung der Versuchspunkte ist die *Wöhler*kurve. Ihr annähernd waagerechter Ast ergibt die Dauerbiegefestigkeit σ_D.

Selten liegen die Versuchspunkte, wie im Bild gezeichnet, auf einer Linie. Bei Streuungen erweitert sich die Kurve zu einem Band, dessen untere Grenze maßgebend für die Dauerbiegefestigkeit ist. Der Wert der Dauerbiegefestigkeit hängt u. a. ab von der Biegefrequenz B und dem Verhältnis D/s.

Die als Ergebnis der Prüfung verschiedener Riemenarten erhaltenen *Wöhler*kurven zeigen, daß die Lebensdauer mit fallender Beanspruchung bei verschiedenen Sorten verschieden stark zunimmt. Sie liefern, wenn die Versuchsbedingungen sonst richtig gewählt werden, unmittelbar die gesuchten Werte für $\sigma_{max} - \sigma_b$.

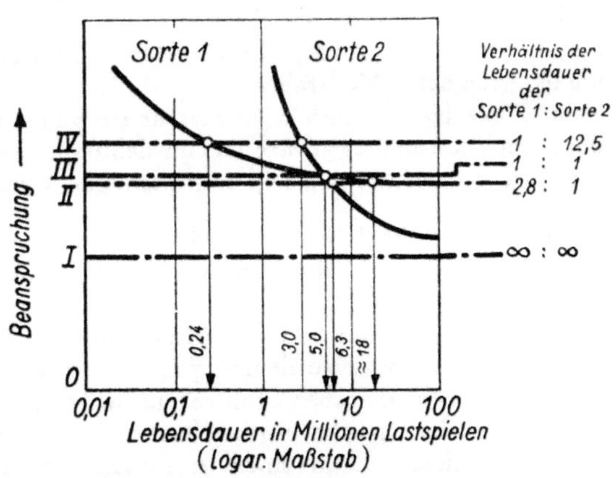

Bild 9. Vergleich zwischen *Wöhler*verfahren und Einzelversuch

Das *Bild 9* läßt erkennen,

wie starke Täuschungen entstehen können, wenn bei der Prüfung zweier Probearten vom *Wöhler*verfahren abgewichen und zum Einzelversuch übergegangen wird. Dieser Übergang ist nur in sehr beschränktem Maße zulässig, z. B. zur Beantwortung der Frage, ob eine ganz bestimmte, durch die Verhältnisse der Praxis festgelegte Beanspruchung ertragen wird oder nicht. Wird aber eine beliebige Beanspruchung gewählt, ohne daß der ganze Verlauf der *Wöhler*kurven bekannt ist, so können sich leicht die in *Bild 9* gezeichneten Verhältnisse, die der Praxis entnommen sind, ergeben. Das Bild zeigt, daß bei Beanspruchung IV die Probenart 2 eine 12,5 mal längere Lebensdauer aufweist als die Probenart 1. Bei Belastung III sind die Lebensdauern gleich, und bei der nur ganz wenig tiefer liegenden Belastung II schlägt das Verhältnis der Lebensdauern um. Die vorher schlechtere Probeart zeigt eine 2,8fach größere Lebensdauer als die vorher bessere. Eine Prüfbeanspruchung I wäre uninteressant, weil sie in beiden Fällen kein Versagen ergibt, infolgedessen die Proben nicht gegeneinander differenziert.

4.3. *Die Bedeutung der Dehnung*

4.31. *Vorbemerkung*

Das Versagen eines Hülltriebes kann sich in dreierlei Art zeigen:

a) das Band rutscht sofort,

b) das Band zieht zunächst, rutscht aber nach einiger Zeit,

c) das Band bricht nach einiger Zeit.

Es kommt also bei der Weiterentwicklung der Treibriemen und Riementriebe gegen dieses Versagen darauf an, für die zu diesem Zweck durchzuführenden Versuche den richtigen Beurteilungsmaßstab zu gewinnen. Beim Zugversuch war dies das Zerreißen nach einer entsprechend hohen gegen den Formänderungswiderstand des Riemens aufgebrachten Dehnung; dies war, wie bereits dargelegt wurde, ein für die Beurteilung des praktischen Verhaltens wenig geeigneter Maßstab.
Beim Dauerbiegeversuch wird hierfür entweder die Zermürbung bis zum Bruch oder eine bestimmte größte Gesamtdehnung gewählt. Es muß also auf die Bedeutung der Dehnung näher eingegangen werden.

4.32. *Vordehnung und Vorspannung*

Verspricht man sich von einer ganz bestimmten Vordehnung beim Auflegen des Riemens das Zustandekommen einer ganz bestimmten Anpreßkraft zwischen Riemen und Scheibe, so setzt man eine einigermaßen sicher erfaßbare Beziehung zwischen Vordehnung und Vorspannung voraus. Diese Beziehung ist nun aber in mancher Hinsicht unsicher. Erstens wird der Zusammenhang zwischen Dehnung und Rückstellkraft im statischen Versuch ermittelt, während der Riemen doch einer in rascher Folge sich ständig wiederholenden, veränderlichen Beanspruchung ausgesetzt ist. Zweitens gilt eine solche, am neuen Riemen ermittelte Beziehung nicht für den eingelaufenen Riemen und schließlich ist der Zusammenhang zwischen Dehnung und Rückstellkraft zeitabhängig.

Bild 10 zeigt, wie die Spannung eines um 2% bei festem Achsabstand vorgedehnten, in Ruhe befindlichen Riemens im Laufe der Zeit abnimmt. Es

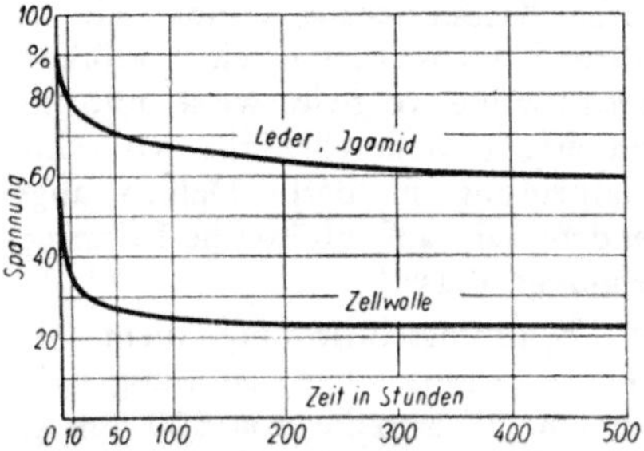

Bild 10. **Selbstentspannung bei ε = 2%**

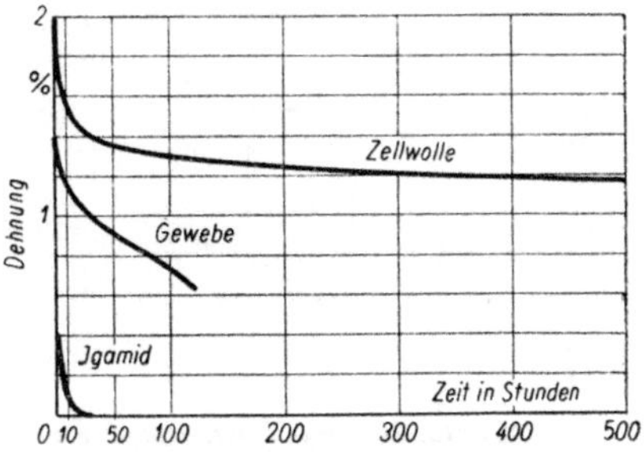

Bild 11. **Schrumpfen von 2% Anfangsdehnung nach Entlasten**

handelt sich dabei um Versuche aus dem Kriege mit einer Zellwolle, die heute nicht mehr verwendet wird. Die Kurven lassen aber das Grundsätzliche erkennen, nämlich, daß bei einem Material die Rückstellkraft nach 500 Stunden konstanter Reckung im übrigens klimatisierten Raum z. B. nur noch 60% des Anfangswertes beträgt, während das andere Material schon nach 10 Stunden nur noch 35% aufweist, um sich bei 300 Stunden einem Endwert von rd. 21% zu nähern. Aber nicht allein das Maß dieser Abnahme ist entscheidend, beinahe noch wichtiger ist es, wie weit sich der Riemen zurückverformt, wenn er entlastet wird.

Das *Bild 11* beweist, wie verschieden sich die Werkstoffe in dieser Hinsicht verhalten können; das gereckte Igamid z. B. war in ganz kurzer Zeit wieder auf seiner ursprünglichen Länge, während das seinerzeit untersuchte Zellwollgewebe auch nach 500 Stunden noch mehr als die halbe Vordehnung aufwies.

Es bedarf wohl keiner besonderen Erwähnung, daß jener Riemen die besten Dehnungseigenschaften hat, der bei einem möglichst hohen Wert der Rückstellkraft nach möglichst kurzer Zeit zur Ruhe kommt und sich nach Entlastung am schnellsten wieder auf seine ursprüngliche Länge zusammenzieht.

4.33. Gesamtdehnung und bleibende Dehnung

Offenbar haben wir es hier also mit einer Gesamtdehnung zu tun, die nur z. T. elastisch ist. Es ist besonders für die Beurteilung neuartiger Werkstoffe, aber auch zur Beurteilung verschiedener Behandlungsverfahren bekannter Werkstoffe von Bedeutung, Versuchsverfahren zu entwickeln, die das Dehnungsverhalten in seiner Bedeutung für die übertragbare Leistung beleuchten.

Ein solcher Versuch ist der Zug-Elastizitätsversuch, der in der Zerreißmaschine durchführbar ist. Angesichts der auch bei diesem Versuch fehlenden dynamischen Beanspruchung muß darauf hingewiesen werden, daß dieser im Materialprüfungsamt Berlin-Dahlem laufend nach dem Schema des *Bildes 12* ausgeführte Versuch seine Berechtigung davon ableitet, daß er qualitativ die gleiche Klassifizierung ergibt wie der während des Krieges in einer größeren Versuchsreihe vergleichsweise mit ihm zum ersten Male ebenfalls vom Materialprüfungsamt Berlin-Dahlem angewendete, sehr aufschlußreiche Leistungs-Dehnungs-Versuch.

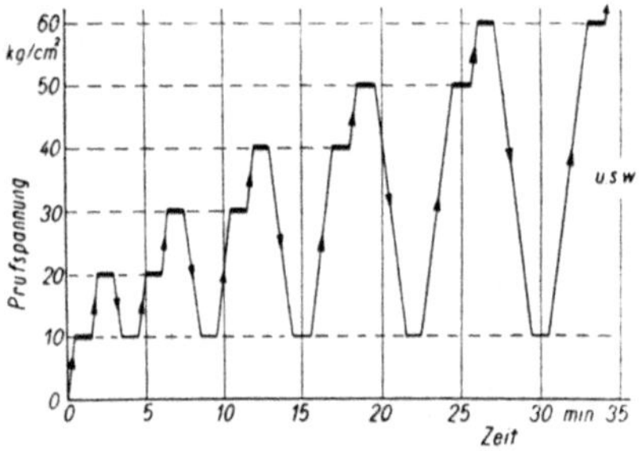

Bild 12. Zeit-Spannungsverlauf beim Zug-Elastizitätsversuch

Als Belastungseinrichtung dient eine Zerreißmaschine. Die Dehnung wird über eine Meßstrecke von 100 mm gemessen. Wegen des Vergleichs von Gesamtdehnung und bleibender Dehnung muß die Längenänderung der Meßstrecke sehr genau ermittelt werden. Das Meßgerät ist eine Meßuhr[1]) mit 0,01 mm Anzeige je Teilstrich und einem Meßbereich von 30 mm, die gemäß *Bild 13* mit Spitzen versehen ist und mit den im gleichen Bild sichtbaren Federbügeln auf der Probe in der in *Bild 14* gezeigten Art festgeklemmt wird. *Bild 15* gibt den Zusammenhang zwischen Gesamtdehnung, bleibender Dehnung und Zugspannung beim Zug-Elastizitätsversuch für eine Reihe von Werkstoffen wieder. Die dick ausgezogenen Linien kennzeichnen die Gesamtdehnung, die dünnen Linien die bleibende Dehnung, also jenen Anteil, der nicht mehr federt und infolgedessen für die Erzeugung einer Flächenpressung zwischen Riemen und Scheibe ausfällt. Das Bild ist sehr aufschlußreich; z. B. ist die Gesamtdehnung bei den Textilriemen 1 und 2 im Bereich bis 70 kg/cm² völlig gleich, während sich die bleibende

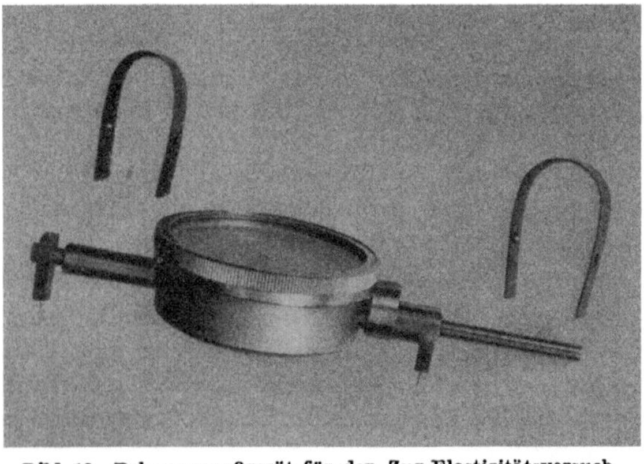

Bild 13. Dehnungsmeßgerät für den Zug-Elastizitätsversuch

[1]) *Carl Mahr,* Eßlingen.

Dehnung dieser Riemen stark unterscheidet. Der Riemen *T 1* würde dem Riemen *T 2* in bezug auf das Dehnungsverhalten vorzuziehen sein. Bei der Riemenwahl ist also der Anteil der bleibenden Dehnung an der Gesamtdehnung, wie er als weitere Auswertung der Kurven des Bildes 15 in *Bild 16* dargestellt ist, für die Festlegung des zulässigen Wertes von σ_{max} mit entscheidend. Riemen mit einem Anteil von 20% und weniger können als sehr gut, Riemen mit einem Anteil um 40% als mittelmäßig und Riemen mit einem Anteil über 60% als schlecht bezeichnet werden.

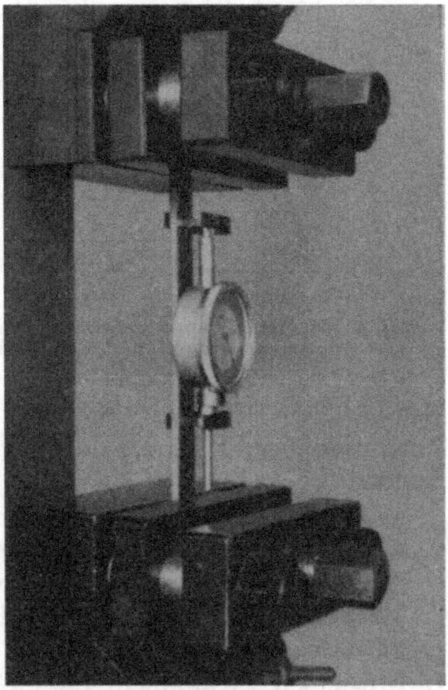

Bild 14.
Anordnung beim Zug-Elastizitätsversuch

Die Bedeutung dieser Versuche ist auch anderenorts erkannt worden, wie eine Schweizer Veröffentlichung[1]) beweist. Dort wird gemäß *Bild 17* für die Auswertung als Abszisse die Gesamtdehnung benutzt und der Elastizitätsgrad als elastischer Anteil an der Gesamtdehnung ermittelt.

Die in Dahlem benutzte Darstellung scheint den Vorteil zu haben, daß sie den Beanspruchungsbereich erkennen läßt, für den das Versuchsergebnis gilt. Das ist insofern wichtig, als der Elastizitätsgrad häufig nicht unabhängig von der Zugspannug ist. Die besonders in der älteren Literatur enthaltenen Versuchsergebnisse kranken meist daran, daß sie bei Prüfspannungen gewonnen wurden, die hoch über den Beanspruchungen der Praxis liegen. Zwar werden auch in Dahlem die Versuche bis zu einer Zugspannung von 100 kg/cm² durchgeführt, doch wird dadurch der untere an sich schon gut mit Versuchspunkten belegte Kurventeil nur gesichert.

Wie sich der Einlaufzustand auf das elastische Verhalten auswirkt, zeigt grundsätzlich das *Bild 18.* Von der ersten Be- und Entlastung ab bleibt — und das ist charakteristisch — die Neigung der Dehnungskurve gleich. Die Zunahme des bleibenden Anteils wird von Mal zu Mal geringer. Bei der Beurteilung eines Riemens muß infolgedessen zwischen dem Neuzustand und dem eingelaufenen Zustand unterschieden werden.

Von der durch die Schleife eingeschlossenen Fläche wird die Größe der vom Riemen aufgenommenen inneren Arbeit bestimmt. Je kleiner der Inhalt der

---

[1]) *H. Kägi,* Die Belastungs-Dehnungskurve bei Werkstoffen mit Faserstruktur, Textilien, Leder, Papier. Textil-Rundschau, St. Gallen 8 (1953) 4, S. 168/176; 5, S. 233/242.

Schleife ist, um so geringer wird daher die beim Lauf zu erwartende Erwärmung des Riemens, eine für den Betrieb u. U. äußerst wichtige Kenngröße.

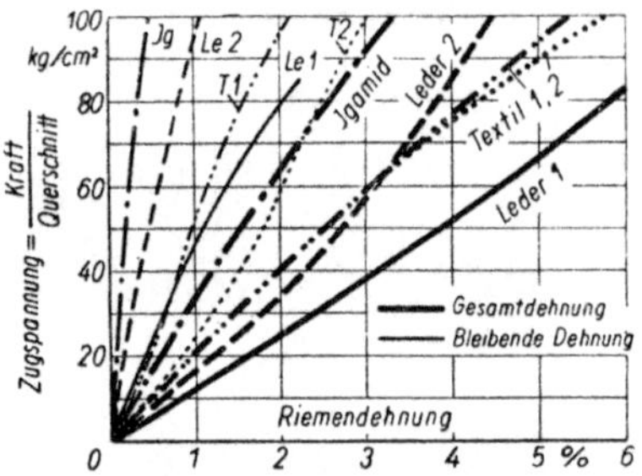

Bild 15. Gesamtdehnung und bleibende Dehnung, ermittelt im Zug-Elastizitätsversuch

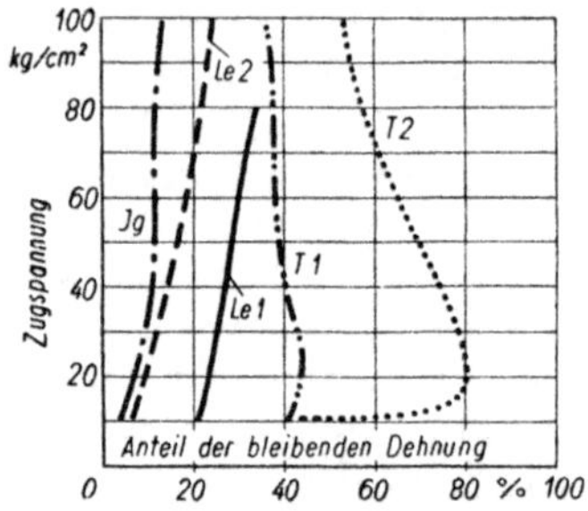

Bild 16. Anteil der bleibenden Dehnung an der Gesamtdehnung

4.34. Zwischenzusammenfassung

Zusammenfassend ist als bisheriges Ergebnis der angestellten Betrachtungen festzuhalten:

σ_{max} ist in erster Linie bestimmt durch den Widerstand gegen Zermürbung, durch die innere Arbeitsaufnahme und durch die Dehnungseigenschaften. Bei diesen ist wieder zu unterscheiden zwischen der Gesamtdehnung, der bleibenden Dehnung, der Tendenz des Riemens zum Wegfließen und seiner Erholungsfähigkeit.

Im folgenden sei nunmehr die Größe σ_b der Grundgleichung behandelt.

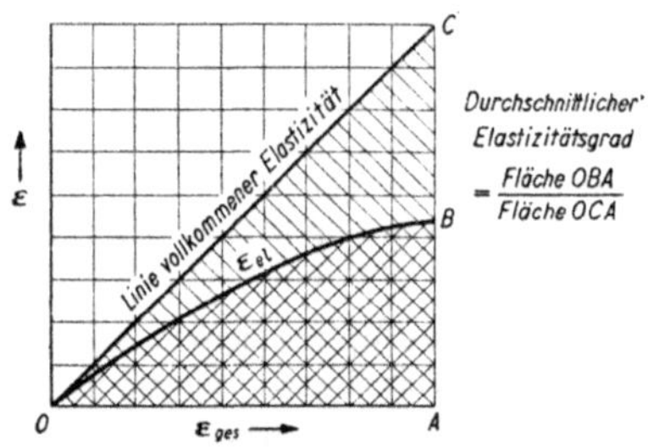

Bild 17. Durchschnittlicher Elastizitätsgrad nach *Kägi*

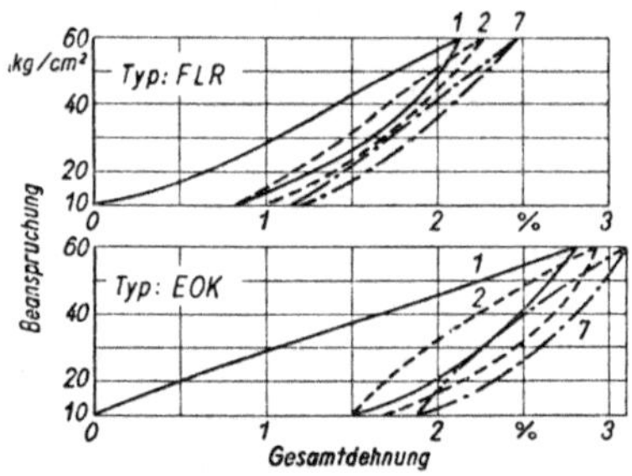

Bild 18. Dehnungsverhalten bei mehrfacher Be- und Entlastung
Ausgezogene Kurve erste Be- und Entlastung; gestrichelte Kurve: zweite Be- und Entlastung; strichpunktierte Kurve: siebente Be- und Entlastung

5. Die Bedeutung der Biegespannung σ_b

Wie bereits erwähnt, ist die Biegespannung σ_b um so größer, je schärfer der im spannungslosen Zustand gerade Riemen gebogen wird, sie ist mithin abhängig von dem Verhältnis des Scheibendurchmessers zur Riemendicke, also von d/s. Ist der Riemen schon im spannungslosen Zustand gekrümmt, so ist die Krümmungsänderung maßgebend.

Bei gleicher Größe der Biegung ist σ_b außerdem abhängig von dem Widerstand, den der Riemen einer bestimmten Biegung entgegensetzt. In Anlehnung an die Regeln der Elastizitätslehre berechnet man die Biegespannung im Treibriemen nach der Gleichung $\sigma_b = E_i : d/s$. Der dabei verwendete, auch als ideeller Elastizitätsmodul E_i bezeichnete Kennwert für die Steifigkeit des Riemens ist allerdings nicht mit dem im Zugversuch ermittelten Elastizitätsmodul identisch. Sein Wert muß z. Z. geschätzt werden, weil noch kein Versuch zu seiner Ermittlung ausgearbeitet ist; er liegt mit Sicherheit erheblich niedriger als der des Zugelastizitätsmoduls.

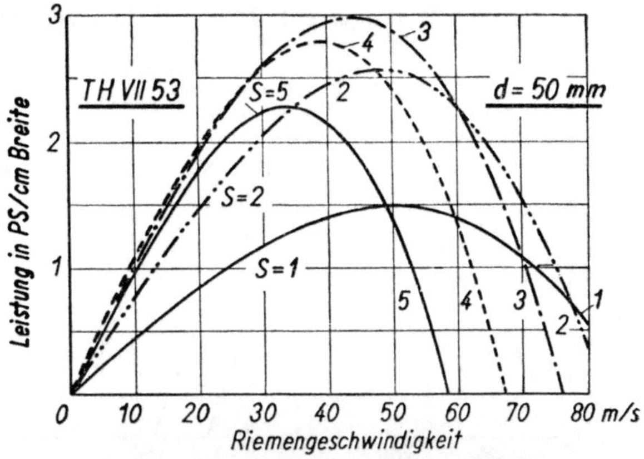

Bild 19. **Zusammenhang zwischen Riemendicke, Laufgeschwindigkeit und übertragbarer Leistung**

In Worten ausgedrückt, sagt die Gleichung für die Biegespannung u. a. aus: Je dicker bei gleichem Scheibendurchmesser und sonst gleichem Aufbau der Riemen ist, um so größer wird σ_b, um so weniger bleibt also von σ_{max} noch für die Nutzspannung übrig. Bei kleinen Scheiben und vor allem bei hohen Riemengeschwindigkeiten, bei denen die Fliehkraftspannung bereits einen wesentlichen Anteil von σ_{max} verschlingt, wirkt sich das so aus, daß dünne Riemen wesentlich mehr übertragen können als dicke Riemen. Das *Bild 19* zeigt, daß bei den für das Beispiel sonst gewählten Voraussetzungen ein 5 mm dicker Riemen bei 60 m/s überhaupt keine Leistung mehr übertragen kann, während der 1 mm dicke Riemen bei dieser Geschwindigkeit etwa genau so viel überträgt wie der 4 mm dicke Riemen und die 2 bzw. 3 mm dicken Riemen bei gleicher übertragener Leistung allen anderen Dicken überlegen sind. Das Bild ändert sich jedoch ständig, je höher die Riemengeschwindigkeit anwächst. Bei 80 m/s überträgt der 1 mm dicke Riemen den höchsten Wert, während die 3, 4 und 5 mm dicken Riemen bereits ausgefallen sind.

6. Die Bedeutung der Fliehkraftspannung

Aus *Bild 19* geht hervor, wie eng die verschiedenen Einflüsse, hier die Biege- und Fliehkraftspannung, miteinander verbunden sind. Bedenkt man, daß auch das Dehnungsverhalten und die Größe der inneren Arbeit das sich dem Beobachter im praktischen Betriebe bietende Bild bestimmen, so unterstreicht dies besonders die Notwendigkeit, die Rolle der einzelnen Faktoren herauszuarbeiten und sich von einer zusammenfassenden Überschlagsrechnung abzukehren. Dazu gehört aber die richtige Erfassung der einzelnen Materialkennwerte.

Wie stark z. B. das spezifische Gewicht die übertragbare Leistung beeinflußt, ist in *Bild 20* dargestellt. Hier ist für einen ganz normalen Fall gezeigt, wie sich u. a. die Grenze der oberen zulässigen Geschwindigkeit je nach dem spezifischen Gewicht verschiebt. Außerdem zeigt sich, daß bei 35 m/s der Durchschnittsriemen den Höchstpunkt bereits überschritten hat, daß sich der schwerere Riemen stark auf dem abfallenden Ast befindet. während der leichte Riemen gerade erst sein Optimum erreicht hat. Setzt man die Leistung des Normalriemens gleich 1, so ergeben sich im vorliegenden Falle für die Leistung die Verhältniszahlen 0,86 : 1 : 1,32 für die Folge schwer : mittel : leicht.

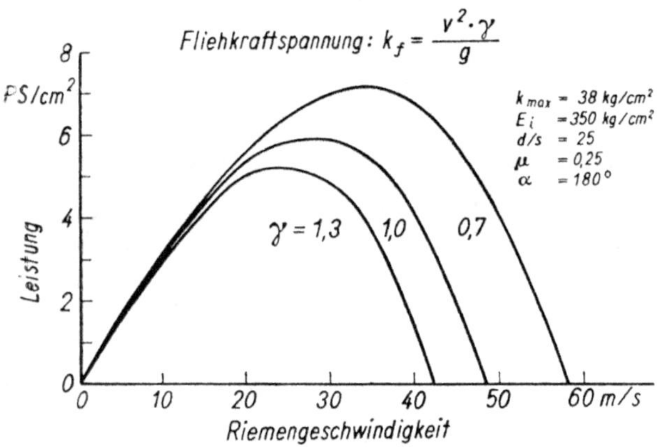

Bild 20. **Einfluß des spezifischen Gewichtes auf die übertragbare Leistung**

Es ist selbstverständlich, daß sich alle Werte mit σ_{max}, E_i, d/s, μ und α verschieben, so daß das Bild zwar die Erscheinung wiedergibt, nicht aber quantitative Aussagen macht, z. B. darüber, daß bei einer Geschwindigkeit über 60 m/s keine Möglichkeit der Übertragung von Leistungen durch Riemen mehr bestände. Selbstverständlich kann man auch bei höheren Geschwindigkeiten noch Leistungen übertragen, wenn, wie ja *Bild 19* gezeigt hat, für die richtigen Voraussetzungen gesorgt wird.

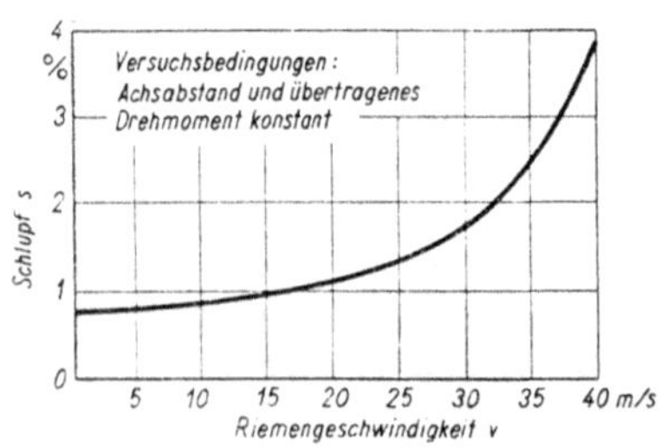

Bild 21. **Fliehkraftwirkung und Schlupf**

Wie der Schlupf bei festem Achsabstand mit steigender Riemengeschwindigkeit unter der Einwirkung der den Riemen von der Scheibe hebenden Fliehkraft zunehmen kann, ist für ein im Versuch verwirklichtes Beispiel in *Bild 21* dargestellt. In einem solchen Falle werden Riemen mit geringer Gesamtdehnung und geringem Anteil an bleibender Dehnung allen anderen überlegen sein.

7. Folgerungen für die Berechnung

Man könnte denken, daß bei so vielen Varianten und zumal angesichts der Tatsache, daß es sich um organische, z. T. um natürlich gewachsene Stoffe handelt, eine Berechnung unmöglich sei; es genüge also eine Faustformel, möglichst eine einzige Kennzahl.

Eine solche Schlußfolgerung aus dem Vorgetragenen wäre tief zu bedauern. Die Situation ist doch vielmehr so: Nachdem eine gewisse Klarheit über die Art der Beeinflussung des Verhaltens von Treibriemen durch die verschiedenen Eigenschaften geschaffen worden ist, gilt es, wenn genauere Unterlagen fehlen, zunächst die Grenzen abzustecken, in denen sich die verschiedenen Materialien bzw. Treibriemenarten bewegen. Das ist Aufgabe der Riemenhersteller in Zusammenarbeit mit ihren oder den neutralen Materialprüfungsstellen.

Flachriemen - AWF - Kennblatt

Kennzeichen des Triebes

	treibend	getrieben
Maschine	z. B. Drehstrommotor mit Stern-Dreieckschalter – Transmission usw.	z. B. Kompressor (möglichst Modell, Type, Hersteller)
		Standort:
Scheiben-*) Drehzahl-n	/min	/min
Scheiben-*) Ø	mm gerade/ballig Wölbhöhe	mm gerade/ballig Wölbhöhe
Scheiben-*) Breite	mm mm	mm mm

Leistung	normal .... PS .... kW maximal	**Leistung** ...... gemessen / geschätzt / abgelesen **Anlauf** .... unter Last / im Leerlauf **Betrieb** .... gleichmäßig / stoßweise **Schwungmasse** .. groß / mittel / klein

s. Skizze Rückseite

Achsabstand	kürzester mm – verstellbar / unverstellbar – **Spannweg** mm (horizontal / senkrecht / schräg gemessen)
Anordnung	der Wellen: .... – ○ · **Lagerung:** Einseitig / Zweiseitig · des Riemens: · gezogenes Trum unten / oben · Drehrichtung gleich / wechselnd
Spann- / Leit- Rolle	freischwingend / feststellbar Stck. · Mittenabstand der Rolle von der kl. Scheibe mm · Rollen-ϕ mm · flach / ballig Wölbhöhe mm

Ist Einbau eines endlosen Riemens möglich? Muß Riemen unter Spannung endlos gemacht werden?

Äußere Einflüsse	**Betriebsdauer:** täglich etwa Std. / Tage ununterbrochen
	Schaltungen: stündl./tägl. mal - durch Kupplung/Motor/Gabelausrücker mit/ohne Rollen - von Hand/automatisch
	Betriebsraum: trocken / feucht / staubig / dampfig / ölig / fettig / säure- oder laugenhaltig / explosionsgefährdet Raumtemperatur etwa °C — vollständig gekapselt / im Freien
	Unmittelbare Einwirkungen: strahlende Wärme / Wasser- / Öl- / Säure-Spritzer u. a.

Kennzeichen des gewünschten / bisher verwendeten Riemens

Werkstoff	Sorte/Marke/Type	Güte-bezeichnung
Abmessungen	Breite mm · Dicke mm / Lagenzahl · stumpfe (innere) Länge*) mm	*) Länge mit Stahlband stumpf gemessen **ohne** Abzug einer Vorspannung
Verbindung	endlos / endlich (wasserfest gekittet / geleimt / genäht / vulkanisiert / geklebt / mit Verbinder) Endverbindung ausgeführt vom Benutzer/Lieferant/ ; für endlose Verbindung vorbereitet? ja/nein	

– Vom Besteller nicht auszufüllen! – **Platz für die berechneten Beanspruchungswerte** – Vom Besteller nicht auszufüllen! –

Riemen-querschnitt	Leistung	Riemen-geschw.	Nutzkraft	Fliehkraft-spannung	Übersetzungs-verhältnis	kleinster Umschlin-gungswinkel	d : s (kleine Scheibe)	kürzeste Riemenlänge (stumpf)	Biegefrequenz/s
.... cm²	.... PS .... PS/cm .... PS/cm²	.... m/s	.... kg .... kg/cm .... kg/cm²	k_f .... kg/cm²	ü = 1: ins Langsame / Schnelle	.... °	....	.... mm	$B = \frac{v \cdot z}{L} =$

Dem Konstrukteur müssen die Berechnungsverfahren in einer Form näher gebracht werden, bei der die Einzeleinflüsse erkennbar sind. Nach Möglichkeit sollten dafür aber Tabellenvordrucke geschaffen werden, die dem Konstrukteur eine nochmalige Beschäftigung mit dem ganzen Stoff in solchen Fällen abnehmen, in denen er sich nur selten mit der Berechnung von Riementrieben zu befassen hat. Das ist zweifellos die Aufgabe der Gemeinschaftsarbeit auf diesem Gebiet, zum Beispiel die des AWF, der sich in dieser Richtung schon seit vielen Jahren betätigt und der hierin bereits gute Arbeit geleistet hat.

Schließlich ist es eine vordringliche Aufgabe sowohl der Grundlagen- als auch der Zweckforschung, die erforderlichen Materialkennwerte zu ermitteln. Das ist Sache der Prüfstellen.

Die Treibriemen müssen dann mit um so größerer Sicherheit, d. h. um so mehr an der unteren Grenze der bekannten zulässigen Werte berechnet werden, je ungenauer die Angaben über die Betriebsbedingungen sind. Je genauer die Anforderungen aber bekannt sind, um so leichter darf der Riemen sein, woraus sich wieder die Notwendigkeit der engen Zusammenarbeit zwischen Konstrukteur und Riemenhersteller ergibt; und dies nicht nur bei der Erstausrüstung.

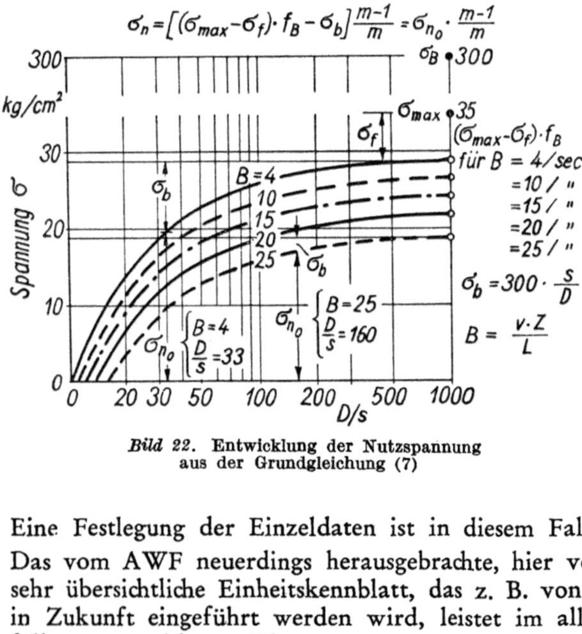

Bild 22. Entwicklung der Nutzspannung aus der Grundgleichung (7)

In Sonderfällen wird es besonders lohnend sein, genaue Überlegungen über die Eigenschaften anzustellen, welche zu besonders hohen Leistungen bzw. besonders gedrungener Bauweise führen. Eine Festlegung der Einzeldaten ist in diesem Falle unerläßlich.

Das vom AWF neuerdings herausgebrachte, hier verkleinert wiedergegebene, sehr übersichtliche Einheitskennblatt, das z. B. von der Lederriemenindustrie in Zukunft eingeführt werden wird, leistet im allgemeinen wie in Sonderfällen ausgezeichnete Dienste.

Bild 22 zeigt noch einmal, wie man sich etwa das Zusammenwirken der verschiedenen Einflußgrößen vorstellen muß. Oben im Bild steht noch einmal die Grundgleichung (7), in welche jetzt nur noch, der Vollständigkeit halber, ein Faktor f_B eingearbeitet ist, der die Biegefrequenz und damit die Wärmeentwicklung im Riemen berücksichtigt.

Bei dem Bild handelt es sich nur um ein Schema, dessen Kurven bei verschiedenen Riemensorten ganz anders verlaufen mögen, das aber in etwa die Zusammenhänge zeigen soll. In der Abszisse ist das Verhältnis des Scheibendurchmessers zur Riemendicke aufgetragen. Der rechte Wert 1000 kennzeichnet für Flachriemen den Zustand mildester Biegung. Hier wäre also der Wert $\sigma_{max} - \sigma_f$ zu finden, der wahrscheinlich mit dem Wert f_B je nach der Biegefrequenz zu korrigieren wäre. Ob allerdings bei so geringer Biegespannung, wie für den Wert $d/s = 1000$ vorausgesetzt ist, sich die Korrektur bereits so stark auswirkt, wie gezeichnet, bleibt dahingestellt. Mit zunehmender Biegeintensität wächst die Biegespannung, und ein immer größerer Wert von σ_b ist von $(\sigma_{max} - \sigma_f)\ f_B$ abzuziehen, um zu σ_{no} zu gelangen. Wie das Bild zeigt, ergibt sich am linken Ende der Abszisse jener Wert von d/s, der nicht unterschritten werden kann, ohne daß der Riemen versagt.

8. Sonderprobleme

Selbstverständlich spielen bei der Auswahl der Riemen Sonderbedingungen häufig eine erschwerende und ausschlaggebende Rolle.

So gilt es, bei *staubiger* Atmosphäre dafür zu sorgen, daß die Staubteilchen an und in dem Riemen einen möglichst geringen Verschleiß bewirken können. Gut geschlossene Oberflächen, die den Staub möglichst wenig annehmen, sind hier Voraussetzung. Man wird in diesem Falle sogar zugunsten einer glatten Oberfläche lieber auf höchste Reibwerte verzichten und dafür sicherer zu dimensionieren haben.

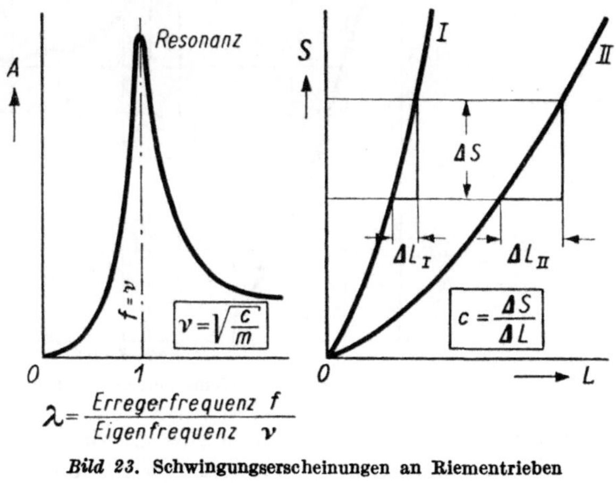

Bild 23. Schwingungserscheinungen an Riementrieben

Wechselnde *Feuchtigkeit* darf nicht zum Zerrütten des Riemens führen, wichtiger ist aber noch ein Schutz gegen zu schroffe Längenänderungen, da sich mit diesen der Anpreßdruck außerordentlich stark verändern kann. Hier sollte der Konstrukteur dem Riemenhersteller recht genaue Angaben machen, wobei bedacht werden muß, daß ein Wechsel zwischen feuchter und trockener Atmosphäre größere Schwierigkeiten bereitet als etwa eine gleichmäßig feuchte oder trockene Umgebung.

Als störend wird häufig auch die Tatsache empfunden, daß in manchen Trieben das lose Trum mehr oder minder stark schlägt und dabei oft in so starke *Schwingungen* gerät, daß ein geregelter Betrieb unmöglich wird. In solchen Fällen haben sich auch manchmal Ersatzlieferungen schlechter verhalten als

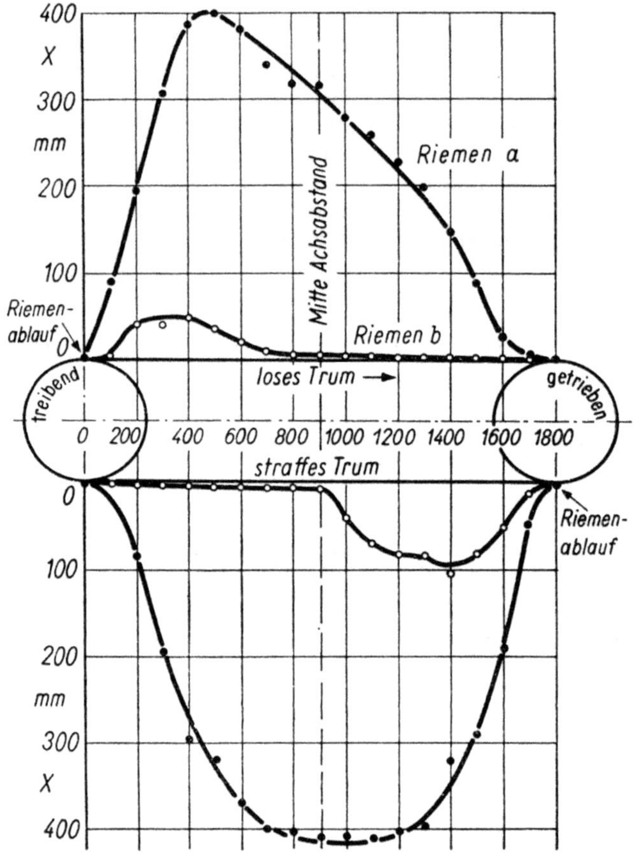

Bild 24. Verteilung der elektrischen Aufladung

die vorher bewährten. Sieht man einmal von den Fällen grober Fehlerhaftigkeit ab, so ergibt sich die in dem *Bild 23* stark schematisch veranschaulichte Erklärungsmöglichkeit. Eine genaue Berechnung auf dieser Grundlage ist bis jetzt noch nicht möglich, doch läßt sich vielleicht mancher Mißerfolg durch richtigen Vergleich der Materialeigenschaften vermeiden.

Der Riemen und die Maschinenanlage bilden zusammen ein schwingungsfähiges System. Seine Eigenschwingungszahl ist von der Federkonstante *c* und der

Masse m abhängig. Liegt diese Eigenschwingungszahl ν in der Nähe der Erregerfrequenz f, so gerät der Trieb, wie der linke Teil des Bildes zeigt, in Resonanz, und es entstehen unerwünscht große Schwingungsausschläge. Es kommt also darauf an, die Federkonstanten des Riemens, d. h. sein Dehnungsverhalten gemäß dem rechten Teil des *Bildes 23* so zu beeinflussen oder die Masse des Antriebes so zu wählen, daß die Eigenschwingungszahl weit genug von der Erregerfrequenz abbleibt. Auch aus diesen Überlegungen geht wieder die Bedeutung des richtigen Dehnungsverhaltens des Riemens hervor.

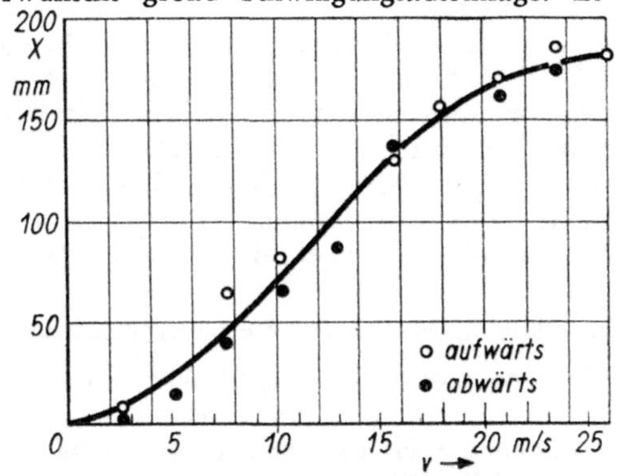

Bild 25. Abhängigkeit der elektrischen Aufladung von der Riemengeschwindigkeit

Ein anderes nicht selten berührtes Problem ist das der *elektrostatischen Aufladung*. Hierzu darf ich auf die in den AWF-Nachrichten und auszugsweise in der Zeitschrift „Maschinenschaden" veröffentlichte, zusammen mit Herrn Ing. *H. Müller* verfaßte Arbeit[1]) hinweisen, aus welcher die folgenden 3 Bilder stammen.

In *Bild 24* ist aufgezeichnet, wie sich die Aufladung[2]) zumeist verteilt. Ihr Maximum befindet sich hinter der Ablaufstelle, während auf den Scheiben selbst kaum eine Aufladung feststellbar ist. Das ist offenbar zu erklären mit der schnellen Zunahme des Dielektrikums zwischen Riemen und Scheibe beim Ablauf und wichtig für die Anordnung evtl. Ableitbürsten.

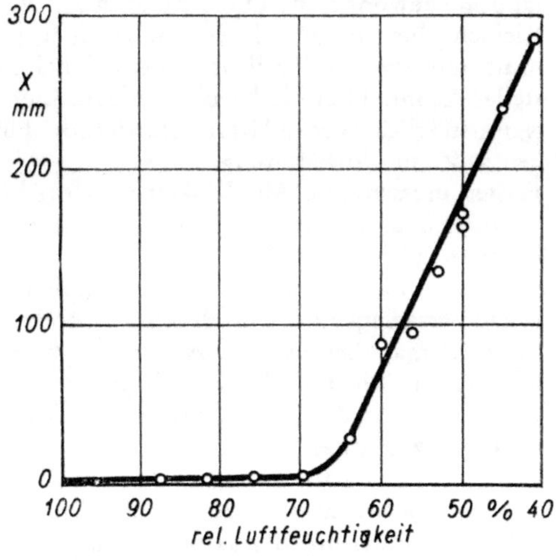

Bild 26. Abhängigkeit der elektrischen Aufladung von der relativen Luftfeuchtigkeit

[1]) *K. H. Bussmann* u. *H. Müller,* Versuche über die elektrische Aufladung von Treibriemen. AWF-Mitteilungen 22 (1940) 2/3, S. 11/14; 4, S. 21/24. Der Maschinenschaden 17 (1940) 11/12, S. 117/119.

[2]) Als Maß für die Aufladung wurde der Abstand $\varkappa$ beobachtet, in dem eine Glimmlampe gerade noch aufleuchtete.

Bild 25 zeigt, daß sich der Riemen bis zu einer Geschwindigkeit von rund 25 *m/s* in steigendem Maße auflädt. Es ist noch offen, ob, wie es scheint, die Aufladungsgröße mit weitersteigender Geschwindigkeit einem konstanten Wert zustrebt.

Die wichtigste Folgerung aus den bisherigen Versuchen ergibt sich aber aus *Bild 26,* das zeigt, daß die Aufladung in dem Bereich zwischen 100 und 70% relativer Luftfeuchtigkeit äußerst klein bleibt, um mit trockener werdender Luft sodann sehr stark zuzunehmen. Hieraus ergeben sich unmittelbar Folgerungen für die Möglichkeit, Riemenantriebe auch dort vorzusehen, wo die Gefahr z. B. einer Staubexplosion nicht ausgeschlossen erscheint, und für den Aufbau solcher Riemen, die sich nicht oder schwer aufladen.

9. Folgerungen für die Weiterentwicklung der Riemen

Eine der wichtigsten Folgerungen aus den vorstehenden Darlegungen ist, daß dem Konstrukteur in wesentlich höherem Maße als bisher zuverlässige Unterlagen an die Hand gegeben werden müssen, aus denen er die für die Rechnung gültigen Eigenschaften der Riemen entnehmen kann, und die es ihm erlauben, danach Riemen mit ganz bestimmten Eigenschaften ebenso zu bestellen, wie er dies bei anderen Bauelementen z. B. auf dem Metallsektor seit langem gewohnt ist. Diese Möglichkeit ist bisher nirgends auf dem ganzen Riemengebiet in ausreichendem Maße gegeben. Es geht aber auf die Dauer nicht, daß um den Treibriemen ein Geheimnis gewoben wird, das nur der Hersteller kennt. Hier sind wohlüberlegte Lieferbedingungen z. B. nach RAL oder wenn möglich Normblätter erforderlich. Für Lederriemen sind RAL-Bedingungen z. Z. in Vorbereitung.

Ferner müssen alle Möglichkeiten erforscht werden, wie den Riemen die gewünschten und erforderlichen Eigenschaften gegeben werden können. In enger Zusammenarbeit zwischen Herstellern und Verbrauchern, und von diesen wieder in erster Linie den Erstausrüstern, müssen die Anforderungen an den Riemen genau festgelegt und danach seine besonderen Eigenschaften entwickelt werden. So wird man bei rauhem Außenbetrieb mit relativ großen Scheiben auf eine sehr große Biegeweichheit keinen entscheidenden Wert zu legen brauchen. Wohl aber wird man versuchen, das Rückfederungsvermögen derartiger Riemen hochzuzüchten.

Dort, wo der Achsabstand kurz oder die Außentemperatur ohnedies hoch ist, werden jede Verminderung der den Riemen zusätzlich erwärmenden Biegearbeit, jede Verminderung der Arbeitsaufnahme und jede Verbesserung der Wärmeableitung die übertragbare Leistung unmittelbar heraufsetzen bzw. die Lebensdauer verlängern. Ein Musterbeispiel in dieser Hinsicht ist z. B. der Schmalkeilriemen im Kraftfahrzeugbetrieb.

Je größer die Riemengeschwindigkeit, um so spezifisch leichter und um so biegeweicher muß der Riemen sein, und um so bessere Dehnungseigenschaften in dem bereits gekennzeichneten Sinne muß er besitzen.

Bei Riemengeschwindigkeiten unter 15 *m/s* jedoch spielt das spezifische Gewicht nur eine untergeordnete, bei Geschwindigkeiten unter 10 *m/s* gar keine Rolle mehr. Hier muß vielmehr alles getan werden, um den Anpreßdruck aufrechtzuerhalten und um ein besonders hohes σ_{max} zu erzielen.

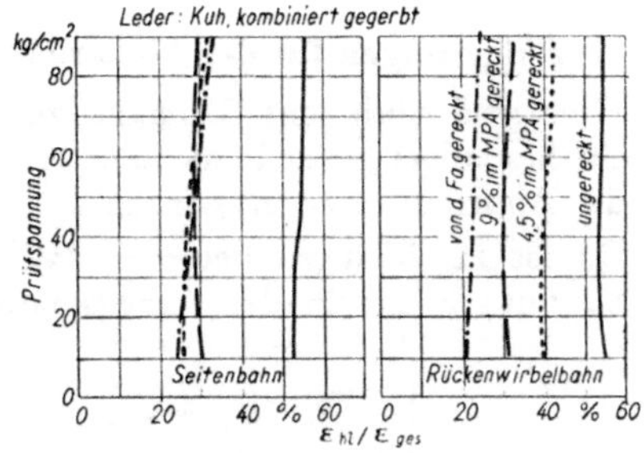

Bild 27. Einfluß des Naßstreckens auf die Dehnungseigenschaften von Treibriemenleder

Soweit man dies nicht überhaupt mit neuen Riemenwerkstoffen versucht, wird man hierzu die Treibriemen so vorbehandeln, daß der Anteil an bleibender Dehnung gering ist. Bei Riemen mit Textileinlage wird man versuchen, diese z. B. im Kalander vorzurecken, bei Lederriemen kann man durch entsprechende Naßstreckung und Auftrocknung im Streckrahmen sehr gute Erfolge erzielen, wie das *Bild 27* beweist. Ausführliche Versuche, die sich mit dieser Möglichkeit befassen, werden z. Z. im Materialprüfungsamt Berlin-Dahlem durchgeführt. Über ihr Ergebnis wird zu gegebener Zeit berichtet werden.

Besonders wichtig ist aber auch der richtige konstruktive Aufbau der Riemen selbst. Logisch und sinnfällig ist es, wie bei Keilriemen und einigen Sonderflachriemen geschehen, die Aufnahme der Zugkraft und die Übertragung der Haftung getrennten Organen zuzuweisen. Diese erhalten für diese Aufgaben besonders günstige Voraussetzungen, nämlich für den Zugkörper hohe Elastizität und große Biegeweichheit bei einem hohen Wert von σ_{max} und für den Haftkörper entsprechend leichte Verformbarkeit, dafür aber großen Reibwert.

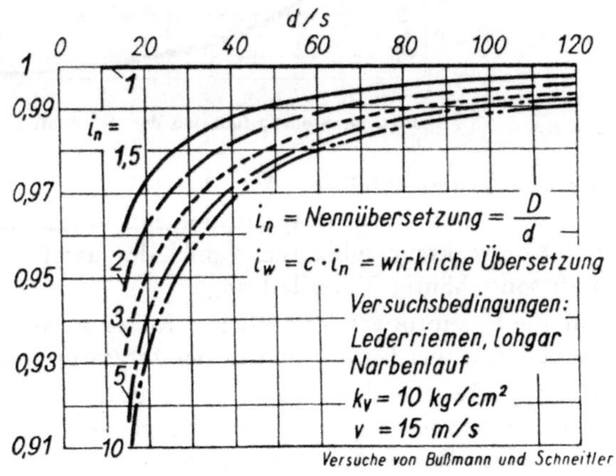

Bild 28. Einfluß des Verhältnisses des Durchmessers *d* der kleineren Scheibe zur Riemendicke *s* auf das Übersetzungsverhältnis

Dabei kommt es selbstverständlich auch darauf an, dafür zu sorgen, daß die neutrale Faser beim Lauf möglichst in jene Lage kommt, die für die Berechnung der Übersetzung zugrunde gelegt wurde. Wie stark die Abweichungen hiervon das Übersetzungsverhältnis unter ungünstigen Bedingungen beeinflussen können, zeigen die Kurven des *Bildes 28*. Für die Einhaltung einer genauen Übersetzung fordert dieses Bild geradezu die Verwendung dünner Riemen.

10. Folgerungen für den konstruktiven Aufbau der Riementriebe

Hier sind noch jene Versuche zu erwähnen, die angestellt worden sind, um ein besonders gutes Funktionieren der Antriebe auf konstruktivem Wege über die Anordnung zu erzwingen.

Da ist zunächst zu betonen, daß Energie speichernde Massen in Form von Schwungrädern in der Arbeitsmaschine selbstverständlich die Gleichmäßigkeit

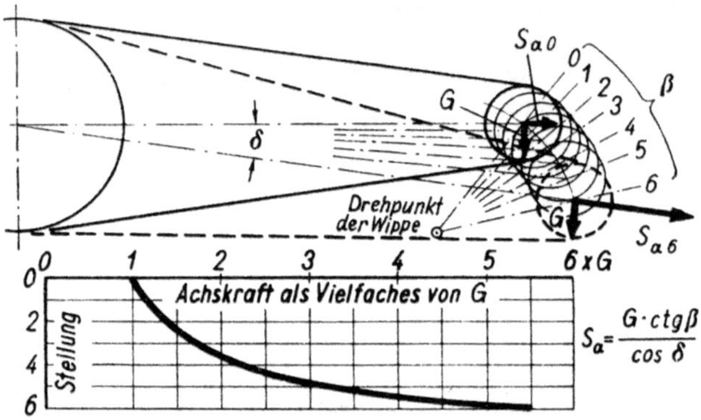

Bild 29. Stellungsfunktion der Achskraft bei der losen Wippe

des Laufs stets erhöhen. Wo also bei einem Riementrieb ohne Schaden ein etwas höheres Massenträgheitsmoment vorgesehen werden kann, sollte dies der Konstrukteur ruhig tun, zumal der damit verbundene gleichmäßige Lauf auch sonst häufig Vorteile bringt.

Auf die Spannrollentriebe soll mit Rücksicht auf den Umfang hier nicht näher eingegangen werden, sie sind in der Literatur eingehend behandelt.

Wichtig scheinen aber einige Worte über die Wippen bzw. wippenähnlichen selbstspannenden Systeme. Da wäre zunächst die alte, heute fast überall verlassene lose Wippe zu erwähnen, welche den Achsdruck über das Motorgewicht erzeugte. Das *Bild 29* zeigt, wie stark die Achskraft mit dem Durchsinken der Wippe zunimmt, wobei nur die Stellungsänderung berücksichtigt ist. Die einzelnen Stellungen sind für gleiche Verlängerungen des Achsabstandes gezeichnet. Eine so starke Zunahme der Achskraft muß den Riemen überdehnen, und es ist nur verwunderlich, daß diese so einfache Überlegung nicht die Ausbreitung dieser Konstruktion von vorneherein verhindert hat.

Anders steht es in den Fällen, in denen das Motorgewicht weitgehend ausgeschaltet ist und die Achsdruckregulierung automatisch durch ein mit der Nutzkraft wachsendes Rückdrehmoment erfolgt.

Das *Bild 30* zeigt zwei Ausführungen, den *Poeschl*-Trieb und eine Ausführung des später entstandenen *Sespa*-Triebes. Zur Wirkungsweise ist zu sagen:

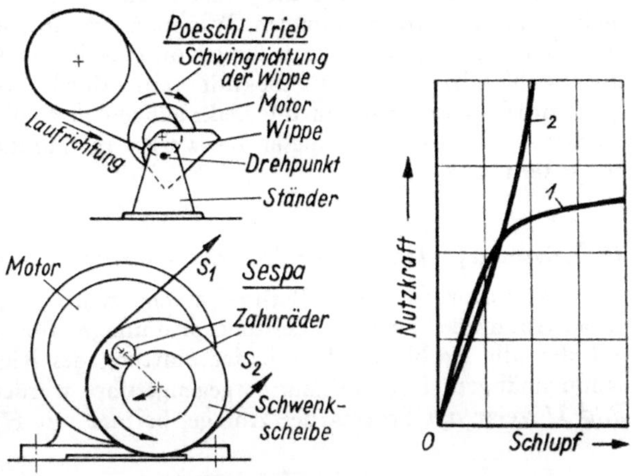

Bild 30. Automatische Achsdruckregelung

Dadurch, daß dem Reaktionsmoment Gelegenheit gegeben wird, die Lage der Antriebsscheibenmitte entsprechend dem übertragenen Drehmoment so zu beeinflussen, daß der Riemen mit steigender Leistung stärker gespannt und mit fallender Leistung entsprechend entspannt wird, ergibt sich bei richtiger Lage des gewählten Drehpunktes eine so weitgehende Anpassung des Anpreßdruckes an die geforderte Leistung, daß es zu einer Umkehrung der Schlupfkurve, wie in *Bild 30* rechts Kurve 2 gezeigt, kommen kann. Damit kann also der Maximalschlupf begrenzt werden. Dort, wo der Schlupf nicht so rigoros begrenzt zu werden braucht, kann auch eine Zwischenlage der Schlupfleistungskurve erreicht werden, bei der die Zunahme der Achskraft geringer ist als bei den Verhältnissen, die zu Kurve 2 führen. Besonders wichtig ist bei diesen Anordnungen, daß sich der Riemen während der Zeit kleiner Leistungen automatisch erholt.

Diese beachtlichen Konstruktionen werden helfen, einige bisher schwer lösbare Antriebsaufgaben zu bewältigen. So führen sie z. B. — weil sie das Nachlassen des Anpreßdruckes ausschalten, das durch die erhöhte Dehnung entsteht — das Problem des Umschlingungswinkels auf seinen wahren, in *Bild 3* gezeigten Umfang zurück. Man beobachtet, daß bei diesen Anordnungen der Umschlingungswinkel praktisch kaum noch eine oder gar keine Rolle mehr spielt.

Eines bleibt aber zu bedenken: Die Auffassung, man könne mit derartigen konstruktiven Maßnahmen allein schon das Problem des Riemenantriebes im vollen Umfange lösen, ist bestimmt falsch. Die Eigenschaften der verwendeten Riemen bleiben immer von Bedeutung. Wichtig ist z. B. auch bei einer selbstspannenden Anordnung ein nicht zu stark kriechender Riemen mit hohem elastischen Anteil an der Gesamtdehnung, d. h. mit hoher Erholungsfähigkeit.

Wichtig erscheint ferner, daß bei unruhigen Trieben der Riemen die richtige Federkonstante hat und nach Möglichkeit schon über eine gewisse Eigendämpfung verfügt. Selbstverständlich muß der Riemen, auch wenn er bei niedriger Leistung entlastet wird, mit Rücksicht auf die Leistungsspitzen einen ausreichenden Widerstand gegen Zermürbung aufweisen, und je höher schließlich die Reibung zwischen Riemen und Scheibe ist, um so einwandfreier kann sich der Selbstspannungseffekt aufbauen. Wie man erkennt, werden also alle bisher angestellten Überlegungen durch diese Konstruktionen durchaus nicht gegenstandslos; wohl aber wird es möglich sein, durch sorgfältige Anpassung der Werkstoffeigenschaften an die Bedingungen der selbstspannenden Triebe dem Konstrukteur mit Hilfe dieser Bauweisen in mancher Hinsicht das Leben zu erleichtern.

11. Leistungsprüfanlage für Antriebselemente

Im Materialprüfungsamt Berlin-Dahlem wurde eine nach den modernsten Gesichtspunkten gebaute Leistungsprüfanlage für Antriebselemente erstellt, auf der alle Probleme, die mit der Haftung des Riemens auf der Scheibe zusammenhängen, ihrer Lösung entgegengeführt werden können.
Bild 31 zeigt das Schema der Anlage, bei der mit Hilfe eines Schlupfgetriebes

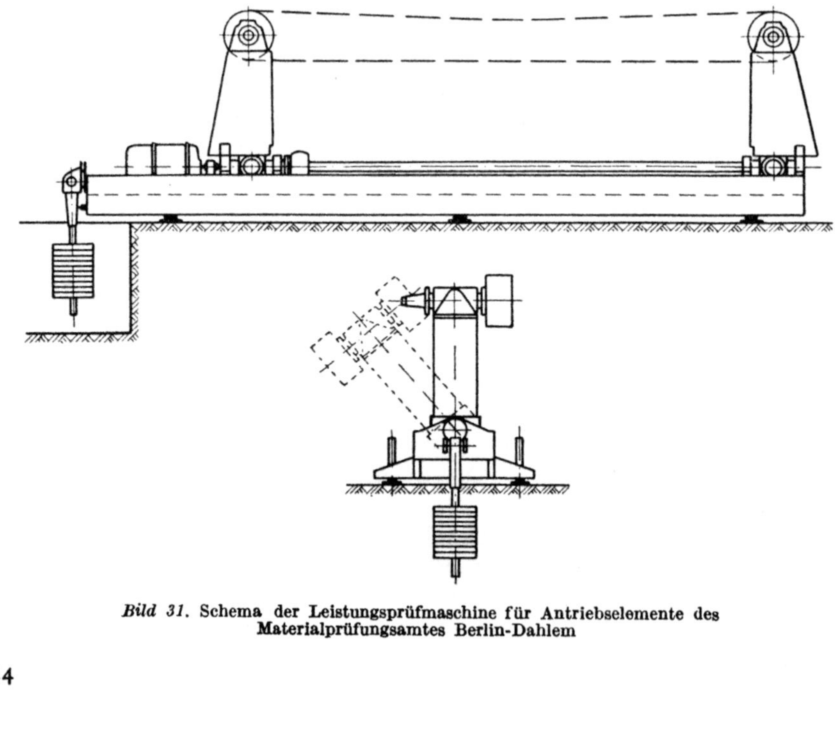

Bild 31. Schema der Leistungsprüfmaschine für Antriebselemente des Materialprüfungsamtes Berlin-Dahlem

der Riemen verspannt wird. Einige Daten der Anlage:

Riemengeschwindigkeit:	0,3 bis 80 m/s
Übersetzungen:	2 : 1, 1 : 1, 1 : 2, 1 : 4
Scheibendurchmesser:	100 bis 1000 mm
Achsabstände:	700 bis 4500 mm
Drehzahlen:	150 bis 4500/min
höchstes Drehmoment:	100 kgm
höchste Leistung:	50 PS

Neben der Leistungsprüfanlage, die übrigens auch Prüfungen bei Kälte und in klimatisierter Atmosphäre bei höheren Temperaturen zuläßt, ist außerdem eine Anlage mit 20 Prüfständen zur Festigkeits- und Dehnungsprüfung im Dauerbiegeversuch im Gang, die so aufgebaut ist, daß sie der Erfüllung der verschiedensten Wünsche weiten Spielraum läßt.

12. Schlußwort

Ausgehend von den ganz einfachen Überlegungen, die zur *Eytelwein*schen Beziehung führten, wurden an Hand der Grundgleichung für die Berechnung eines Hülltriebes Betrachtungen angestellt, die für alle Arten von Riemen gelten und die gute grundsätzliche Übereinstimmung zwischen Überlegung und praktischer Erfahrung zeigen. Die Faktoren, die zum Funktionieren der Riementriebe beitragen, wurden einzeln behandelt. Dabei schälte sich die große Bedeutung einer gut durchdachten Versuchstechnik für die Ermittlung der grundlegenden Materialkennzahlen und die Weiterentwicklung von Treibriemen und Riementrieben zwangslos heraus. Erst die durch eingehende Versuchsarbeit ermittelten Reibungs-, Festigkeits- und Dehnungswerte, richtig in das auf Grund von Überlegungen entwickelte Skelett eingebaut, geben dem Berechnungsverfahren seine endgültige Gestalt.
Für den Entwurf und die Behandlung von Riemenantrieben und den Einkauf von Treibriemen gilt: Der Riementrieb muß trotz seines bestechend einfachen Aufbaus mit Verständnis behandelt werden. Wird von der Sorgfalt, die auf die Berechnung, die Konstruktion, den Bau und die Pflege von anderen Getrieben verwendet wird, auch nur ein Teil für den zur Lösung gleicher oder ähnlicher Aufgaben eingesetzten Riementrieb aufgebracht, so ist der Treibriemen nicht nur ein sehr zuverlässiges, sondern überdies auch ein sehr billiges und wirtschaftliches Antriebselement.

A. DAHL, Wuppertal-Oberbarmen

Lederflachriemen

Leistungssteigerung durch Beachtung seiner besonderen Wirkungsweise

Unklarheiten in der Beurteilung der verschiedenen Lederarten

Der Lederflachriemen ist neben dem Seiltrieb wohl das älteste Übertragungsmittel, und doch bestehen noch heute in weiten Kreisen erhebliche Unklarheiten in seiner Wirkungsweise und den sehr unterschiedlichen Eigenschaften der verschiedenen Lederarten.

Der Verkauf von Ledertreibriemen lediglich nach seinen äußeren *Abmessungen* (Breite mal Stärke) hat dazu geführt, daß in den meisten Fällen eine Lederart verwendet wird, deren *Leistung* oft nur ein Bruchteil derjenigen einer geeigneten Lederart ist.

Die ersten Untersuchungen: Der Durchzugsgrad

Schon im Jahre 1925 hat Herr Prof. *Kutzbach* bei einem Vortrag in Köln sehr klar und deutlich auf den erheblichen Unterschied bei ein und demselben Leder hingewiesen, je nachdem, ob es mit der rauhen Fleischseite oder mit der glatten Haarseite auf der Riemenscheibe läuft.

Nach den Tabellen der Hütte und der AWF beträgt der Durchzugsgrad (Verhältnis von Nutzlast zur Achslast) nur 0,33 bis allerhöchstens 0,5, um einen sicheren Durchzug ohne Gleitschlupf zu erzielen.

Dreht man nun den gleichen Riemen um und läßt ihn auf der *glatten Haarseite* laufen, so steigert sich der Durchzugsgrad schon auf 0,8 bis 0,9. Von dieser Tatsache haben sowohl die Amerikaner wie die Engländer Gebrauch gemacht, nur in Deutschland laufen die Lederriemen ganz unnötigerweise noch immer auf der verkehrten Seite. Es ist immer wieder erstaunlich, daß viele Praktiker dies nicht glauben wollen, eben weil sie es sich nicht wissenschaftlich klarmachen können.

Die Unterschiede in der erzielbaren Nutzleistung

Die Achslast ist unabhängig von der für das benutzte Leder zulässigen Gesamtspannung (K_{max}). Da diese bei den verschiedenen Lederarten auch starke Unterschiede aufweist, ergeben sich rein rechnerisch schon Leistungsunterschiede zwischen 0,3 und 0,9. Oder anders ausgedrückt: Bei *gleicher Nutzleistung* beträgt die Achslast nur ein Drittel, wenn ein geeignetes Leder verwendet wird.

Die neue Berechnungstabelle der Interessengemeinschaft Ledertreibriemen

Da die bisherigen Berechnungstabellen und Formeln für Ledertreibriemen diese sehr großen Unterschiede nicht kennen, hat sich die Interessengemeinschaft der Ledertreibriemen entschlossen, eine ganz *neue und von jedem verwendbare Tabelle* herauszugeben, die diesen neuen Gesichtspunkten voll Rechnung trägt.

Diese neue Tabelle berücksichtigt außerdem weitgehend die Anforderungen beim *modernen Einzelantrieb.* Sie ist entstanden durch Auswertung einer großen Anzahl von lang bewährten Antrieben aus der Praxis und nicht nach irgendwelchen theoretischen Formeln. Damit ist eine große Betriebssicherheit erreicht worden.

Der Ledertreibriemen ist damit zu einem Maschinenelement geworden, dessen spezifische Leistung in vollem Maße beim Preisvergleich berücksichtigt werden kann.

Die Lederarten und ihr Verwendungszweck

Unter Berücksichtigung der Tatsache, daß bei den verschiedenen Lederarten die Werte für

Zerreißfestigkeit, Biegewilligkeit,
Elastizität, Haftfähigkeit usw.

große Unterschiede aufweisen, wurden aus der größeren Anzahl von Lederarten drei Grundarten

Hochgeschmeidig (HG)
Geschmeidig (G)
Fest (F)

gewählt, die jeweils noch chrom-, lohgar oder kombiniert gegerbt sein können.

Die neuen RAL-Bedingungen

Damit nun der Verbraucher auch sicher ist, daß er bei seiner Bestellung auch die richtige Lederart bekommt, werden z. Z. neue RAL-Bedingungen ausgearbeitet, die die erforderlichen Eigenschaften näher kennzeichnen und auch noch am fertigen Riemen nachgewiesen werden können.

Die Auswahl der Leder- und Riemenarten für den Verwendungszweck

Hier sind besonders zu nennen: Das hochgeschmeidige (HG) Leder hat als Chromleder ein spez. Gewicht von unter 0,7 und besteht zu über 80 % aus reiner Hautsubstanz, der Rest ist Wasser, Fette und Gerbstoffe. Bei festem lohgarem Leder beträgt der Anteil an tragender Hautsubstanz nur 33 bis 35 %. Das spez. Gewicht beträgt 1 bis 1,05.

Das HG-Leder weist eine außergewöhnliche Biegewilligkeit auf, erwärmt sich durch hohe Biegefrequenzen am wenigsten und kann wegen seines geringen spez. Gewichtes bis zu 50 Metersekunden Laufgeschwindigkeit verwendet werden.

Für Antriebe im Freien, bei großen Scheibendurchmessern und kleineren Geschwindigkeiten, bei Ausrückern und Stufenscheiben ist ein festes Leder am Platze (F-Leder). Dieses wird neuerdings als Standard-(S)-Leder bezeichnet.

Die kennzeichnenden Eigenschaften der drei Lederarten

Die genauen Zahlenwerte werden in den neuen RAL-Bedingungen festgelegt und enthalten Mindestwerte für Festigkeit, Biegebelastung, Maximalwerte für Fettgehalt und zulässige Gerbmittel.

In der Berechnungstabelle sind die Werte für den Fettgehalt wie folgt:

HG-Leder bis 7 % Fett
G-Leder bis 14 % Fett
F-Leder bis 25 % Fett

Die spezifischen Gewichte der verschiedenen Lederarten und Gerbarten schwanken zwischen 0,7 und 1,05.

Das für fast alle Fälle verwendbare lohgare hochgeschmeidige Leder (HGL-Leder) hat ein spez. Gewicht von etwa 0,85 bis 0,9.

Die besonderen Eigenschaften von Leder allgemein und seine Pflege

Ein gutes, richtig gegerbtes Leder kennt keine Alterserscheinungen, seine Haftfähigkeit bleibt für die ganze Dauer seines Lebens auch ohne künstliche Adhäsionsmittel erhalten. Es bedarf lediglich einer regelmäßigen Reinigung mit feuchten Lappen und einer geringen Nachfettung mit Tran oder Rizinusöl in wasserlöslicher Form. Alle anderen Mittel schaden nur auf die Dauer.

Leder kennt keine Versprödung bei Kälte und ist gegen Erwärmung bis 70 °Celsius bei lohgarem und 100 °Celsius bei chromgarem Leder unempfindlich. Seine Elastizität wird durch Temperaturwechsel ebenfalls nicht beeinflußt.

Die Auswirkung der verschiedenen Eigenschaften auf die Nutzleistung

Die hohe *Haftleistung der Lederhaarseite auf glatten Riemenscheiben* kann man mit sehr einfachen Mitteln nachweisen. Man braucht nur einen Lederriemen an dem einen Ende mit einem Gewicht von 1 kg zu belasten, ihn über eine *langsam* laufende Achse zu legen und ihn an der anderen Seite mit einer Federwaage festzuhalten. Man wird dann erstaunt feststellen können, daß je nach Lederart, ob Fleisch- oder Haarseite, glatte oder rauhe Fläche der Achse, sich Unterschiede in der Zugleistung an der Waage von 2 bis 20 kg ergeben. Beim Auflegen der Fleischseite auf die Achse bleibt die Zugleistung konstant bei zunehmender Drehzahl (gleich

Riemenschlupf). Dagegen steigert sich diese Zugleistung sowohl mit der Zeit wie mit Drehzahl ganz erheblich, wenn die Haarseite aufliegt.
Worauf diese Tatsache zurückzuführen ist, kann bis jetzt nicht näher erklärt werden. Es wäre aber ein Fehler, wenn wir diese besonders wertvolle Eigenschaft des Leders nicht ausnutzen würden.

Auf jeden Fall kann hierdurch entweder Anteil der Nutzleistung von 0,5 auf 0,8 gesteigert werden, oder aber man entlastet die Achsen von 200 bis 300% der Nutzlast auf 125 bis 150%.

Andererseits ergeben sich auch für den *Umschlingungswinkel* bedeutend geringere Anforderungen. Bisher glaubte man, daß dieser möglichst 180° betragen müßte. Praktische Versuche haben aber gezeigt, daß man auch mit 90° auskommt. Das bedeutet, daß man einmal ganz erhebliche Untersetzungen bis 1 : 10 und darüber anwenden kann, dazu noch so geringe *Achsenabstände*, daß es fast bis zur Berührung der beiden Scheiben führt.

Die notwendige Riemenvorspannung

Aus dem Vorstehenden ergibt sich, daß eine geringe Vorspannung vorhanden sein muß, um einen kraftschlüssigen Antrieb zu sichern. Zur Aufrechterhaltung dieser Vorspannung hat man bisher die verschiedensten Mittel angewendet.

Bei den alten Langantrieben reichte das Eigengewicht der Riemen vollkommen aus, um diese Vorspannung zu sichern.

Bei mittleren Achsabständen schaffte es die hohe Elastizität eines guten Leders. Bei kurzen Achsabständen versuchte man dies mittels Spann-, Druck- und Leitrollen, sowie Spannschienen, Feder- und Gewichtswippen für den Motor. Da hierbei die Vorspannung dauernd für die jeweils mögliche Höchstleistung berechnet sein muß, ergeben sich unnötige Kraft- und Materialverluste, die bei Spannrollen besonders hoch sind.

Die vollautomatischen Riemenspannvorrichtungen

Grundlegende Wandlung wurde durch die Anwendung des Rückdrehmomentes beim Motor zur *lastabhängigen* Riemenvorspannung geschaffen. Zu erwähnen ist hier die Poeschl-Wippe, der Pendel-Motor, die Sespa-Wippe und die Sespa-Getriebescheibe.

Diese ergeben in Verbindung mit gesteigerten Lederriemenleistungen ganz neue Antriebsmöglichkeiten, insbesondere für den Kurz- und Einzelantrieb. Dabei ist es möglich, einen fast kraftschlüssigen Antrieb mit etwa 98% Nutzleistung ohne nachzuspannen aufrechtzuerhalten.

Die Vorspannung beim Flachriementrieb

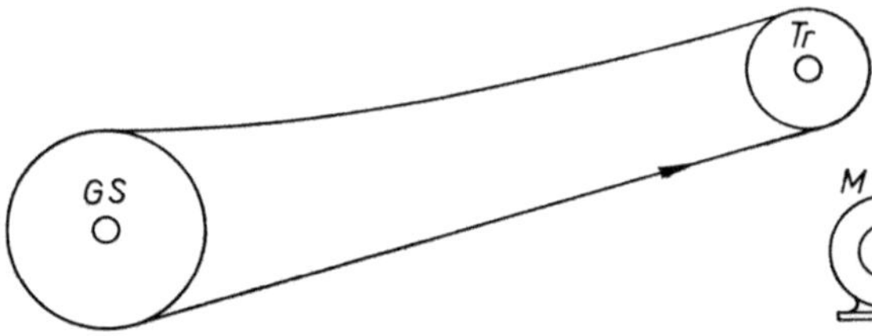

Bild 1.

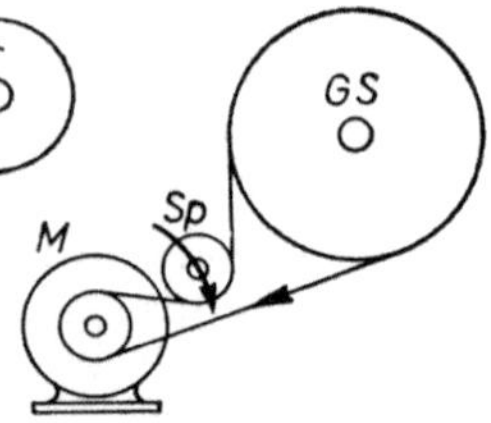

Bild 2.

Bild 1. **Alter Langriemenantrieb. Konstante Riemenvorspannung durch Eigengewicht des Riemens. Günstig: ziehendes Trum unten.**

Bild 2. **Spannrollenantrieb. Bei Gewichtsbelastung *konstante*, bei Federspannung *abnehmende* Vorspannung bei Belastung.**

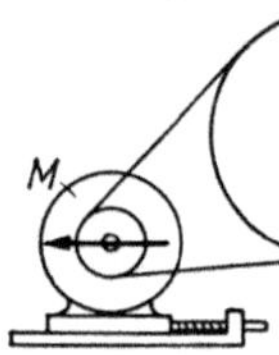

Bild 3.

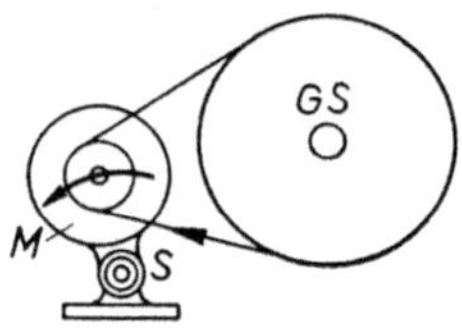

Bild 4.

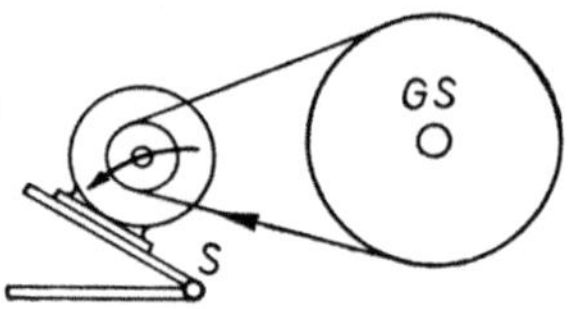

Bild 5.

Bild 3. **Spannschienenvorspannung. Bei Belastung *abnehmende* Vorspannung.**

Bild 4. **Federwippe. Je nach Stellung und Drehrichtung *stark schwankende* Vorspannung. Bei Belastung *abnehmende* Vorspannung.**

Bild 5. **Gewichtswippe. Vorspannung durch Motorgewicht. Je nach Stellung und Drehrichtung *übermäßige* Vorspannung. Bei falscher Drehrichtung *stark abnehmende* Vorspannung. (Motor klettert am Riemen hoch!)**

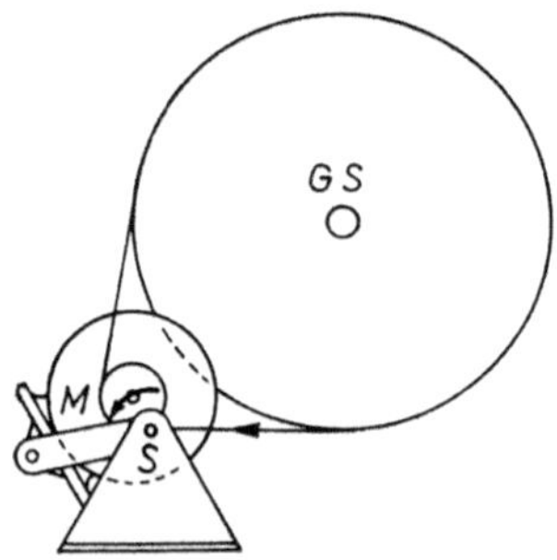

Bild 6.

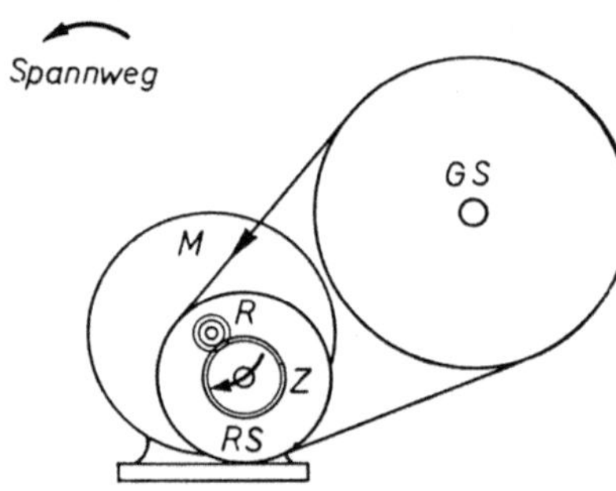

Bild 7.

Bild 6. ***Poeschl*-Wippe. Durch richtige Wahl des Schwenkpunktes *voll automatisch gesteuerte* Vorspannung genau proportional der jeweiligen Belastung. Völlige Entlastung im Leerlauf.**

Bild 7. **Sespa-Getriebe-Schwenkscheibe. Wie bei der *Poeschl*-Wippe *lastabhängig automatisch gesteuerte* Vorspannung.**
Das Ritzel treibt das Zahnrad welches um die Motorachse schwenkbar gelagert ist. Auf dem Zahnrad sitzt fest die Riemenscheibe. Besonderer Vorteil: Schnell laufender Motor wird durch die Getriebescheibe zum Langsamläufer und kann fest montiert werden.

GS **= Getriebene Scheibe, *Tr* = Transmission, *M* = Motor, *Sp* = Spannrolle, *S* = Schwenkpunkt, *R* = Ritzel, *Z* = Zahnrad, *RS* = Riemenscheibe, Pfeilrichtung im Riemen = günstige Laufrichtung.**

Dr. G. MORCHUTT, Braunschweig

Textilriemen

1. Begriff des Textilriemens

Zunächst ist abzugrenzen, was unter „Textilriemen" zu verstehen ist. Die Antwort ergibt sich einmal aus dem Wesen des Riemens als eines Zugorgans, zum zweiten aus dem Begriff Textil und zum dritten aus der Herstellungsart.

Textil wird hier im weitesten Sinne verstanden. Auch Treibriemen, die nicht aus Textilien im engeren Sinne gewebt werden, sondern z. B. aus Kunststoffen oder Fäden mineralischer Rohstoffe, werden unter den Sammelbegriff „Textilriemen" eingereiht. Hierbei kommt es darauf an, daß die Treibriemen aus Fäden, die nach Art textiler Fäden versponnen oder auch gegossen sind, *gewebt* werden. Begrifflich entscheidend ist also der Webvorgang, das heißt, die Eigenart des Zugorgans als eines aus Fäden gewebten Flachriemens. Riemen, die nicht als solche gewebt werden, sondern aus gefalteten Tüchern hergestellt sind, werden von den Textilriemenwebereien nicht als Textilriemen bezeichnet und im Rahmen dieses Referates nicht behandelt.

2. Arten der Textilriemen

Entsprechend dieser Begriffsbestimmung unterscheiden wir Textilriemen aus animalischen, vegetabilischen, mineralischen und synthetischen Rohstoffen. Als animalische Rohstoffe kommen in Betracht: Kamelhaar, Wolle, Menschen- und Ziegenhaar sowie Naturseide der Zucht- und Wildspinner. Als vegetabilische Fasern werden verwendet: Baumwolle, Leinen, Ramie und Hanf. Aus dem Mineralreich kommen zur Anwendung: Asbest und Glasfasern. Von den synthetischen Fasern seien Reyon und die vollsynthetischen Produkte genannt, die sich in jüngster Zeit auf vielen Gebieten eine Spitzenstellung erobert haben: die Rohstoffe auf der Polyamid- und auf der PVC-Basis wie Nylon, Perlon, Orlon, Pan, Dolan. Neben dieser Aufgliederung nach den Ausgangsrohstoffen steht die Einteilung nach der Webart der Textilflachriemen. Durch die Fadenkreuzung zwischen der Kette als tragendem Fadensystem und dem Schuß als verbindendem Fadensystem entsteht das Riemengewebe. Der Webvorgang, insbesondere die Bindung, d. h. die Art der Fadenkreuzung, gibt dem Riemen neben Gestalt und Form einen Teil seiner technischen Eigenschaften. Durch die Bindungsart ist es möglich, den Riemen als einlagiges oder mehrlagiges Gewebe, je nach Verwendungsart und Stärke, zu weben.

Bei den mehrlagigen Riemen wird weiter unterschieden, in welcher Art die einzelnen Gewebelagen miteinander verbunden werden, durch eine Bindekette als drittem Fadensystem oder durch die sogenannte Selbstbindung der Lagen, auch englische Bindung genannt.

Außer den genannten Webarten gibt es noch verschiedene webtechnische Ausführungen, die auf die technischen Eigenschaften des Textilriemens Einfluß haben, wie z. B. Köper, Doppelköper, Spitzköper, Kreuzköper, Leinwandbindung, Riemen mit aufgewebter besonderer Laufseite, Riemen mit Schnurenkanten und Kordelkanten. Textilriemen können endlich oder endlos gewebt werden. Ein besonderes Kapitel wird später dem endlos gewebten Textilriemen und seiner Herstellungsweise gewidmet.

3. Ausrüstung der Textilriemen

Vielfältig ist auch die Ausrüstung der Textilflachriemen. Zum Schutz gegen äußere Einflüsse, zur Verbesserung der Übertragungseigenschaften, sowie zur Erhöhung der Lebensdauer werden die Textilriemen im allgemeinen mit Imprägnierungen ausgestattet. Es kommen besonders in Betracht: Leinöl- und Bitumen-, Latex- und Kunststoffimprägnierungen. Welche Imprägnierung im Einzelfalle den Vorzug verdient, richtet sich nach der Art des verwendeten Ausgangsrohstoffes, den gestellten technischen Anforderungen und den jeweils gegebenen Umwelteinflüssen.

4. Spezifische Eigenschaften des Textilriemens

Bei normal beanspruchten Antrieben genügen alle Arten von Textilriemen den gewöhnlichen Ansprüchen in technischer und wirtschaftlicher Hinsicht vollauf. Aber auch außergewöhnliche Ansprüche können durch Ausnutzung der bei den Textil-Treibriemen möglichen Variationen von Rohstoff, Webart und Imprägnierung befriedigt werden.

Die folgenden Ausführungen über die teilweise sehr verschiedenen Eigenschaften einiger zu Textiltreibriemen verarbeiteter Rohstoffe sollen dies andeutungsweise veranschaulichen:

die Reißlänge beträgt in km
  bei Wolle 9, bei Naturseide 32, bei vollsynthetischen Fasern 45,
die Dehnung
  bei Wolle 40%, bei Naturseide 21%, bei Perlon 28%
  — davon bei Perlon der größte Teil auf dem elastischen Sektor —,
  bei den übrigen vollsynthetischen Fasern 18%;
das spezifische Gewicht beträgt
  bei Wolle und Naturseide 1,35, bei den vollsynthetischen Fasern 1,14,
die Feuchtigkeitsaufnahme bei 20° C und 62% Luftfeuchtigkeit
  bei Wolle 17, bei Naturseide 11, bei synthetischen Fasern 1 bis 4.
Säuren bleiben wirkungslos
  bei Wolle, Naturseide und einigen vollsynthetischen Faserarten,
  Perlon ist empfindlich gegen Ameisensäure;
gegenüber Alkalien sind nicht beständig
  Wollen und Naturseide, wohl aber die vollsynthetischen Fasern.

Aus diesen beispielsweise genannten unterschiedlichen Eigenschaften der Rohstoffe, aber auch aus der Eigenart der einzelnen Webarten und Imprägnierungen ergibt sich, welche Art von Textilriemen bei schwierigen und besonders anspruchsvollen Antrieben sowie für Spezialzwecke am günstigsten eingesetzt wird, je nachdem, welche technischen Eigenschaften beim jeweiligen Antrieb im Vordergrund stehen, z. B. Zugfestigkeit, Dehnarmut, Biegefreudigkeit, Unempfindlichkeit gegen Säuren und Alkalien oder andere.

Es ist niemals ein Fehler, sondern im Gegenteil, es kann nachdrücklich empfohlen werden, die Auswahl der Riemenausführung und damit auch die Verantwortung einer namhaften Textil-Treibriemenweberei zu überlassen, die Maschinenbauingenieure und Textilingenieure als Spezialisten beschäftigt. Es genügt, einem solchen Herstellerwerk einen ausgefüllten AWF-Fragebogen zu übersenden.

Textilriemen werden in folgenden Abmessungen gewebt:

Riemendicke: 0,4 mm bis 24 mm,
Riemenbreite: 10 mm bis 2000 mm,
Riemenlänge: beliebig, bei endlosen Riemen 100 mm bis 100 m.

Als technologische Richtwerte, die für alle Textilriemenarten gelten, sollen hier genannt werden:

a) Zugfestigkeit etwa 600 bis 1200 kg pro cm^2 Riemenquerschnitt,
b) Dehnung etwa 1 bis 4% der Riemenlänge,
c) Reibungsbeiwert im Verhältnis zu Stahl, je nach Material, Webart und Imprägnierung variierend bis zu 0,6,
d) spezifisches Gewicht zwischen 0,7 und 1,1.

Hierbei sei zur Klarstellung ausdrücklich besagt, daß diese Werte nicht in dem genannten großen Rahmen schwanken, sondern daß sie bei den einzelnen Arten der Textilriemen je nach Rohstoff, Webart und Imprägnierung bestimmte sind und von namhaften Herstellerwerken auch gewährleistet werden. Zu den spezifischen Eigenschaften des Textilriemens gehört es, daß er durch ein ausgesuchtes geprüftes Rohmaterial und die Eigenart der Verarbeitung an allen Stellen des Riemens gleiche technische Eigenschaften, besonders gleichmäßige Festigkeit und Dehnung aufweist.

5. Endlos gewebte Textil-Hochleistungsriemen

A. Begriff

Wegen seiner besonders günstigen spezifischen Eigenschaften verdient unter den Textilriemen der endlos gewebte Textil-Hochleistungsriemen besondere Beachtung. Er ist im wahrsten Sinne des Wortes „*endlos*". Bei seiner Herstellung wird ein einziger Faden schraubenartig nebeneinander gewickelt, so daß tatsächlich weder Anfang noch Ende an einem solchen Riemen vorhanden ist. Hierdurch scheiden alle schlechten Betriebseigenschaften aus, die durch die Schlußstelle auch dann bedingt sind, wenn diese noch so gut geklebt, vulkanisiert, vernäht, überlascht oder sonstwie verbunden wird. Die Vorteile eines solchen Riemens treten besonders hervor, wenn man die großen Riemengeschwindigkeiten, die kleinen Scheibendurchmesser und die hohen Biegefrequenzen der neuzeitlichen Antriebe berücksichtigt.

Als Faserstoffe für endlos gewebte Hochleistungsriemen werden insbesondere Leinen, Ramie, Reyon und Naturseide verwendet, daneben in steigendem Umfange die synthetischen Fasern auf Polyamid- und PVC-Basis.

Die später kurz zu besprechenden günstigen technischen Eigenschaften des endlos gewebten Textil-Hochleistungsriemens, besonders

seine hohe Zugfestigkeit,

seine Widerstandsfähigkeit gegen Dauerbeanspruchung,

seine Eigenschaft, auf Grund seines sehr geringen spezifischen Gewichtes pro kg Umfangskraft nur kleine Fliehkräfte zu erzeugen,

seine Einsatzfähigkeit bei kleinsten Scheibendurchmessern und kurzen Achsenabständen,

haben bald nach Beginn seiner Herstellung dazu geführt, daß dieser Riemen im Sprachgebrauch der interessierten Fachwelt als endlos gewebter „*Textil-Hochleistungsriemen*" bezeichnet wurde. Diese Bezeichnung ist fest eingebürgert und ein völlig unmißverständlicher und feststehender Begriff geworden, der auf der geschichtlichen Entwicklung basiert. Man wird ihn deshalb zweckmäßig beibehalten. Selbstverständlich bedeutet der Wortbestandteil „*Hochleistung*" keinen Vergleichsmaßstab mit anderen Riemen. Tatsächlich wird freilich von den Textilriemenherstellern nur derjenige Riemen als „Textil-Hochleistungsriemen" bezeichnet, der bestimmte Mindesterfordernisse in qualitativer Hinsicht erfüllt, z. B. eine Zerreißfestigkeit von mindestens 1000 kg je cm^2 Querschnitt aufweist.

B. Normung

In aller Kürze erscheint ein AWF-Betriebsblatt „Endlos gewebte Hochleistungsriemen" (AWF 21-TH), das zur Normung der Textil-Hochleistungsriemen führt. Auf Anregung des Fachverbandes der Textilriemenhersteller haben verdienstvollerweise Herr Prof. *Bussmann* und Herr Ing. *Haase* im Auftrage des AWF-Getriebeausschusses dieses AWF-Blatt bearbeitet. Es enthält alles Wissenswerte über den Textil-Hochleistungsriemen sowie die Grundlagen der Berechnung und ein ganz einfaches Berechnungsschema. Es kann daher jedem Interessenten nur empfohlen werden, sich dieses AWF-Blatt „Endlos gewebte Hochleistungsriemen" zu beschaffen. Er ersieht daraus genau, was der endlos gewebte Textil-Hochleistungsriemen mit Sicherheit leistet, welche Ausführung und Abmessung er am vorteilhaftesten wählt und wie er vereinfacht den Riemen berechnet.

C. Technische Angaben

In Anlehnung an den Entwurf des genannten AWF-Betriebsblattes seien kurz noch einige technische Angaben über endlos gewebte Hochleistungsriemen gemacht:

a) Abmessungen: Textil-Hochleistungsriemen können in folgenden Abmessungen gewebt werden:

Länge:	10 mm bis	100 m,
Breite:	10 mm bis	2000 mm,
Dicke:	0,4 mm bis	12 mm.

Für Länge, Breite und Dicke werden durch AWF Normzahlen festgelegt, für die Länge im allgemeinen nach der Normzahlenreihe R 40, für die Breite nach den zugehörigen genormten Scheibenbreiten (DIN 111).

b) Riemenquerschnitt: Das Leistungsvermögen und die Lebensdauer des Textil-Hochleistungsriemen sind abhängig vom Riemenquerschnitt, außerdem vom Verhältnis der Riemenstärke zum Durchmesser der kleinen Scheibe. Es empfiehlt sich daher auch bei Textil-Hochleistungsriemen den breiten und dünnen Riemen dem schmalen und dicken vorzuziehen. Das Verhältnis s zu d macht sich beim endlos gewebten Hochleistungsriemen allerdings erst bei Riemengeschwindigkeiten bemerkbar, die über 40 m/sec liegen. Das Verhältnis s zu d soll 1 : 30 nicht unterschreiten.

c) Zugfestigkeit: Die Zugfestigkeit beträgt bei Textil-Hochleistungsriemen mindestens 1000 kg pro qcm Riemenquerschnitt. Diese hohe Festigkeit gestattet auch bei Übertragung großer Kräfte geringste Riemenstärken, geringer als man sonst gewohnt ist. Der daraus resultierende technische Vorteil liegt auf der Hand.

d) Vorspannung: Kurzantriebe verlangen einen stets richtig gespannten Riemen. Diese Vorspannung können die Riemen wegen ihrer Kürze nicht aus dem eigenen Gewicht schöpfen, sondern nur aus ihrer Elastizität. Sie werden deshalb vorgespannt geliefert.

Antriebe, bei denen die Riemenspannung automatisch der verlangten Leistung angepaßt wird, sind anzustreben. Textil-Hochleistungsriemen sind wegen ihrer hohen Zugfestigkeit und günstigen Adhäsion (steile Leistungsschlupfkurve) für selbstspannende Antriebe hervorragend geeignet. Sie können mit so großer Vorspannung geliefert werden, daß sie notfalls auch ohne Spannrolle verwendet werden können. Nur bei Vorhandensein einer Nachspannvorrichtung ist jedoch höchste Leistung bei größter Lebensdauer des Riemens gewährleistet.

e) Dehnung: Die Dehnung der Textil-Hochleistungsriemen beträgt je nach Ausgangsmaterial und Vorspannung 1 bis 3%.

f) Dehnschlupf und Gleitschlupf: Der Gleitschlupf beträgt bei Textil-Hochleistungsriemen etwa 1% der Riemengeschwindigkeit und tritt nur kurzfristig auf. Der Dehnschlupf überschreitet nicht den geringen Wert von 0,5%. Es wäre unzweckmäßig, den Dehnschlupf weiter herabzusetzen, weil sonst die wünschenswerte Elastizität der Kraftübertragung zum Abfangen von Stößen beseitigt würde.

g) Riemengeschwindigkeiten: Infolge ihrer sehr günstigen Leistungsschlupfkurve können endlos gewebte Hochleistungsriemen Geschwindigkeiten bis zu 65 m/sec erreichen, ohne daß hierdurch die Übertragungsfähigkeit und die Lebensdauer herabgemindert wird.

h) Biegefrequenz: Die Lebensdauer jedes Riemens ist von der Häufigkeit des Biegewechsels im stärksten Maße abhängig, allzu kurze Achsenabstände sollten deshalb tunlichst vermieden werden. Der endlos gewebte Hochleistungsriemen vermag allerdings auch höchste Biegewechselzahlen ohne Schädigung zu ertragen. Für den Textil-Hochleistungsriemen brauchen bei der Riemenberechnung nur hohe Biegefrequenzen bei langem pausenlosen Betrieb berücksichtigt zu werden. Als hohe Biegewechselzahlen sind nur diejenigen über 50/sec anzusehen.

i) Reibzahl: Besonders für alle nicht selbstspannenden Antriebe sind μ und α von entscheidender Bedeutung. Die Reibzahl beträgt beim Textil-Hochleistungsriemen je nach Material, Webart und Imprägnierung 0,3 bis 0,6.

j) Fliehkraftspannung: Da das spezifische Gewicht beim endlos gewebten Hochleistungsriemen je nach Riemenart und Imprägnierung zwischen 0,7 und 1,1 liegt, ist es bei kleineren Riemengeschwindigkeiten möglich, die auftretende Fliehkrat unberücksichtigt zu lassen.

k) Beschaffenheit der Scheibe: Die Balligkeit der Scheibe kann und soll beim Textil-Hochleistungsriemen möglichst gering sein. Er läuft sehr richtungstreu. Auch für den Textil-Hochleistungsriemen gilt, daß geschliffene Scheiben die — bei ihm an sich schon günstige — Adhäsion erhöhen.

Aus diesen kurzen technischen Angaben folgt, daß der Textil-Hochleistungsriemen sich nicht nur bei anspruchslosen Antrieben, sondern gerade auch bei anspruchsvollen bewährt. Er nimmt innerhalb der endlosen Riemen eine Sonderstellung ein infolge seiner hohen Zerreißfestigkeit und Biegefreudigkeit, und weil er tatsächlich „endlos“ und daher an jeder Stelle gleich leistungsstark und biegefähig ist. Der Textil-Hochleistungsriemen ist ein einfaches und billiges Kraftübertragungsmittel, das Stöße mildert und Schwingungen dämpft. Er eignet sich für kleinste Scheibendurchmesser, für kurze Achsenabstände und für die Aufnahme hoher Fliehkraftspannungen bei großen Riemengeschwindigkeiten. Er bedarf nur kleinster Nachspannwege. Auch unter Einwirkung von Säuren und Alkalien, bei Hitze und Kälte, Feuchtigkeit und Staub, kann er unbedenklich eingesetzt werden.

Das demnächst herauskommende AWF-Blatt gibt über alle diese Fragen erschöpfende Auskunft. Es enthält genaue Korrekturwerte für besondere Beanspruchungen. In Zweifelsfällen ist stets die Vorlage eines Fragebogens an den Hersteller zu empfehlen.

6. Treibriemen für Spezialzwecke

Auch für Spezialzwecke können Textilriemen mit bestem Erfolg eingesetzt werden, weil es möglich ist, sie in ihren technischen Eigenschaften mannigfach zu variieren. Sonderansprüchen hinsichtlich der Unempfindlichkeit des Riemens, z. B. gegen Hitze und Kälte, Feuchtigkeit und Staub, Säuren und Alkalien, kann der Textilriemen in vollbefriedigender Weise angepaßt werden. Für Riemen in explosionsgefährdeten Räumen sind Sonderimprägnierungen möglich, durch die Stromanhäufungen vermieden werden.

7. Pflege

Zur Pflege der Textilriemen genügt es, sie von Zeit zu Zeit zu säubern. Um die größtmögliche Lebensdauer und Leistung zu erzielen, empfiehlt es sich, die richtige Spannung des Riemens zu überwachen. Adhäsionsmittel sind im allgemeinen nicht nötig und häufig infolge ihrer chemischen Zusammensetzung nur schädlich.

Obering. B. ARP, VDI, Hamburg-Harburg

Gummi- und Balata-Riemen

Vom Beginn der industriellen Entwicklung um etwa 1800 bis in das vierte Jahrzehnt unseres Jahrhunderts hinein war der Flachriemen das dominierende zugorganische Antriebselement. Im Jahre 1930 kamen die ersten Keilriemen-Triebe in Deutschland auf den Markt. Von diesem Zeitpunkt an setzte ein steter Wettlauf zwischen diesen beiden Riemenarten ein, und der Flachriemen hat in den folgenden Jahren seine beherrschende Stellung aufgeben müssen. Trotzdem ist er auch heute als wichtiges Antriebselement nicht zu entbehren. Der Treibriemen findet noch häufig Anwendung und füllt damit eine nicht unbedeutende Lücke in der Antriebstechnik aus.

Von den vielen Riemenarten zählen die Gummi- und Balata-Riemen mit zu den bekanntesten. Der erstgenannte Riemen wird aus hochwertiger Baumwolle in den Stärken von 3 bis max. etwa 10 gummierten Gewebelagen hergestellt. Die Vulkanisation erfolgt in vorgestrecktem Zustand in großen Pressen unter Druck- und Hitzeanwendung. Zwischen den Gewebelagen und den Gummischichten ist durch das tiefe Eindringen des Gummis in die einzelnen Gewebeporen — man spricht hier auch von einer Zäpfchenbildung — eine so intensive Bindung eingetreten, daß der Riemen, wenn er aus der Presse herausgenommen wird, trotz der Vorstreckung nicht wieder einlaufen kann. Gleichzeitig verhindert dieses Verfahren eine merkliche Längung des Riemens in gespanntem Zustand. Die Imprägnierung dieses Riemens hat ausgesprochen elastische Eigenschaften.

Es wird bei den Gummi-Treibriemen zwischen normalstarken und besonders geschmeidigen Qualitäten unterschieden. Die erstgenannten besitzen je nach der Einstellung des Gewebes und dessen Gewicht eine Stärke von etwa 1,2 bis 1,4 mm per Lage. Der für hochtourige Anlagen entwickelte, besonders geschmeidige Riemen wird aus einem Feingewebe hergestellt. Seine Lagenstärke beträgt etwa 0,7 mm. Diese Angaben beziehen sich auf den fertigen bzw. vulkanisierten Riemen. In der normalen Ausführung besitzt der Gummi-Treibriemen geschnittene Kanten. Er wird jedoch auch mit umgelegten bzw. gebuckten Kanten geliefert und eignet sich in dieser Aufmachung insbesondere für Ausrückertriebe. Wird der Gummi-Riemen mit der erforderlichen Vorspannung von etwa 1,5 bis 2% aufgelegt, hält sich die Betriebsdehnung in den Grenzen von etwa 2 bis 3%. Die Zerreißfestigkeit beträgt etwa 500 bis 650 kg/qcm. Die Bruchdehnung liegt bei etwa 11 bis 14%.

Die neuzeitliche Entwicklung der Antriebe hat zu einer ständigen Steigerung der Drehzahlen geführt. Die Triebwerksteile, insbesondere die Scheiben, können

kleiner bemessen werden als es bisher üblich war. Gleichzeitig machte sich das Bestreben bemerkbar, möglichst kurze Wellenmittenentfernungen vorzusehen, um Raum und damit Kosten einzusparen. Der Bemessung des Achsenabstandes sind jedoch nicht nur durch den Umschlingungswinkel an der kleinen Scheibe Grenzen gesetzt — dieser läßt sich durch die Einschaltung einer Spannrolle vergrößern — sondern auch durch den auftretenden Biegungswechsel, dem der Riemen beim Lauf über die Scheiben in einer Sekunde ausgesetzt ist. Die zulässige Biegefrequenz hängt von der Stärke des Riemens und den vorliegenden Scheibendurchmessern ab. Dreifache Gummi-Riemen widerstehen im endlos verbundenen Zustand in normalstarker Ausführung — ein erträgliches Verhältnis Riemenstärke zu Scheibendurchmesser vorausgesetzt — einem Biegungswechsel bis zu etwa 8 bis 9 Bieg./sec. Für Riemen mit einer höheren Gewebelagenzahl ist ein Biegungswechsel bis zu etwa 6 bis 7 Bieg./sec zulässig. Diese Grenzwerte können von den besonders geschmeidigen Gummi-Riemen weit überschritten werden. Hier ist ein Biegungswechsel von 20 bis 25 Bieg./sec keine Seltenheit. Wir haben schon Riemen für Anlagen geliefert, auf denen sie einem Biegungswechsel von 30 bis 35 Bieg./sec ausgesetzt sind. Natürlich verursachen diese erhöhten Anforderungen auch einen stärkeren Riemenverschleiß. Dieser ist aber bei hochtourigen Antrieben wirtschaftlich ohne weiteres tragbar, denn die Abmessungen des Riemens sind durch die hohen Geschwindigkeiten auf ein Minimum herabgedrückt. Im Vergleich zu der Anlage spielt der Antriebsriemen in solchen Fällen kostenmäßig nur eine untergeordnete Rolle. Trotzdem erfüllt er eine wichtige Funktion, weshalb rechtzeitig an eine Ersatzbeschaffung gedacht werden sollte.
Die Herstellung der endlosen Verbindung erfolgt durch Heißvulkanisation. Es ist auch eine Kaltverbindung möglich. Dieses Verfahren findet in letzter Zeit häufiger Anwendung, weil es einfacher ist und sich auch gut bewährt hat. In diesem Zusammenhang muß noch der endlos gewickelte Riemen erwähnt werden. Er besteht aus einer gummierten Gewebebahn, die in ihrer Längsrichtung zu mehreren Lagen übereinander endlos gewickelt und dann vulkanisiert wird. Dieser Riemen wird in kleineren und mittleren Abmessungen vorzugsweise unter Verwendung eines Feingewebes für hochtourige Anlagen hergestellt.

Dem Gummi-Riemen verwandt und doch in mancher Hinsicht von diesem abweichend ist der Balata-Riemen. Seine Imprägnierung besteht ebenfalls aus einem Kautschuk, der Balata. Es handelt sich hierbei um einen rötlichen Milchsaft, der aus der angeschlagenen Rinde eines tropischen Waldbaumes, des „bully tree“ fließt und auf diese Weise gewonnen wird. Bei der Herstellung des Balata-Riemens wird das Baumwollgewebe mit in Benzin aufgelöster Balatamasse eingestrichen. Die auf diese Weise behandelte Gewebebahn wird in ihrer Querrichtung zu mehreren Lagen übereinander in der gewünschten Breite und Stärke des Riemens auf Wärmetischen gefalzt. Die weitere Bear-

beitung erfolgt auf dem beheizten Kalander. Hierbei erfährt der Riemen gleichzeitig eine Streckung.
Die Stärke des Balata-Riemens beträgt etwa 1,2 bis 1,25 mm je Lage. Er wird, wie Gummi-Riemen, in den Stärken von etwa 3 bis 10 Lagen hergestellt.
Im Gegensatz zu den Gummi-Riemen wird der Balata-Riemen nicht vulkanisiert. Seine Imprägnierung ist als zähelastisch zu bezeichnen. Metallische Verbinder haben deshalb in diesem Riemen einen besonders sicheren Halt.
Balata-Riemen werden nur aus normalstarkem Gewebe mit umgelegten bzw. gebuckten Kanten angefertigt. Ihre Betriebsdehnung liegt bei Beachtung der erforderlichen Vorspannung von etwa 1,5 bis 2 % im Anfangszustand — später, wenn der Riemen sich etwas gereckt hat, genügt auch eine Vorspannung von etwa 1 % — bei etwa 2 %. Sie zeichnen sich also durch eine verhältnismäßig geringe Dehnung aus.
Die zulässige Biegefrequenz liegt in nahezu gleicher Höhe wie bei den Gummi-Riemen. Unter besonderen Bedingungen kann, hierauf werde ich noch zurückkommen, sogar ein höherer Biegungswechsel zugelassen werden.
Balata-Riemen verfügen über eine Festigkeit von etwa 550 bis 650 kg/qcm. Die Bruchdehnung hält sich in dem für Gummi-Riemen genannten Bereich von etwa 11 bis 14 %.
Die Herstellung der endlosen Verbindung erfolgt unter Verwendung von Balata-Auflösung. Es kann bei ihnen auch eine Kaltverbindung vorgenommen werden. Diese hat sich insbesondere für Balata-Riemen als vorteilhaft erwiesen. Die Kaltverbindung zeigt in ihren Eigenschaften ein ähnliches Verhalten wie die zähelastische Balata-Imprägnierung. Dies wirkt sich günstig auf die Haltbarkeit der endlosen Verbindung aus. Dreifache Balata-Riemen aus normalstarkem Baumwollgewebe vertragen, mit einem geeigneten Kaltverbinder endlos zusammengesetzt, auf Antrieben mit Scheiben ab etwa 180 mm Durchmesser eine Biegefrequenz bis zu etwa 11 Bieg./sec in wechselseitiger Richtung.
Die Gummi- und Balata-Riemen umfassen ein weites Anwendungsgebiet. Sie können praktisch in allen Industriezweigen eingesetzt werden. Bei Balata-Riemen ist gegebenenfalls zu beachten, daß sie in Betriebsräumen mit Temperaturen über 45 °Celsius wegen der thermoplastischen Eigenschaften ihrer Imprägnierung nicht mehr eingesetzt werden sollten. Gummi-Treibriemen vertragen in der normalen Aufmachung Temperaturen bis zu 70 bis 80 °Celsius.

Balata-Riemen haben sich insbesondere auf schweren Walzwerks-Antrieben und ähnlichen stark stoßweise arbeitenden Anlagen gut bewährt.
Die Imprägnierung erfüllt bei beiden Riemenarten nicht nur den Zweck eines festen Zusammenhaltes der übereinanderliegenden Gewebelagen, sondern sie verhindert gleichzeitig ein Reiben der Gewebefäden aneinander. Diese liegen in der elastischen Zwischenschicht sicher eingebettet und sind dadurch gegen mechanischen Verschleiß und auch gegen die Einwirkungen von Staub, Säuren und Chemikalien gut geschützt. Gummi- und Balata-Riemen sind auch feuch-

tigkeitsunempfindlich. In Naßbetrieben nimmt der Reibungswert zwischen dem Riemen und der Scheibe in den meisten Fällen ab. Hier hat sich gezeigt, daß gerade der Balata-Riemen in feuchten Räumen gut durchzugsfähig ist.

Es muß leider festgestellt werden, daß die Durchmesser der Scheiben, bezogen auf die zu übertragende Leistung und die auftretenden Drehzahlen, häufig zu klein gewählt werden. Insbesondere stößt man immer wieder auf Antriebe mit zum Teil erheblich unterdimensionierter Spannrolle. Der Riemen unterliegt auf solchen Anlagen einer starken Krümmung in wechselseitiger Richtung. Macht sich dann, was ganz natürlich ist, ein höherer Verschleiß des Riemens bemerkbar, wird meistens diesem das Versagen zur Last gelegt. Die Ursachen hierfür liegen aber in der unzweckmäßigen Gestaltung des Antriebes.

Das Gewebe der Gummi- und Balata-Riemen besteht aus langfaseriger ägyptischer und amerikanischer Baumwolle.

Die in einem Riemen auftretenden Zugkräfte werden von den Längs- bzw. Kettfäden aufgenommen. Den Zusammenhalt in der Querrichtung übernehmen die Schußfäden. Da der Riemen in der Längsrichtung erheblich stärker beansprucht wird, ist der Anteil der Kettfäden größer.

Gummi- und Balata-Treibriemen sind in ihrer Wartung äußerst genügsam, Sie bedürfen keinerlei Behandlung mit einem Adhäsions- oder Konservierungsmittel. Diese Riemen bleiben stets geschmeidig und behalten auch ihren guten Reibungswert. Es ist nur, wie bei jedem Treibriemen erforderlich, für die Aufrechterhaltung der nötigen Vorspannung Sorge zu tragen.

Es wird in diesem Zusammenhang vielleicht interessieren, daß balatiertes Baumwollgewebe auch sehr gut als Reibungsbelag Verwendung finden kann. Die Aufbringung auf die Scheibe ist denkbar einfach und erfolgt durch dreimaliges, in besonderen Fällen auch viermaliges Umwickeln. Die Scheibe und der Belag sind hierbei mit einer oder zwei Lötlampen auf etwa 80 bis 90 °Celsius zu erwärmen. Durch den Balata-Reibungsbelag wird das Durchzugsvermögen des Riemens wesentlich erhöht. Er hat in manchen Fällen eine Spannrolle ersetzt und auf schwierigen Antrieben mit unterdimensionierten Scheiben, kurzen Achsenabständen und größeren Übersetzungsverhältnissen den Einsatz eines normalen Flachriemens ermöglicht, mit dem vordem kein zufriedenstellender Lauf erzielt werden konnte.

Ich möchte das Kapitel über die Gummi- und Balata-Riemen nicht abschließen, ohne den Profilriemen erwähnt zu haben. Es handelt sich hierbei um einen besonders durchzugsfähigen Spezialriemen. Er besteht aus einem hochwertigen Gummi- oder Balata-Treibriemen, dessen Laufseite mit Chromlederstreifen versehen ist. Die Aufbringung erfolgt durch ein Spezialklebeverfahren. Es gibt auch Fabrikate, bei denen die Befestigung der Lederstreifen mit leichten Hohlnieten vorgenommen wird.

Die Chromlederstreifen mit ihrer guten Haftfähigkeit übernehmen die Reibungsarbeit, während der Gummi- oder Balata-Riemen als Zugband die zu übertragenden Umfangskräfte auffängt und weiterleitet. Die Aufteilung dieses Riemens in ein Reibungselement und ein Zugband als Belastungsträger hat sich als sehr vorteilhaft erwiesen. Der Profilriemen zieht erfahrungsgemäß schon bei einem Umschlingungswinkel an der kleinen Scheibe von etwa

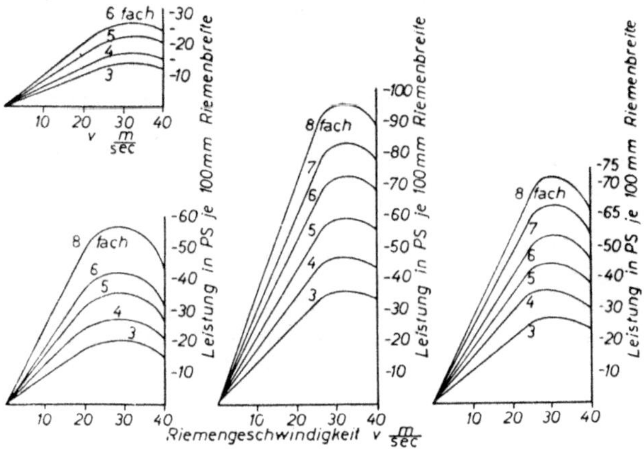

Bild 1. **Leistungskurven von Gummi- und Balata-Riemen**

120 bis 130° einwandfrei durch und ist deshalb das gegebene Antriebselement für Anlagen mit kurzen Achsenabständen und großen Übersetzungsverhält-

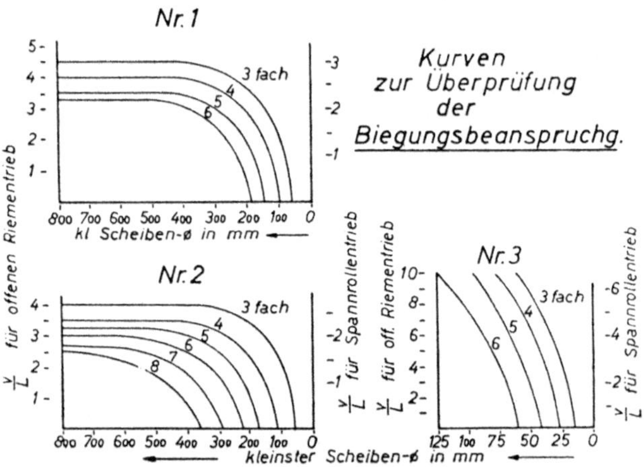

Bild 2. **Zulässige Biegungswechsel für Gummi- und Balata-Riemen**

nissen. Zum Vergleich sei angeführt, daß für größere offene Flachriementriebe allgemein ein Umschlingungswinkel an der kleinen Scheibe von mindestens 160°

anzustreben ist. Da das Zugband mit den Scheiben nicht in Berührung kommt, erfährt es eine weitestgehende Schonung. Bei schnellaufenden Antrieben kann sich zwischen dem Riemen und der Scheibe kein schädlicher Luftkeil bilden, da die von dem Riemen mitgerissene Luft in den Trennfugen zwischen den Chromlederstreifen eine genügende Ausweichmöglichkeit hat.

Bild 3. Früher: Flachriemen-Antrieb mit Spannrolle

Die Profilriemen zeichnen sich durch einen geräuscharmen und stoßmildernden Lauf aus. Auf Grund der letztgenannten Eigenschaft trägt er erfahrungsgemäß zur Verbesserung des Ungleichförmigkeitsgrades von Generator-Antrieben mit bei. Infolge des guten Haftvermögens sind die Achsdrücke bei diesem Riemen gering. Die Lager erfahren dadurch eine Schonung.

Zum Schluß meiner Ausführungen möchte ich noch kurz auf die Berechnung von Gummi- und Balata-Riemen eingehen. Sie erfolgt unter Zugrundelegung einer 25fachen Sicherheit, bezogen auf die Umfangs- oder Nutzkraft. Bei diesem Sicherheitsfaktor hält sich die Betriebsdehnung in geringen Grenzen, und die Riemen sind auch im übrigen einer normalen, nicht überhöhten Beanspruchung ausgesetzt.

Bild 4. Jetzt: Profilriemen-Antrieb ohne Spannrolle

Die auftretenden Fliehkräfte werden je nach der Festigkeit des Riemens bei einer Geschwindigkeit ab 20 bis 25 m/sec berücksichtigt. Dies veranschaulichen die Leistungskurven *(Bild 1)*. Sie zeigen das Übertragungsvermögen der Gummi- und Balatariemen in PS je 100 mm Riemenbreite in den Stärken von 3 bis 6 und 3 bis 8 Lagen bei den ver-

schiedenen Geschwindigkeiten. Das Maximum an Übertragungsfähigkeit liegt je nach der Bruchfestigkeit des Riemens bei einer Geschwindigkeit von 28 bis 32 m/sec. Die Kurven lassen auch erkennen, daß der Fliehkraftanteil bei einer Geschwindigkeit von über 40 m/sec schon recht groß ist. Höhere Geschwindigkeiten sollten möglichst vermieden werden.
Die Biegungsbeanspruchung der Riemen findet einmal durch die Überprüfung des Verhältnisses Riemenstärke zu Scheibendurchmesser Berücksichtigung und zum andern durch den auftretenden Biegungswechsel, dem der Riemen beim Lauf über die Scheiben in einer Sekunde ausgesetzt ist. Beide Faktoren

Bild 5. Profilriemen mit Durchhang

Bild 6. Profilriemen-Kurztrieb Umschlingungswinkel an der Motorscheibe 142°

werden gegeneinander abgewogen. Bei einem günstigen Verhältnis Riemenstärke zu Scheibendurchmesser können in bezug auf den auftretenden Biegungswechsel größere Zugeständnisse gemacht werden, während umgekehrt bei einem niedrigen Biegungswechsel ein weniger günstiges Verhältnis Riemenstärke zu Scheibendurchmesser erreicht wird. Auch hier sind aus der Erfahrung heraus Kurven entwickelt worden, wie sie das nachstehende Bild zeigt *(Bild 2)*.
Auf der Abszisse sind die Scheibendurchmesser aufgetragen und auf den Ordinaten die zulässigen Umlaufzahlen des Riemens; links für den offenen Trieb und rechts für den Spannrollentrieb. Die Umlaufzahl, multipliziert mit der Anzahl der Scheiben, ergibt den auftretenden Biegungswechsel.
Profilriemen verfügen erfahrungsgemäß über ein etwa 30 bis 40% höheres Übertragungsvermögen als Flachriemen gleicher Qualität und Abmessung. Der besondere Vorzug dieses Spezialriemens liegt, wie ich bereits anführte, in seiner hohen Durchzugsfähigkeit.

Von den eingefügten Bildern zeigen *Bild 3* einen 500-PS-Dampfmaschinen-Generator-Antrieb mit Flachriemen und Spannrolle, wie er noch vor etwa 4 Jahren gewesen ist, *Bild 4* den Antrieb in seiner jetzigen Form. Die Spannrolle ist vor etwa 4 Jahren ausgebaut und die Anlage mit einem Profilriemen versehen worden. *Bild 5* läßt die hohe Durchzugsfähigkeit des Profilriemens an dem deutlich sichtbaren Durchhang erkennen. *Bild 6* zeigt die Übersetzungsmöglichkeiten bei Verwendung eines Profilriemens. Auf *Bild 7* ist ein Wasserturbinen-Generator-Antrieb zu sehen. Links läuft der Profilriemen für den Stromerzeuger und rechts zwei Keilriemen zum Antrieb des Reglers.

Bild 7. **Wasserturbinen-Generator-Antrieb mit Profilriemen**

Obering. F. PAHL, Hamburg-Wandsbek

Kunststoffriemen

Die Rohstoffe, aus denen Leder-, Balata-, Gummi- und auch Haarriemen hergestellt werden, sind Ihnen aus Ihrer langjährigen Praxis bekannt. Die Werkstoffe für Treibriemen aus Kunststoffen kennen jedoch die wenigsten, und ich darf mir daher gestatten, Ihnen zunächst etwas über die Technologie dieser Antriebselemente zu sagen.

Der älteste Kunststoff, der zur Herstellung von Treibriemen Verwendung fand, war das in den IG-Werken hergestellte Igelit. Dieses Polyvinylchlorid (abgekürzt PVC) ist ein thermoplastischer Kunststoff, der in seinen Abarten Igelit, Vinidur, Vestolit, Vinno usw. im Handel ist. PVC dürfte überhaupt der wichtigste Kunststoff sein, der zur Zeit hergestellt wird. Durch die Vereinigung von Acetylen mit Salzsäure entsteht das Vinylchlorid. Da nun Acetylen in bekannter Weise aus Karbid und Wasser entsteht und das Karbid seinerseits im elektrischen Ofen aus Kalk und Kohle, hat man oft gesagt, daß PVC aus Kalk und Kohle besteht. Dies ist falsch, denn der Kalk des Karbids wird bereits bei der Bildung des Acetylens ausgeschieden. Die Kohle stellt zwar die Kohlenstoffatome der Kunststoffe, aber nur in chemisch umgewandelter Form. Man könnte sagen, daß Kalk und Kohle bei der Herstellung des PVC Pate gestanden hätten.

Aus dem so erzeugten Vinylchlorid wird durch Polymerisation das PVC hergestellt. Sein Erweichungspunkt liegt bei 85°, aber erst bei Temperaturen von über 150° ist er so plastisch, daß er gut verarbeitet werden kann. Grundsätzlich ist PVC hart wie Horn. Durch den Zusatz von Weichmachern wird er jedoch in eine etwa lederharte oder nahezu gummielastische Form überführt. Stellen Sie sich die Umwandlung bitte so vor, daß zwischen die einzelnen PVC-Moleküle eine Gleitschicht gelegt wird, die ein gegenseitiges Verschieben ermöglicht.

Es wurde zunächst versucht, aus reinem PVC oder einem Mischpolymerisat Treibriemen herzustellen, was jedoch nur bedingt gelang. Die Zerreißfestigkeiten reichten nicht aus, außerdem fehlte diesen Riemen jedoch das, was der Praktiker mit Wumm bezeichnet. Der Anteil der elastischen Dehnung an der Gesamtdehnung war zu klein. Die Riemen dehnten sich im Betrieb zu stark. Kurz nach dem Kriege bis vor etwa einem Jahr war noch ein derartiger Riemen auf dem Markt, der sich jedoch nicht durchsetzen konnte. Man ging schon 1940/41 dazu über, ein Zellwollgewebe mit einer PVC-Emulsion zu bestreichen, dieses Gewebe zu dublieren und in großen

Pressen durch Gelierung der Masse zu verbinden. Da das PVC bei 160° und geeigneten Weichmachern sehr flüssig wird, drang es durch den hohen Druck der Presse nicht nur in das Gewebe, sondern auch in den einzelnen Zwirn hinein, so daß man tatsächlich ein homogenes ganzes Gebilde bekam. Diese Riemen haben sich in der Praxis verhältnismäßig gut bewährt. Der einzige Nachteil war auch hier die starke Dehnung. Ich verweise auf die soeben von Herrn Prof. *Bußmann* gezeigten Kurvenbilder. Erst nach dem Kriege, als man statt des Zellwollgewebes ein Baumwollgewebe zur Herstellung der Riemen nahm, konnten gute technologische Werte erzielt werden. In der Praxis hat dieser Riemen jedoch keine große Bedeutung erreicht, da er in der Herstellung wesentlich teurer ist als ein Gummi- oder Balatariemen. Die technologischen Werte sind denen eines guten Gummi- oder Balatariemens gleich. Es sind aus reinem PVC auch Keil- und Rundriemen hergestellt worden, die jedoch aus den gleichen Gründen für die Praxis ohne Bedeutung blieben.

Die zweite Gruppe der zur Herstellung von Flachriemen verwendeten Kunststoffe ist die der Polyamide. Sie gehören zu einer Reihe von Kunststoffen, die erst seit 1940 bekannt sind. Daß einige von ihnen heute einen Begriff darstellen, wird sofort klar, wenn ich Ihnen erkläre, daß auch Nylon und Perlon Polyamide sind. Erfunden wurde dieser Kunststoff gelegentlich einer rein wissenschaftlichen Arbeit in den Laboratorien der amerikanischen Firma Dupont. Auf Grund eines Patentaustauschvertrages dieses Werkes mit der IG-Farben-Industrie erhielten wir in Deutschland sehr schnell Kenntnis von dieser Erfindung und arbeiteten diese nach eigenen Erfahrungen weiter aus. Die Dupont-Bezeichnung für diesen Werkstoff, nämlich Nylon, ist heute in aller Mund. Es kann jedoch nicht genug betont werden, daß dieses Wort mit der Verarbeitung zu Strümpfen oder Textilien nichts zu tun hat. Es ist eine bestimmte Nylon-Sorte, die sich besonders gut zu Strümpfen verarbeiten läßt. Das Wort Nylon selbst ist ein Sammelbegriff wie etwa das Wort Eisen. — In Deutschland erfolgte eine scharfe Trennung der Begriffe. Diejenigen Polyamide, die in der Kunststoffindustrie verblieben, heißen Igamid, während Perlon die Bezeichnung für Fasern und Borsten ist. Das Wort Igamid darf seit etwa zwei Jahren in Deutschland nicht mehr angewandt werden. Der Werkstoff wurde daher in Ultramid umgetauft. Mit Rücksicht auf die alliierten Bestimmungen zur Entflechtung der ehemaligen IG-Farben-Industrie dürfen die Buchstaben IG in Warenzeichen nicht mehr vorkommen.

Die Herstellung der Polyamide geschieht durch Kombination gewisser stickstoffhaltiger Säuren, die meist im Hochvakuum geschmolzen und dann immer wieder erhitzt werden, wobei sich viele Moleküle unter Wasseraustritt kondensieren. Der Kunststoff selbst ist eine dünne, flüssige Schmelze, die man entweder auf kalte Trommeln auflaufen läßt, durch Düsen zu Bändern oder Fäden preßt oder zu Kristallen erstarren läßt.

Die Zahl der Säuren, aus denen sich Polyamide herstellen lassen, ist sehr groß, und mittels verschiedener Kombinationen kann man nahezu eine unbegrenzte Reihe von Polyamiden erzielen. Der Kunststoff selbst ist hornartig zäh. Allen Ausführungen eigentümlich ist die Eigenschaft, sich zu Fäden und Bändern gut verarbeiten zu lassen, welche eine sehr starke Erhöhung ihrer Reißfestigkeit erfahren, wenn man sie kalt oder schwach warm orientiert und gleich um 300 bis 500 % ihrer Länge streckt. Die gereckten Stücke springen nicht etwa zurück wie Gummi, sondern behalten ihre Lage nach der Reckung bei. Die Festigkeit der orientierten Polyamide beträgt 1500 bis 2200 kg/qcm, und hierauf basiert auch die Verwendung dieses hochwertigen Kunststoffes zu Treibriemen. Durch die Orientierung werden die kreuz und quer liegenden Fadenmoleküle in eine Richtung gebracht, sie liegen nebeneinander, wodurch die außerordentlich hohe Festigkeit erreicht wird. Leider hat dieser Stoff jedoch den Nachteil, daß er in der Querrichtung dafür sehr empfindlich ist. Schon bei geringen seitlichen Beanspruchungen spleißen die reinen Polyamidriemen der Länge nach auf. Es genügt evtl. schon eine starke Balligkeit der Scheiben oder ein geringes seitliches Anlaufen an einer Scheibe mit seitlichen Rändern, um ein Spleißen des Riemens zu bewerkstelligen. Die Breite der gespritzten und orientierten Bänder beträgt etwa 30 bis 40 mm. Um nun größere Kräfte übertragen zu können, müssen also mehrere Bänder auf einen biegsamen Träger geklebt werden. Damit ist jedoch der Charakter des reinen Polyamidriemens verloren.

Eine andere Art, das Ultramid zu Treibriemen zu verarbeiten, besteht darin, die Kristalle oder Granulate nach der Verarbeitung in Kneter oder Pressen zwischen Walzen zu einem breiten Band zu vereinigen und gleichzeitig die Moleküle in Längsrichtung zu orientieren. Es werden dabei die gleichen Festigkeiten erreicht, es bleibt jedoch bei der Seitenempfindlichkeit. Aus den so erhaltenen breiten Bändern bis zu 400 mm werden dann die Riemen bis zu 120 mm Breite geschnitten.

Aus den vorhergegangenen Vorträgen ging einwandfrei hervor, daß zu einer guten Kraftübertragung ein guter Reibungskoeffizient des Antriebselementes gehört. Leider ist dieser jedoch bei dem reinen Polyamidriemen nicht vorhanden. Der Reibungskoeffizient ist sehr klein. Die ersten Riemen, die von Herrn Prof. *Bußmann* bei einem Umschlingungswinkel von 180° untersucht wurden, kamen auf etwa die dreifache Vorspannung wie bei Leder- oder Haarriemen bei gleichen Antriebsleistungen. Diese außerordentlich hohe Oberflächenglätte hat den einzelnen Verarbeitungswerken sehr viel zu schaffen gemacht. Sie ist heute soweit überwunden, daß die Riemen für Antriebe mit hohen Geschwindigkeiten gut eingesetzt werden können. Die reinen Polyamid-Riemen können zu hervorragenden Antriebsorganen werden bei Schleifmaschinen mit Tourenzahlen bis zu 15 000 und bei Holzbearbeitungsmaschinen mit Umdrehungen über 8000/min. Der Riemen selbst ist spezifisch sehr leicht, so daß Fliehkraftverluste nicht auftreten. Weiterhin ist er sehr biegsam, so daß auch bei höchsten Biegewechseln keinerlei Biegeverluste vorhanden sind. Der große Vorteil des Polyamidriemens für die Praxis ist die geringe Dehnbarkeit. Bei gleicher Festigkeit von 1500 bis 2000 kg beträgt die Bruchdehnung im Mittel 30%. Die bleibende Dehnung ist mit 6 bis 8%, bezogen auf die außerordentlich hohe Festigkeit, sehr gering. Wenn nun dieses Antriebsmittel mit einer Vorspannung von 2 bis höchstens 3% aufgelegt wird, dehnt es sich praktisch nicht mehr. Treten Stöße auf, die zwangsläufig zu einer Verlängerung des Treibriemens führen, so springt der Riemen bei Entlastung sofort in seine ursprüngliche Lage zurück. Er wirkt also etwa wie der Torsionsstab bei der Autofederung. Daraus ist zu entnehmen, daß der reine Polyamidriemen nur für leichte Übertragungen geeignet ist, wie sie eben bei Schleif- und Holzbearbeitungsmaschinen in Frage kommen. Meines Wissens gibt es ein Schweizer Fabrikat unter dem Namen Habasit, das als reiner Polyamidriemen auf dem Markt ist, und das deutsche Fabrikat Flexidur. Der Habasitriemen ist jedoch auch als Polyamidriemen mit Reibungsauflage zu erhalten. Diese Gruppe der Kunststoffriemen ist die bedeutungsvollere. Man kann sie in Breiten bis zu 500 mm herstellen. Es gibt hier zwei Arten; der bedeutungsvollere ist wiederum der Extremultusriemen.

Der reine Ultramidriemen besitzt einen sehr kleinen Reibungskoeffizienten. Alle Werke, die Polyamide zu Kunststoffriemen verarbeiten, bemühten sich, die fehlende Reibung durch Veränderung der Auflageflächen zu erhöhen. Als erstem Werk gelang es der Firma Siegling, Hannover, ein Ultramidband mit Chromleder so intensiv zu verbinden, daß größere Kräfte übertragen werden konnten. Mit diesem Antriebselement ist dem Maschinenbau nun ein wirklich wertvoller Energieleiter geschenkt worden. Die Zugspannungen werden von dem hochfesten Polyamid aufgenommen, die Reibung von dem Chromlederbelag. Nun werden Sie vielleicht einwenden, daß dadurch die gleichen Verhältnisse wie bei einem normalen Chromlederriemen vorliegen. Dem ist jedoch nicht so. Chromleder hat eine Festigkeit von etwa 500 kg/qcm, das Polyamid dagegen 2000 kg. Während die Betriebsspannungen bei Berücksichtigung einer 10fachen Sicherheit bei Lederriemen im Höchstfalle 40 bis 50 kg/qcm, betragen und bei Balata- oder Gummiriemen in der gleichen Höhe liegen, darf die Gesamtspannung bei Polyamidriemen 150 bis 180 kg betragen, vorausgesetzt, daß die Lagerung der Maschinen die entsprechenden Drücke aufnehmen kann. Hiermit sind ungeahnte Möglichkeiten gegeben. Man kann die Vorspannung sehr hoch wählen, damit die Flächenpressung und die Reibungskraft erhöhen, so daß selbst bei kleinsten Umschlingungswinkeln ein Höchstmaß an Nutzspannung aufgenommen werden kann. Diese Ausnutzung der hohen Zerreißfestigkeit ist jedoch nur möglich, weil das Dehnungsverhalten der Polyamidriemen so außerordentlich günstig ist. Herr Prof. *Bußmann* zeigte dieses bereits in seinem Einleitungsvortrag. Leider sind diese Vorteile in der Praxis oftmals übertrieben ausgenutzt worden. Ich habe kürzlich auf einer Mühle feststellen müssen, daß ein Turbinenfundament durch einen Polyamidriemen herausgerissen wurde. Soweit darf es natürlich nicht gehen. Es ist daher erforderlich, daß beim Einsatz von Kunststoffriemen der jeweilige Lieferant beratend hinzugezogen wird. Die Materie ist noch zu neu, als daß sich jeder bei großen Kraftübertragungen die Anlage selbst bauen kann. Entnehmen Sie jedoch, bitte, meinem Vortrag, daß der Polyamidriemen eine Sonderstellung einnimmt, mit dem eine hervorragende und auch sichere Leistungsübertragung erzielt werden kann.

Ing. E. LINK, Hannover

Endlose Keilriemen

Der Übergang von Normal- oder Standard-Querschnitten auf Schmalkeilform

Als bekannt werden die Querschnittsfestlegungen für endlose Keilriemen nach DIN 2215 oder auch nach RMA (USA, Vereinigung der Keilriemenhersteller und Triebwerksfirmen) vorausgesetzt.

Es gelang hierbei eine gute Querschnittsübereinstimmung Zoll/mm zu finden und dennoch Normzahlen anzuwenden *(Bild 1)*. Das Breite-zu-Höhe-Verhältnis

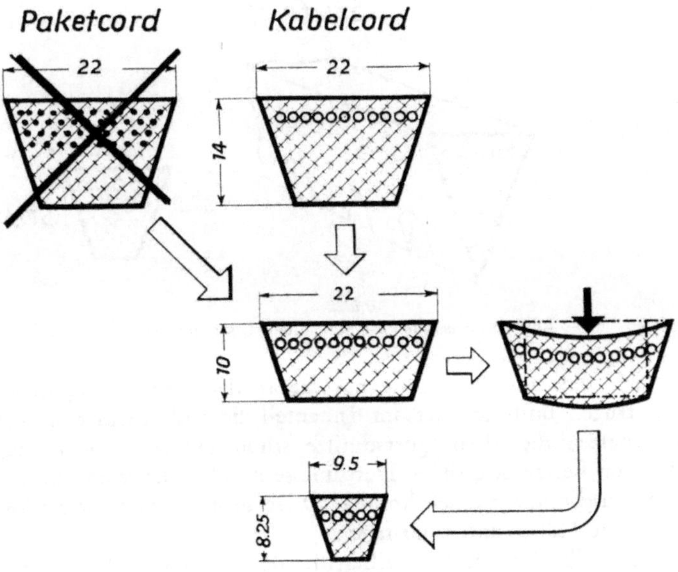

Bild 1.
Vom heutigen Normquerschnitt zum Schmalkeil

war etwa gleich und mit 1 : 1,6 fixiert. Die Weltstandardquerschnitte waren 13 mm = $^1/_2''$, 17 mm = $^5/_8$ bis $^{21}/_{32}''$, 22 mm = $^7/_8''$, 32 mm = $1^1/_4''$ und 40 mm = $1^1/_2''$. Einerlei, welche Aufbauart, ob Paketcord oder Kabelcord: es ergaben sich durch immer höhere Drehzahlen sehr bald Schwierigkeiten und eine zu hohe Walkarbeit, weil die bis dahin gehaltene Riemengeschwindigkeitsgrenze — sie lag bei etwa 22 bis 25 m/s — besonders im Fahrzeugbau

zu Scheibendurchmesserunterschreitungen zwang, die nun erst recht zu vorzeitigem Riemenverschleiß führten.
Sowohl in USA wie auch bei uns wurde zunächst der Ausweg in der verringerten Höhe gesucht, was auch eine teilweise Besserung brachte (Beispiel Querschnitt 17/8 statt 17/11, in Amerika vergleichsweise die SAE-Fahrzeugquerschnitte). Hierbei zeigte sich jedoch eine neue Anfälligkeit, besonders wenn die Vorspannung zu hoch gewählt wurde. Der niedrige Querschnitt eignet sich einerseits besonders gut für die Kabelcordausführung, bog sich

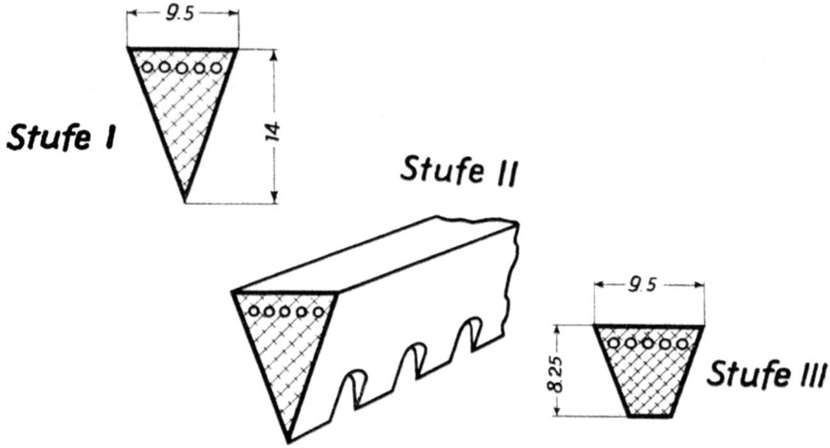

Bild 2.
Entwicklungsstufen des Schmalkeil-Querschnittes

jedoch so durch, daß vom Zugstrang nur die an den Flanken liegenden Fäden einwandfrei trugen und sich der im Innenteil liegende Strang durchwölbte. Andererseits hatten die alten Querschnitte schon immer zu viel Zugstrangreserve, die nur bei sehr großen Durchmessern, also bei vergrößerter Reibfläche, besser ausgenutzt werden konnte. Diese großen Durchmesser sind aber in den wenigsten Fällen unterzubringen.
Es erfolgte deshalb der radikale Eingriff, den ganzen rechteckigen Innenteil der bis dahin verwendeten Querschnitte wegzulassen und die verbleibenden spitzen Dreiecke zu vereinen. Auf der Basis des 22er bzw. $^7/_8$″ Querschnittes ergab sich zunächst eine obere Breite von 9,5 mm bzw. $^3/_8$″, d. h. nach heutiger Regulierung 0,380″.
In USA gingen die Entwicklungsarbeiten während und nach dem Kriege ungestört weiter, weshalb man dort zunächst mit der Entwicklungsstufe 1, also mit der vollen Höhe bzw. einem spitzen Dreiecksquerschnitt, arbeitete *(Bild 2)*. Trotz Fehlens des Mittelteiles was das eine Übertreibung, weil diese

Höhe wieder zu große Mindestdurchmesser erforderte und auch herstellungsempfindlich wurde. Sehr bald ging man dann zur Stanzzahnung über, die auch heute noch Verwendung findet. Ausnahmslos wurde jedoch die Höhe,

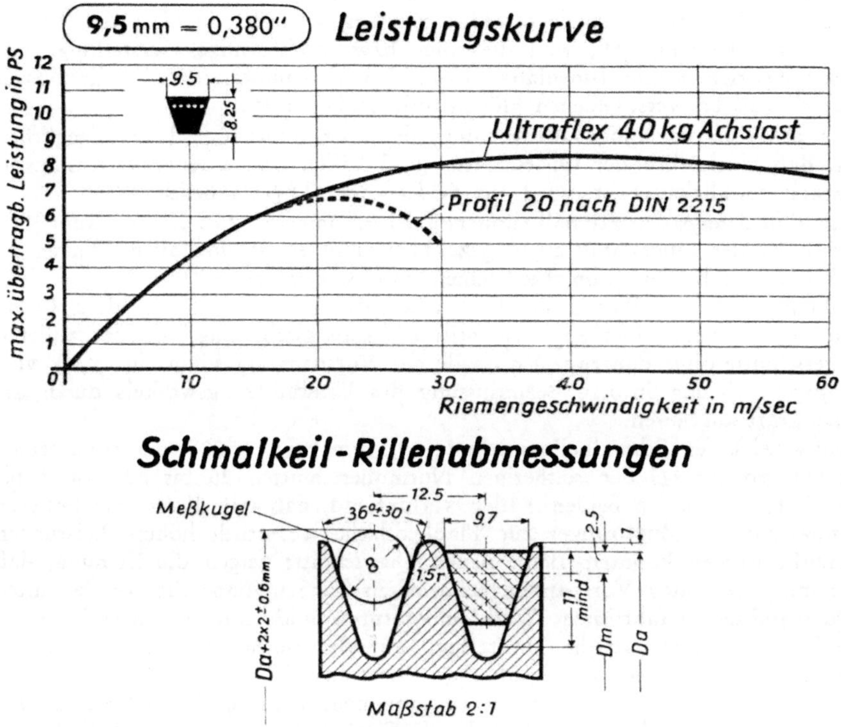

Bild 3.

auch bei Stanzzahnung, verringert, weil damit auch fertigungstechnisch eine Verbesserung erzielt wurde.

Die Höhenanpassung ohne Zahnung lag etwa bei 8 bis 9 mm, wobei der Mittelwert mehr zwischen 8 und 8,5 mm lag. Die vorläufige deutsche Höhenfestlegung bewegt sich bei 8,25 mm, weil dieses Höhenmaß auch eine gute Umrechnung Innen- zur Außenlänge, auch in Zoll, ermöglicht. Dieses USA-Entwicklungsvorbild war schon bekannt, weshalb die deutsche Entwicklung keine Grundversuche mehr mit völlig spitzen Riemen, also mit der großen Höhe, durchführte, sondern das Ziel gleich mit der heute angepaßten Höhe ansteuerte. Anderweitig durchgeführte Versuche mit der Stanzzahnung ergaben wohl ein günstigeres Bild hinsichtlich der Stauchzone im Unterteil, brachten aber anderweitig Nachteile und vor allen Dingen ein teures Fertigungsverfahren mit sich, so daß bei der deutschen Fertigung von vornherein ein angepaßtes Höhenmaß ohne Zahnung angestrebt wurde. Nach letzten Berichten aus USA soll auch dort die Zahnung im Rückgang sein.

Die nach SAE nicht festgelegte Höhe erzwang wiederum in USA die Außenlänge als Ausgangsmaß, weil die ring- bzw. kreisförmige Herstellung endloser Keilriemen die Innenlänge bzw. den Innenumfang als vergleichbares Längenmaß bei verschiedenen Höhen nicht mehr zuließ.

Die praktisch vorläufige Auswertung, die aber international so angeglichen ist, daß hinsichtlich der Querschnitts- und Rillenmaße eine volle Austauschbarkeit gewährleistet ist, wird aus *Bild 3* und *Bild 4* ersichtlich.

Das *Bild 3* zeigt den Schmalkeilquerschnitt 9,5 mm = rund 0,380″. Zum Vergleich ist der Querschnitt 20 eingezeichnet, und es ist vor allen Dingen zu erkennen, daß der Schmalkeilriemen mit seinem geringeren Querschnittsvolumen nicht annähernd so fliehkraftempfindlich ist wie die alten Querschnitte. Er zeigt dort eine wesentliche Leistungserhöhung, wo die anderen Querschnitte ohne dauernde Kontrolle der Vorspannung schon eine stark verringerte Leistung infolge Beeinflussung des Umschlingungswinkels durch die Fliehkraft aufweisen.

Bild 4 zeigt den Schmalkeilquerschnitt 12,5 mm bzw. 0,500″, der etwa seinen Ausgangspunkt bei den seitherigen Normquerschnitten 25 bis 32, also 1 bis $1^1/_4$″, hat. Es ist in beiden Fällen verblüffend, daß mit dieser viel besseren Anpassung des Zugstranges zur Flankenfläche wesentlich höhere Leistungen erreicht werden konnten. Beide neuen Querschnitte zeigen die Eignung, daß sie mit sehr hohen Vorspannungen arbeiten können, ohne die bei den alten Querschnitten gefährlichen Walktemperaturen auch nur annähernd zu erreichen. Die ursprüngliche Umstellung auf die neuen Querschnitte erfolgte unter Anwendung der seither üblichen Zugstrang-, Gummi- und Umhüllungswerkstoffe. Dabei wurde bereits ein ganz nennenswerter Vorteil erzielt. Inzwischen wurde jedoch der verbleibende Querschnitt so abgestimmt, daß nunmehr Laufzeiten und Dauerbiegewechselzahlen bei gleichzeitiger Leistungserhöhung erreicht wurden, die man vor geraumer Zeit noch nicht für möglich gehalten hätte.

Faßt man die Erkenntnisse und Ergebnisse zusammen, so ist es mit diesen beiden Schmalkeilquerschnitten möglich, eine ganze Reihe der seither üblichen Normgrößen abzulösen und gleichzeitig zu einer sehr schmalen Bauweise zu kommen. Zum Teil wird es möglich, mehrrillige Triebe auf Einzeltriebe umzustellen. Wenigstens gilt dieses für die zahlreichen Kurztriebe und Schnellläufer, wie z. B. der Fahrzeug-Lüfterantrieb. Aber auch in einem größeren Bereich stationärer Einsatzfälle wird der Übergang auf Schmalkeilquerschnitte empfehlenswert sein.

Die Entwicklung ist im übrigen noch nicht völlig abgeschlossen, und es liegt durchaus im Bereich der Möglichkeit, daß ein weiterer Schmalkeilquerschnitt hinzugefügt werden kann, so daß man im wesentlichen mit drei Querschnitten vermutlich das überbrücken kann, wozu seither zehn Querschnitte der üblichen Bauart erforderlich waren. Selbstverständlich müßten dann die Längenreihen

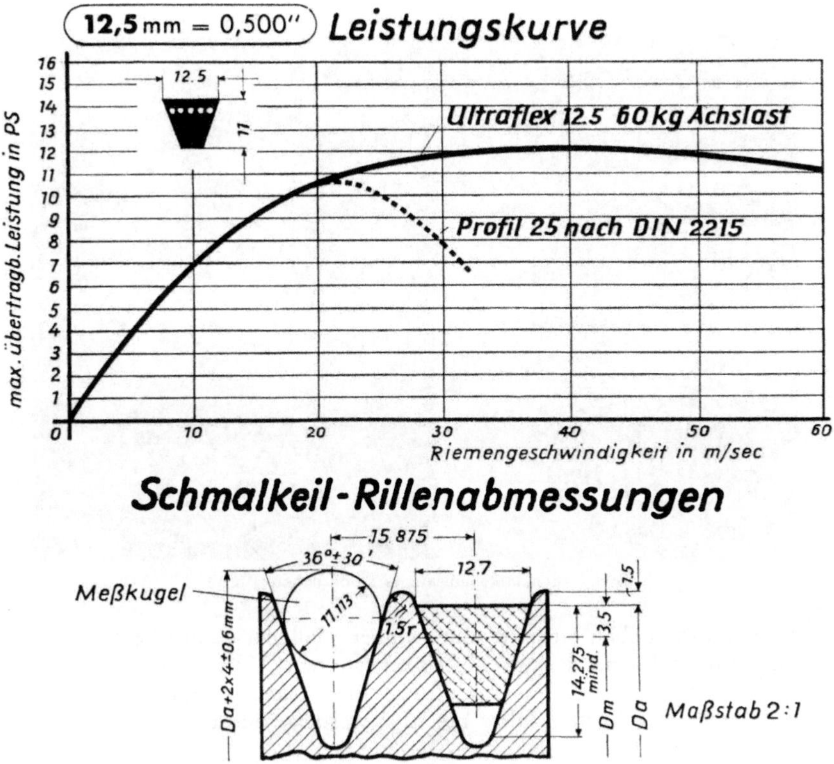

Bild 4.

in diesen verbleibenden Querschnitten etwas zahlreicher, d. h. enger gestuft, vorgesehen werden.

Hierbei muß noch erwähnt werden, daß die Längenregulierung Schwierigkeiten macht, da man im Ausland und insbesondere in USA den von uns nach DIN 2215 vorgesehenen geometrischen Stufensprung nicht kennt und deshalb auf der Längenbasis eine so völlige Übereinstimmung, wie sie querschnittsmäßig möglich wurde, leider bislang nicht zu erreichen war.

Bild 5 zeigt schließlich den Serieneinsatz des Schmalkeilriemens 9,5 im Fahrzeugbau, und es ist anzunehmen, daß in etwa Jahresfrist genau wie in Amerika kein PKW einen anderen Querschnitt als 9,5 mm und vermutlich in der weite-

ren Folge davon auch kein LKW mehr einen anderen Querschnitt als den 12,5 mm-Riemen aufweist.
Da schon einmal der Keilriemeneinsatz in der Fahrzeugindustrie der Ausgangspunkt für die allgemeine Einführung auch im Werkzeugmaschinenbau

Bild 5. Schmalkeileinsatz im Fahrzeugbau (PKW)

sowie im Maschinenbau war, ist anzunehmen, daß der Schmalkeilriemen auch von anderen Industriezweigen in nennenswertem Maße übernommen wird und sich damit eine Reihe von räumlichen Einsparungen ergibt, mit denen die Schwierigkeiten der letzten Jahre beseitigt werden könnten.

Aussprache

Tetteroo, Wuppertal: Es wurde vorhin von Herrn Prof. *Kollmann* erklärt, daß im Motorenbau Ketten mit sehr hohen Geschwindigkeiten laufen. Darf ich fragen, welche höchsten Werte erreicht werden?

Obering. *Bensinger,* Stuttgart-Untertürkheim: Die Umlaufgeschwindigkeiten erreichen Werte bis etwa 15 m/s.

Unbekannt: Zur Frage nach der Kettengeschwindigkeit möchte ich sagen, daß die Kraftfahrzeugketten mit Geschwindigkeiten von durchschnittlich etwa 7 bis 20 m/s laufen. Maximale Kettengeschwindigkeiten wurden m. W. bis zu 38 m/s gefahren.

Prof. *Niemann,* München: Man wird oft vor die Frage gestellt, ob man einen Riementrieb wählen soll oder einen Reibradantrieb. Wenn man die übertragbare Leistung als Maßstab nimmt und nun rechnerisch den Riementrieb dem Reibradantrieb gegenüberstellt, dann finde ich, daß Reibradantriebe anscheinend mehr übertragen können als Riementriebe. — Des weiteren ist die Frage interessant, welcher Riementrieb die größte Leistung übertragen kann. Unter den verschiedenen Gesichtspunkten besagt einer, daß man Riementriebe gern verwendet, um stoßartige Drehmomente aufnehmen zu können. Doch dieses Argument möchte ich außer acht lassen und nur fragen: welches ist der leistungsfähigste Riemen? Meiner Ansicht nach derjenige, der die größte Zugfestigkeit σ_B hat, multipliziert mit dem Reibwert μ; d. h. also ungefähr, Zugfestigkeit mal einem Faktor, der mit dem Reibwert zu tun hat. Dazu soll es ein Riemen sein, der geringe Dehnung hat. Wir haben die Dehnung als einen Faktor hingestellt, der zu erstreben ist. Das ist aber nur der Fall, wenn man große Stoßdrehmomente aufnehmen will. Will man das nicht, dann wäre es am besten, einen selbstspannenden Riemen zu nehmen, der eine große Festigkeit und eine möglichst geringe Dehnung hat, denn Dehnung gibt Zwangsschlupf, und je höher man bei einer gewissen Elastizität belastet, desto größer wird auch der Zwangsschlupf. Nimmt man aber einen Riemen mit einem geringen Dehnungsvermögen und einer großen Festigkeit, dann müßte man mit einem solchen Riementrieb zu einer größeren Leistungsfähigkeit kommen.

Prof. *Bußmann,* Berlin: Dem Bestreben, die Zugfestigkeit zu stark in den Mittelpunkt der Überlegungen zu stellen, möchte ich widersprechen. Auch die Herren Redner, welche Einzelreferate gehalten haben, betonten — m. E. zu unrecht — zu stark die erreichbare Zugfestigkeit. Wir haben aber bei unseren Versuchen in Dahlem mehr als einmal festgestellt, daß kein Zusammenhang besteht zwischen der Dauerhaltbarkeit im Betrieb und der Zugfestigkeit. Die Zugfestigkeit ist zwar ein außerordentlich wichtiges Beurteilungsmoment, soweit es sich darum handelt, die Gleichmäßigkeit z. B. von Riemen verschiedener Lieferungen zu überwachen.
Man darf aber nicht vergessen, daß die Zermürbung des Riemens unter der Biegebeanspruchung durch ein ständiges Hin- und Herbiegen und -reiben der kleinsten Riemenelemente geschieht, und daß diese außerdem beim Lauf durch straffes und loses Trum ständig auseinandergezerrt und wieder entlastet werden. Beim Zugversuch dagegen wird der Riemen einfach bis zum Bruch auseinandergezogen. Wenn

man außerdem bedenkt, daß durch die innere Reibung auch in mehr oder minder hohem Maße Wärme entsteht, und daß dadurch der Trennwiderstand der Riementeilchen natürlich mit beeinflußt wird, dann wird immer mehr klar, daß die Zugfestigkeit gar kein Maß für die Güte sein kann.
Wir haben folgerichtig bei unseren sehr ausführlichen Versuchen in Dahlem Riemen mit hoher Zugfestigkeit und hoher Haltbarkeit, mit hoher Zugfestigkeit und geringer Haltbarkeit, mit geringer Zugfestigkeit und hoher Haltbarkeit und mit geringer Zugfestigkeit und geringer Haltbarkeit gefunden. Im Maschinenbau hat man längst erkannt, daß man z. B. eine Feder ebensowenig nach der Zugfestigkeit berechnen darf wie eine Achse oder eine Pleuelstangenschraube. Und nicht umsonst sind auf dem Stahlgebiet die außerordentlichen Anstrengungen gemacht worden, über die Dauerhaltbarkeit von Maschinenelementen Aufschluß zu gewinnen. Der Riemen macht hierbei gar keine Ausnahme. Wenn man trotzdem heute die Zugfestigkeit benutzt, um sich zu orientieren, dann sollte man dabei wissen, ein wie schlechtes Orientierungsmittel sie ist.
Nun die zweite Frage: Ich habe nicht gesagt, daß Treibriemen möglichst hohe Dehnung haben sollen. Wenn dieser Eindruck entstanden sein sollte, dann habe ich mich vielleicht nicht klar genug ausgedrückt. Ich wollte nur die Bedeutung des gesamten Dehnungsverhaltens einmal ganz nachdrücklich herausstellen. Selbstverständlich soll eine gewisse Dehnung wegen der erwünschten Stoßdämpfung vorhanden sein, aber jede Dehnung, die ein Riemen zeigt, reicht dazu aus, wenn sie nicht gerade so klein ist wie z. B. die von Stahl. Herr Prof. *Niemann* hat also durchaus recht, wenn er eine kleine Dehnung fordert. Und wenn ich noch einmal zusammenfassen darf, dann soll der Riemen haben: einen hohen Widerstand gegen Zermürbung, eine geringe Gesamtdehnung, einen möglichst geringen Anteil bleibender Dehnung an dieser Gesamtdehnung, also hohe Elastizität. Er soll bei großem Reibwert sehr leicht sein, eine große Erholungsfähigkeit und eine große Standfähigkeit haben, d. h. die einer bestimmten Dehnung zugeordnete Rückstellkraft — also der auf die Scheibe ausgeübte Anpreßdruck — soll möglichst lange gleichbleiben. Schließlich soll der Riemen möglichst wenig Arbeit aufnehmen, damit er sich innerlich nicht erwärmt und, wenn er es schon tut, die Wärme möglichst leicht wieder abgeben. Das sind also eine ganze Reihe von Eigenschaften. Um es zuletzt noch einmal zu betonen: Es geht nicht um eine möglichst große Dehnung, wohl aber um einen möglichst großen *elastischen* Anteil an der Gesamtdehnung.

Prof *Kollmann,* Karlsruhe: Was heißt nun eine große Gesamtdehnung?

Prof. *Bußmann:* Denken Sie an das Bild, das ich vorhin gezeigt habe[1]). Die Gesamtdehnung ist die bei der betr. Zugspannung gemessene Längenänderung einer Meßstrecke, dividiert durch deren Länge bei der Spannung Null. In *Bild 15* z. B. für Leder 1 (dicke Linie) 3,1% bei 40 kg/cm². Wird die Probe von dieser Spannung auf Null entlastet, so geht die Dehnung nicht auch auf Null zurück. Bei den in *Bild 15* dargestellten Versuchen blieb z. B. wieder für Leder 1 (dünne Linie) eine Dehnung von 0,8% zurück. Die Gesamtdehnung bei 40 kg/cm² setzt sich also aus einem elastischen Anteil von 2,3% und einem bleibenden Anteil von 0,8% zusammen. Diesem bleibenden Anteil entspricht keine Rückstellkraft mehr; je kleiner er ist, um so besser ist es.

[1]) *Bild 15.*

Obering. *Kaiser,* Bochum: Welche Möglichkeiten gibt es, um die Eigenschwingungen von Keilriemen, also die sogenannten Resonanzschwingungen, von vornherein auszuschalten, zumal dann, wenn die Regelfrequenzen festliegen?

Prof. *Bußmann:* Hierzu gibt es keine feste Regel, sondern man muß dann nach den Regeln der Schwingungstechnik so verfahren, wie man eine erzwungene Schwingung rechnet. Das ist aber sehr kompliziert, und eigentlich fehlen dazu sämtliche Grundlagen. Denn man braucht dazu natürlich die genaue Federkonstante des Riemens, und zwar möglichst im Betrieb. Ein Riemen ist ein Continuum, d. h. ein gleichmäßig mit Masse belegtes federndes System, und die Berechnung der erzwungenen Schwingungen von Continua ist nicht ganz einfach. Deswegen habe ich vorhin darauf hingewiesen, daß es vor allem bei Ersatzbeschaffungen darauf ankommt, daß man den Ersatzriemen bei Schwingungsgefährdung nicht einfach nach Breite und Dicke oder Zahl der Lagen bestellt, sondern daß man möglichst dem Lieferanten einen Teil des alten Riemens zur Verfügung stellt, damit er erproben kann, welche Federungseigenschaften der neue Riemen haben muß.

Obering. *Arp,* Hamburg-Harburg: Soll für Flachriementriebe ein Umschlingungswinkel von 160° wenigstens angestrebt werden?

Prof. *Bußmann:* Nicht angestrebt, sondern im allgemeinen nicht unterschritten.

Obering. *Arp:* Nach den gegebenen Hinweisen kann man anscheinend mit dem Umschlingungswinkel bis 110° oder 90° heruntergehen. S_1 und S_2 bleiben ja in ihrer Differenz als Wert für die Umfangskraft konstant, aber von diesen beiden Größen hängt die Vorspannung ab, d. h. der Wert $\frac{S_1 + S_2}{2}$. Die beiden Kräfte steigen sehr an in der Summe, also muß man den Riemen sehr kräftig spannen, und dazu reichen eigentlich die Zugfestigkeiten sowie Dehnungseigenschaften von Leder- und auch Gummi-Treibriemen usw. nicht aus. Folglich muß man dann breitere Riemen nehmen, das führt zu einer Verbreiterung der Anlage. Es muß auch auf eine mäßige Flächenpressung geachtet werden, diese darf nicht zu groß werden. Auch schon aus diesem Grunde wird mehr Raum erforderlich sein. Diesen Weg kann man aber nicht gehen, bzw. man geht ihn nicht gern, deshalb strebt die Praxis für einen einfachen offenen Flachriementrieb mittlerer und größerer Abmessungen einen Umschlingungswinkel von wenigstens 160° an.

Prof. *Bußmann:* Die Gleichung $S_1 : S_2 = e^{\mu\alpha}$ kennzeichnet die Sicherheit gegen Gleiten. Darin sind μ und der Umschlingungswinkel α enthalten. Bei der Berechnung der zulässigen Nutzspannung k_n sind dann nur noch k_{max}, k_f und das k_b zu berücksichtigen. Daraus ergeben sich zwangsläufig die in *Bild 3* geschilderten Zusammenhänge. Für ein gefordertes k_n muß bei einer bestimmten Breite ein bestimmtes k_{max} in die Rechnung eingeführt werden, damit sie aufgeht. Es kommt aber nur darauf an, daß der gewählte Riemen bei dem gewählten Wert k_{max} die richtigen Dehnungseigenschaften hat, um den geforderten Anpreßdruck $(S_1 + S_2) : (b \cdot d)$ aufrechtzuerhalten, dann wird er auch bei kleinen Umschlingungswinkeln laufen können. Das geht natürlich nicht, wenn er kurze Zeit nach dem Auflegen anfängt zu fließen, so wie die eine Kurve in *Bild 10* es zeigt, und vielleicht nach kurzer Zeit nur noch 60% der anfänglichen Flächenpressung vorhanden ist. Gereckte Igamid-Zugbänder haben z. B. die elastischen Eigenschaften, um meiner Ansicht nach offene Triebe bei 90° Umschlingungswinkel betreiben zu können. Bei ihm macht es aber nicht die Zugfestigkeit, sondern neben dem Dehnungsverhalten eine hervorragende Dauerbiegefestigkeit.

Dr.-Ing. *Ludwig,* Düsseldorf: Es würde mich interessieren, ob heute noch Stahlbandtriebe hergestellt werden.

Prof. *Bußmann:* Die Stahlbandantriebe wurden mit Bändern aus Schwedenstahl, einem Material großen Reinheitsgrades, ausgerüstet. Ich hatte nur während des Krieges einmal kurz mit ihnen zu tun. Sie waren, soweit ich mich entsinne, ungefähr bis zu 2 mm dick und hatten ein Schloß. Dieses Schloß in hochwertigem Stahl war eine kritische Stelle, denn dort brachen die Riemen manchmal, wenn sie nicht richtig dimensioniert waren. Die Errechnung der Biegespannung geschieht nach derselben Formel: Elastizitätsmodul mal Dicke dividiert durch Riemenscheibendurchmesser wie beim Treibriemen. Während aber beim Treibriemen nur ein ideeller Steifigkeitskennwert für die Berechnung der Biegespannung in Fage kommt, ist beim Stahl dessen Zugelastizitätsmodul maßgebend, der sehr hohe Spannungswerte ergibt. Will man den Wert der Biegespannung in halbwegs vernünftigen Grenzen halten, so ist man deshalb auf sehr große Scheiben angewiesen. Und das wurde von den Lieferfirmen auch betont. Wo also große Scheiben von etwa 1,50 m Durchmesser angewendet wurden, entstanden keine Schwierigkeiten. Während des Krieges hat man auf Veranlassung des Gutachterausschusses für Treibriemen überall, wo es nur möglich schien, versucht, Stahlbänder zu verwenden. Fast alle Anfragen, die damals den Herstellern vom Gutachterausschuß vorgelegt wurden, sind als nicht ausführbar zurückverwiesen worden. Grund dafür waren einmal die großen erforderlichen Scheibendurchmesser, zweitens aber auch, daß zur Erzeugung des nötigen Reibungswertes die Riemenscheiben mit Kork belegt werden müssen. Wo beide Forderungen erfüllt waren, liefen diese Stahlbandantriebe einwandfrei. Sie haben praktisch überhaupt keinen Verlust, weil auch der Dehnschlupf sehr gering ist; bei den — verglichen an der Dehnungsfähigkeit des Stahls — sehr kleinen Kräften besteht kaum ein Dehnungsunterschied zwischen straffem und schlaffem Trum. Mit Stahlbändern kann also ein beinahe schlupfloser Antrieb geschaffen werden. Vorsicht aber bei der Ausführung der Schlösser!
Unbekannt: Es werden heute schon löt- oder schweißelektrisch hergestellte Stahlbänder 100 mm breit, 1,2 mm dick, für Bandmesser an Lederschreibmaschinen verwendet. Diese dürften genau dieselbe Übertragung verlangen wie auch Stahlriemen für Riemenscheiben.

Prof. *Bußmann:* Die Bandmesser laufen — glaube ich — auch rund.

Unbekannt: Ja, und zwar auf einem verhältnismäßig sehr kleinen Durchmesser mit einer sehr großen Durchzugskraft.

Prof. *Bußmann:* Besten Dank für die Mitteilung. Die Schwierigkeiten beim Löten dürften heute nicht mehr so groß sein wie während des Krieges. Die Verfahren sind wahrscheinlich inzwischen wesentlich verbessert worden.

Dipl.-Ing. *Bächmann,* Darmstadt: Herr Prof. *Bußmann* hat in seinem Vortrag darauf hingewiesen, daß es notwendig ist, *Wöhler*kurven aufzustellen und die Versuchsbedingungen in richtiger Weise den Betriebsbedingungen der Riementriebe anzupassen. Ich möchte Sie in diesem Zusammenhang mit einem Keilriemenprüfstand bekannt machen, der durch die Firma *Schenck,* Darmstadt, in weitgehender Zusammen-

arbeit mit einer maßgebenden Keilriemenfabrik und einer führenden Automobilfabrik entwickelt wurde. Der Prüfstand enthält eine treibende Welle mit feinstufig zwischen 3000 und 6000 U/min wählbarer Drehzahl und zwei gebremste Wellen, deren Leistung durch Drehmomentwaagen gemessen wird. Auf alle Wellen lassen sich beliebige Keilriemenscheiben aufsetzen. Das geometrische Bild der drei Wellen zueinander kann so eingestellt werden, daß es der Lage der Wellen in den verschiedenen Kraftwagenmotoren entspricht. Der Riemen läuft wie im praktischen Betrieb mit konstantem Achsabstand. Die Spannung des Riemens wird vor Versuchsbeginn durch Gewichtsbelastung eingestellt. Während und nach dem Versuch kann die Dehnung gemessen werden. Außerdem ist es möglich, den Riemen unter den klimatischen Bedingungen, die im Fahrzeug herrschen, zu untersuchen, also bei Hitze, Öldunst, evtl. auch bei Feuchtigkeit.
Der Prüfstand dient zu Entwicklungsversuchen und zu Abnahmeprüfungen bei Herstellern und Verbrauchern.

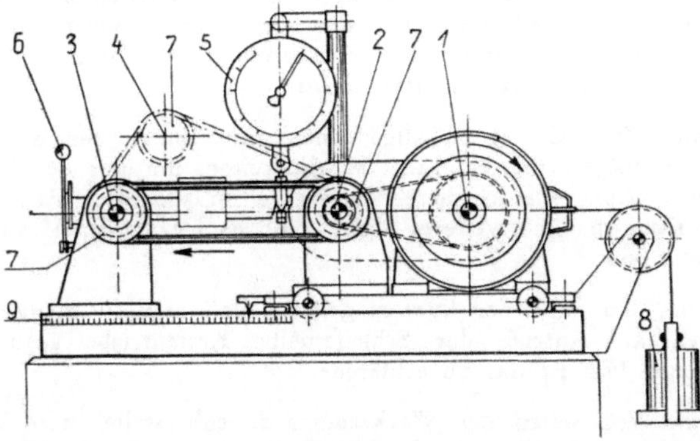

Bild 1. Keilriemenprüfstand

1 Motorwelle 3000 U/min
2 Vorgelegewelle 3000 bis 6000 U/min
3 (4) gebremste Wellen mit hydraulischer Leistungsbremse
5 2 Drehmomentwaagen
6 Drehmomenteinstellung
7 auswechselbare Keilriemenscheiben
8 Vorspannung des Riemens
9 Längen- und Dehnungsmaßstab

Prof. *Bußmann:* Das MPA Berlin-Dahlem hat sich natürlich auch mit der Dauerfestigkeit der Riemen eingehend befaßt. Weil die Aufstellung einer *Wöhler*kurve sehr zeitraubend ist und eine ganze Menge Probleme, auch grundsätzlicher Art bestehen, die gelöst werden müssen, haben wir seit einiger Zeit neben der Leistungsprüfanlage eine weitere Anlage in Entwicklung, die es gestattet, *Wöhler*kurven aufzunehmen. Es handelt sich um eine Prüfanlage mit insgesamt 20 Prüfständen, Scheibendurchmessern zwischen 50 und 400 mm und der Möglichkeit, bis zu vier Achsen je Antriebsfall in verschiedenen Zuordnungen aufzubauen. Der Stand gestattet die Prüfung bei Biegefrequenzen zwischen 5 und 40 pro Sek. im offenen, zweiachsigen Trieb, die durch Mehrachsanordnung bis zu 120 pro Sek. gesteigert werden können. Die Anlage gestattet die Schaffung einer klimatisierten Prüfatmosphäre bis + 90 °C. Selbstverständlich kann die Dehnung gemessen werden. Im allgemeinen laufen die Riemen bei der Prüfung, ohne Nutzleistung zu übertragen. Die Belastung wird hydraulisch aufgebracht, was mir besonders wichtig zu sein scheint, weil man bei Belastung mit Gewichten erfahrungsgemäß verhältnismäßig schnell am Ende ist. Die hochwertigen Riemen von heute verlangen bei der Aufnahme von *Wöhler*kurven ganz erhebliche Prüfspannungen, um sie zu Bruch zu bringen. Bedenken Sie nur, daß z. B. an so kleinen Schmalkeilriemen 70 kg und mehr angehängt werden müssen! Will man gar dazu übergehen, Versuche zu machen, bei denen das Nebeneinanderwirken mehrerer Stränge zu berücksichtigen ist, oder wenn Flachriemen untersucht werden sollen, dann kommt man leicht auf Prüfbeanspruchungen von über 400 kg, die mit einfachen Gewichten gar nicht mehr zu verwirklichen sind. Selbstverständlich können im MPA auf dem großen Leistungsprüfstand auch zusätzliche Dauerläufe unter Leistung gefahren werden, bei denen die Dehnung laufend gemessen und registriert wird, wobei die Ungenauigkeit in der Ablesung ungefähr auf $\pm$ 1/20 mm beschränkt ist. Das wird durch eine besondere elektrische Übertragung zum Schaltpult erreicht.

Brüggemann, Neheim-Hüsten: Ich bitte noch um Einzelheiten zu der Frage, ob es möglich ist, bei einem Keilriementrieb, der im Resonanzgebiet läuft, so daß die Riemen flattern, unter Erhöhung der Vorspannung aus diesem Gebiet herauszukommen. Ist die Federkonstantenkurve linear?

Prof. *Bußmann:* Nein, sie ist im allgemeinen nicht linear, und die Änderung der Vorspannung ist folgerichtig eine der Möglichkeiten, um aus dem Resonanzgebiet herauszukommen. Aber wieviel diese Maßnahme im speziellen Fall erbringt, kann man natürlich nicht so ohne weiteres sagen. Eine Änderung der Massen im richtigen Sinne unterstützt sie.

Prof. *Niemann:* Ich habe vor kurzem gelesen, daß man in England für schwere Schleifmaschinen als Antrieb der Schleifscheibe Kettentriebe gegenüber Riementrieben bevorzugt. Wie ist das zu erklären?

Prof. *Bußmann:* Von seiten der Werkzeugmaschinenhersteller wird auf die hohen Drehmomente verwiesen, die mit dem Treibriemen manchmal nicht mehr zu beherrschen sind. Wenn man den Wert $\frac{m-1}{m}$ entsprechend hochtreibt, also bei einem Reibungswert von ungefähr 0,7, ist man nur noch etwa 10% unter dem Wert $\frac{m-1}{m} = 1$ für $\alpha = 180°$. Dann spielt, wie ich schon betont habe, die Festigkeit die Hauptrolle. Es ist ganz klar, daß man von einer Kette in dieser Hinsicht mehr verlangen kann als von einem Riemen.

Prof. *Niemann:* Das muß aber doch auch etwas mit der Laufruhe zu tun haben bzw. mit Schwingungserscheinungen.

Prof. *Bußmann:* Das Vorausberechnen eines Riementriebes auf Schwingungen ist eine verhältnismäßig schwierige Angelegenheit. Aber auch bei Ketten sind erhebliche Schwingungen möglich, und hier ist letzten Endes das Vertrauen des Konstrukteurs entscheidend. In gleicher Weise wie man die Schwingungen bei Ketten dämpfen kann, ist das auch bei Riemen möglich. Nur gesteht man merkwürdigerweise dem Treibriemen diese zusätzlichen Konstruktionselemente meist nicht zu. Daß sich ein Konstrukteur schließlich zu einer bestimmten Lösung entschließt, ist häufig noch kein Beweis, daß es nicht auch anders geht.

Dahl, Wuppertal: Es ist davon gesprochen worden, daß der Umschlingungswinkel nicht unter einen bestimmten Grad sinken darf. Ich möchte darauf hinweisen, daß ein Lederflachriemen mit seiner beim Lauf auf der Narbenseite hohen Leistungsfähigkeit sowohl bei dem *Sespa-* wie bei dem selbstspannenden Antrieb von *Poeschl* ohne weiteres mit 90° Umschlingungswinkel laufen kann. Das ermöglicht eine Untersetzung von bis zu 1 : 10, und man kann mit der kleineren Riemenscheibe an die große so nahe herangehen, daß beinahe eine Berührung stattfindet. Ein so geringer Achsabstand ist praktisch von keinem anderen Antrieb, es sei denn gerade eben von dem Reibradantrieb zu übertreffen. Diese Antriebe laufen schon in der Praxis und haben sich tatsächlich bewährt. Die technischen Vorteile, die die selbstspannenden Antriebe mit dem Lederflachriemen haben, sind so ausschlaggebend, daß man den Lederflachriemen auch überall da einsetzen kann, wo man es bisher nicht für möglich gehalten hat, nämlich im Einzelantrieb mit Achsabständen von sich fast berührenden Scheiben.

Prof. *Bußmann:* Wenn man dafür sorgt, daß die Vorspannung immer richtig ist — und das tut diese Automatik —, dann kann man natürlich die Kurven, die ich gezeigt habe, mit dem geringfügigen Abfall von vielleicht 20% ausnutzen. Es zeigt sich also in der Tat, daß diese theoretischen Überlegungen durchaus stimmen. Ich war selbst Zeuge, wie bei der *Poeschl*-Wippe mit einem 40 mm breiten, 4 mm dicken Lederriemen, der dem Lager entnommen war, bei etwa 120° Umschlingungswinkel ein 14 kW-Kurzschlußläufer in die Knie gebremst wurde, ohne daß der Riemen die geringsten Anstalten machte herunterzulaufen. Das ist natürlich kein Maßstab für einen Dauerbetrieb, aber es beweist doch, daß die gezeigte Rutschbedingung richtig ist.

Unbekannt: Bei Kunststoffriemen sind die Achsdrücke sehr hoch. Gilt das für glatte oder auch für belegte Riemen?

Prof. *Bußmann:* Nur für glatte Riemen je nach der Art des Kunststoffes. Es gibt einen reinen Kunststoffriemen, der infolge seiner guten Haftung keine hohen Achsdrücke braucht.

Dr.-Ing. *Benz*, Köln-Deutz: Herr Prof. *Bussmann* hat vorhin die Dauerfestigkeit, die Biegefestigkeit und die Fliehkraftspannung in den Mittelpunkt der Betrachtungen gestellt. Das ist auch vollkommen richtig, aber in der Berechnung, wo als erträgliche Spannung z. B. 35 kg/cm^2 angenommen war, ist vorausgesetzt, daß sich diese Spannung zusammensetzt aus der Nutzspannung, aus der Biegespannung und aus der Fliehkraftspannung. Die Biegespannung ist eine Wechselspannung, die Fliehkraftspannung ist, wenn wir konstante Geschwindigkeit haben, eine vollkommen ruhende Beanspruchung, und die Nutzspannung ist eine Wechselspannung — man bekommt eine Belastung und eine Entlastung. Man darf also nicht zusammenwerfen: Ruhende Beanspruchungen und Wechselbeanspruchungen. Wie man zu der Zahl 35 kommt, darüber kann man jetzt nicht mehr diskutieren.

Prof. *Bußmann:* Es ist, wenn man den Dingen genau auf den Grund geht, in der Tat sehr schwierig, sie auseinander zu halten. Wir machen ja deshalb den Dauerbiegeversuch, weil er weitgehend alles enthält. Wir legen den Riemen über zwei Scheiben, ziehen daran und ermitteln nun, welche Zugkraft hält er auf die Dauer bei einer ganz bestimmten Biegung und bei einer ganz bestimmten Biegefrequenz aus.

Aber das macht natürlich die Durchführung dieser Versuche kompliziert, weil man nun variieren muß nach der Biegefrequenz und nach der Biegeintensität, d. h. also nach dem Verhältnis Riemendicke : Scheibendurchmesser.

Dipl.-Ing. *Maeder,* Köln-Deutz: Ich habe bei der Behandlung des Keilriementriebes den Keilriemen mit den konkaven Flanken vermißt. Er wird in Amerika in letzter Zeit sehr stark propagiert und verspricht theoretisch bessere Anlageverhältnisse an den Scheiben. Warum stellt unsere Industrie diesen Riemen nicht her? Liegen hier patentrechtliche Schwierigkeiten vor?

Ing. *Link,* Hannover: Diese Angelegenheit ist praktisch erledigt, weil sie das nicht gehalten hat, was sie versprach, denn nur im Grenzfall wird die konkave Seite sich beim günstigsten Durchmesser voll anpressen. Alle anderen Durchmesser, die diese Verformung nicht hervorrufen, werden nur teilweise Flankenberührung bringen. In der Zeit von 1930 bis 1935, als die Keilriemenmaterie noch relativ neu war, war das ein amerikanischer Blickfänger. Heute wird diese Sache nicht mehr propagiert.

Prof. *Bußmann:* Dazu noch folgende Erklärung: Die Scheibe hat einen festen Winkel, und der Riemen hat ursprünglich einen bestimmten Winkel. Wenn man den Riemen nun biegt, dann verändert er seinen Winkel. Das Maß, um das er seinen Winkel verändert, ob er seine Flanken aufbeult oder nicht, hängt weitgehend vom konstruktiven Aufbau des Riemens ab, natürlich aber auch von dem Maß der Krümmung. Wenn man nun versucht, eine bestimmte spätere Veränderung im Neuzustand, z. B. durch Hohlflanken, vorwegzunehmen, dann ist das sehr diffizil, denn der Hersteller weiß ja nicht, wo der Riemen überall laufen wird.

Obering. P. PIETSCH, Einbeck

Theorie der Kettentriebe und ihre Betriebsverhältnisse

unter besonderer Berücksichtigung der Präzisionsrollenketten

Die Theorie der Kettengetriebe und ihre Betriebsverhältnisse unter besonderer Berücksichtigung der Präzisionsrollenketten ist in der technischen Literatur kaum oder nur wenig zusammenhängend behandelt worden. Das mußte zu einer geringeren Berücksichtigung, als es die Eigenschaften und technischen Möglichkeiten des Kettengetriebes erlauben, führen.

Eine erschöpfende Behandlung dieses Themas im Rahmen eines kurzen Vortrages ist nicht möglich. Ich will deshalb meine Ausführungen auf eine Übersicht über den derzeitigen Stand beschränken. Bei vorliegendem Bedürfnis bietet sich in der Diskussion Gelegenheit, ausführlich auf das eine oder andere Teilgebiet zurückzukommen.

Bild 1 zeigt den Aufbau der Präzisions-Rollen- und Hülsenketten. Das Kettengetriebe, vorwiegend zur linearen Übertragung drehender Bewegungen angewandt, gewährleistet eine formschlüssige Verbindung und konstante Übersetzung. Die hohe Elastizität der Kette ist ein besonderes Merkmal für die Betriebseigenschaften des Kettengetriebes. Die Präzisionsketten, auch als Hochleistungsketten bezeichnet, bestehen aus Materialien von einem besonderen Reinheitsgrad und sind sämtlich warmbehandelt. Daraus ergibt sich die große Gleichmäßigkeit in den Härten und Festigkeiten der Einzelteile.

Die Elastizitätsgrenze liegt bei etwa 0,4 mal Bruchlast. Die elastische Dehnung beträgt etwa 1% *(Bild 2)*.

Die Prüflast für die Elastizitätsgrenze wird etwa mit 0,3 bis zu 0,35 mal Bruchlast angesetzt. Die Trumlänge des gezogenen Trums ist bei der Berechnung der Elastizität zum Ansatz zu bringen. Die eben genannten Elastizitätswerte der Rollenkette sind an ungeölten Ketten statisch ermittelt.

Beim Betrieb mit Ketten haben aber der Durchhang der Trums und die Schmiermittelfilme in der Vielzahl der Gelenke eine Bedeutung bei der Dämpfung der betriebsbedingten Stöße und Belastungsschwankungen.

In Getrieben mit großen Belastungsschwankungen hat sich herausgestellt, daß durch die Anwendung der Ketten eine Ersparnis in der Dimensionierung der im gleichen Kraftfluß liegenden Teile zu erzielen ist.

Neben der hohen Elastizität sei auf die außerordentliche Dauerfestigkeit der Ketten hingewiesen. Bei einer Vorspannung von 10% der Bruchlast und einer pulsierenden Last der gleichen Größe, also $P_{\max} = 0{,}2\,P_B$, demnach mit einer Sicherheit von 5, werden Lastwechselzahlen von 30 Millionen erzielt, ohne daß

Bruch erfolgt oder eine Veränderung zu erkennen ist. Bei $P_{\max} = 0{,}25\, P_B$ nähert man sich einem kritischen Wert für die Dauerfestigkeit. Hierbei sind die Streuungen schon erheblich. Deshalb ist der Sicherheitsfaktor für Ketten-

Rollenkette

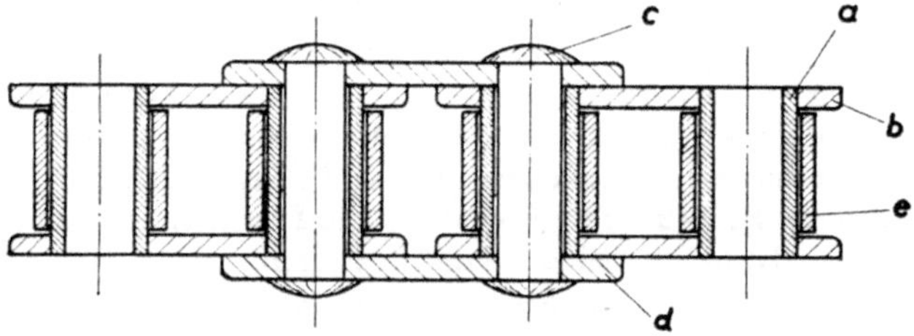

Hülsenkette

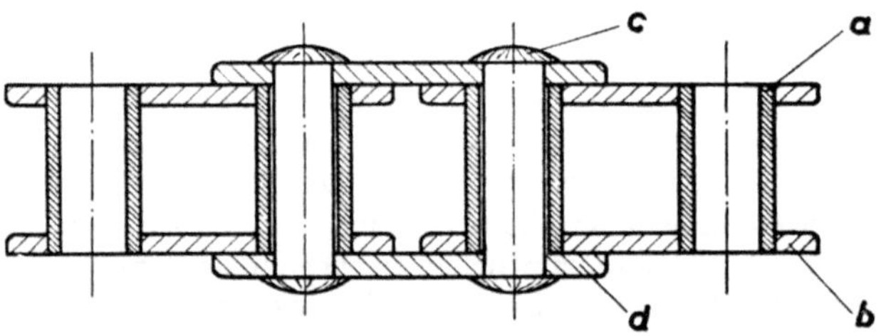

Bild 1. **Aufbau der Rollenkette. In der Buchse a), die in die Innenlasche b) eingepreßt ist, ist der Bolzen c) gelagert, der mit festem Sitz in den Außenlaschen d) befestigt ist. Die Vernietung erfolgt als Sicherung gegen Herausfallen des Bolzens nach etwaiger Überlastung, die zu einer Deformierung der Einzelteile geführt hat. Auf der Buchse ist mit einem Laufsitz die Rolle e) gelagert. Sie setzt beim Zahneingriff die Reibung herunter und bewirkt einen geräuscharmen Lauf. Der Aufbau der Hülsenkette ist der gleiche wie bei der Rollenkette, es ist nur auf die Rolle verzichtet worden. An der Hülsenkette können bei gleicher Teilung (und Hülsendurchmesser = Rollendurchmesser) die Gelenkflächen der Lagerung Bolzen-Buchse größer ausgeführt werden (Gelenkfläche = Bolzendurchmesser · Buchsenlänge). Dadurch wird bei gleicher spezifischer Gelenkflächenbelastung bei der Hülsenkette höhere Belastbarkeit als bei der Rollenkette erzielt. Der Verschleiß dieser Kette am Außendurchmesser der Hülse und am Kettenrad ist größer als bei der Rollenkette und muß in Kauf genommen werden. Nach DIN sind nur Ketten bis zur Dreifach-Ausführung genormt. Nach ASA (Normen der American Standard Association) sind die Mehrfach-Ausführungen nicht begrenzt. Als Folge der Überbestimmung werden die Lagerflächen in den Lagern Bolzen—Buchse nicht gleichmäßig belastet; deshalb bringen diese Konstruktionen in der Regel keine Steigerung der Belastbarkeit im gleichen Verhältnis zur Vergrößerung der Lagerflächen und Bruchquerschnitte.**

getriebe, selbst unter günstigsten Bedingungen, z. B. bei stoßfreiem Betrieb und kleinen Kettengeschwindigkeiten, nicht unter 5 zu wählen.

Lastketten, also Ketten, die unter ähnlichen Bedingungen wie in Hebezeugen eingesetzt werden, d. h., die nur in großen Abständen in ihrer max. Tragfähigkeit belastet werden, sollten mit einem Sicherheitsfaktor nicht unter 4 projek-

tiert werden. Als Beispiel sei noch erwähnt, daß sich die Ketten in Kraftfahrzeugen mit Einradantrieb außerordentlich bewähren.
Es dürfte wohl kaum ein Zweifel darüber bestehen, daß diese Belastungsart die härtesten Bedingungen an die Dauerfestigkeit in der Praxis stellt. Die Getriebeketten werden bei der Dimensionierung jedoch vorwiegend als Verschleißteil behandelt. In der Praxis ergeben sich daraus sehr hohe Bruchsicherheiten. Sie können als normal mit 15- bis 35fach angesetzt werden. Die

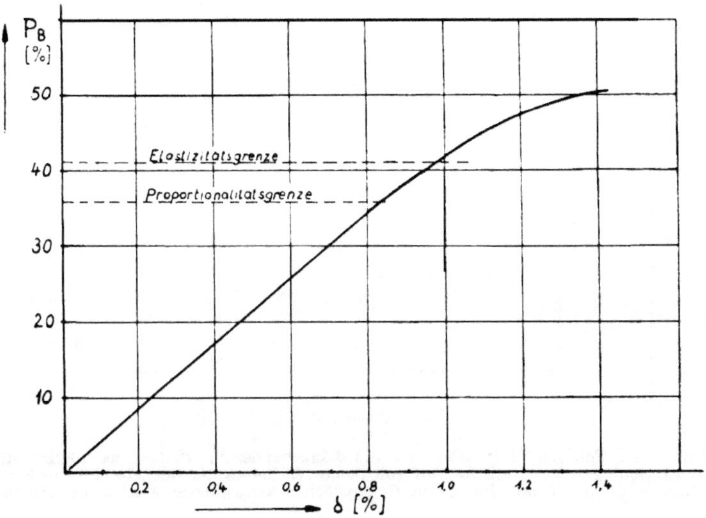

Bild 2.

zweckmäßige Ausbildung und Bearbeitung der Verschleißflächen, die kurzen Reibungswege, besonders bei Verwendung größerer Zähnezahlen und langer Ketten, lassen Gelenkflächenpressungen von 80 kg/cm² bis zu 450 kg/cm² bei kurzlebigen Ketten im Kraftfahrzeugbau im Dauerbetrieb zu. Belastungsspitzen, die zu einer Gelenkflächenpressung von 1200 kg/cm² führen, haben keine Freßerscheinungen oder Grübchenbildung zur Folge. Die Lebensdauer der Kette wird selbstverständlich durch diese Belastungsspitzen, ihre Dauer und zeitliche Folge beeinflußt.

Als Regel gilt:

Kleine Zähnezahlen, hohe Umfangsgeschwindigkeiten, kurze Ketten ergeben eine geringe zulässige Gelenkflächenbelastung, während sich bei größeren Zähnezahlen, kleinen Umfangsgeschwindigkeiten und langen Ketten günstige Werte ergeben. Mangelhafte oder nicht zweckentsprechende Schmierung erhöhen den Verschleiß. 3% Kettenlängung als Folge des Verschleißes kann als Höchstgrenze angegeben werden *(Bild 3)*. In Einzelfällen hängt jedoch die Festlegung der Höchstgrenze von einer Reihe von Umständen ab, die später noch erläutert

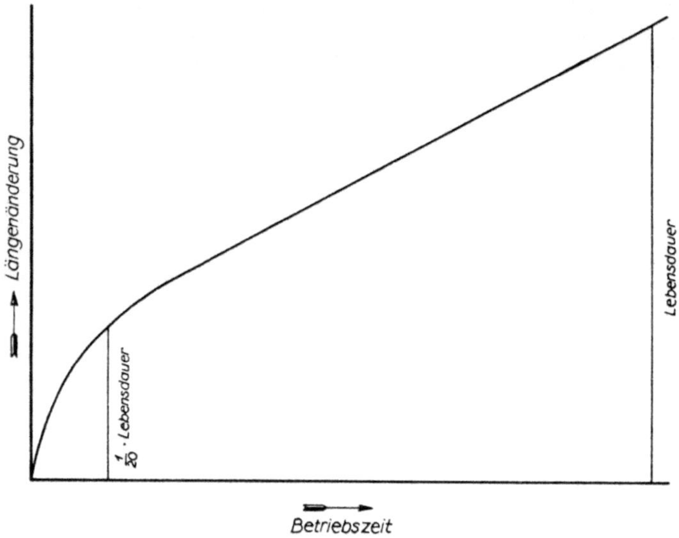

Bild 3. **Im ersten Teil der Betriebszeit ist die Längenänderung größer, da hierbei die Einbauungenauigkeiten und die elastische Verformung des Aufbaues der Getriebe, bis zur Erreichung eines optimalen Tragbildes in den Gelenkflächen ausgeglichen werden. (Einlaufen).**

werden sollen. Bei Erreichung dieser Höchstgrenze ist die Einsatzschicht der Bolzen und Buchsen so verschlissen, daß die Tragfähigkeit der Kette nachläßt und selbst unter günstigsten Bedingungen keine befriedigenden Betriebsverhältnisse erreicht werden.

Eine Analyse der Leistungswerte zeigt interessante Ergebnisse, die weitgehende Rückschlüsse auf die Einflüsse der einzelnen Faktoren, z. B. Umfangsgeschwindigkeit, Zähnezahlen, auf die Belastbarkeit der Kettengetriebe zulassen *(Bild 4)*. Werden die Leistungswerte, die als Funktion der Drehzahl, Leistung und Zähnezahlen aufgestellt sind, dergestalt aufgelöst, daß man für jede Zähnezahl gesondert die zulässige Flächenbelastung in Abhängigkeit von der Geschwindigkeit bei der Höchstgrenze des Verschleißes und seiner konstanten Lebensdauer bei stoßfreiem Betrieb vornimmt, so ergibt sich in dem untersuchten Bereich von Ketten für $^1/_2$″- bis 3″-Teilung eine zulässige Flächenpressung in Abhängigkeit von der Geschwindigkeit und Zähnezahl. Die so ermittelten Werte werden gegenwärtig in einem Leistungsblatt als Vorschlag für die DIN-Normung ausgewertet und bearbeitet.

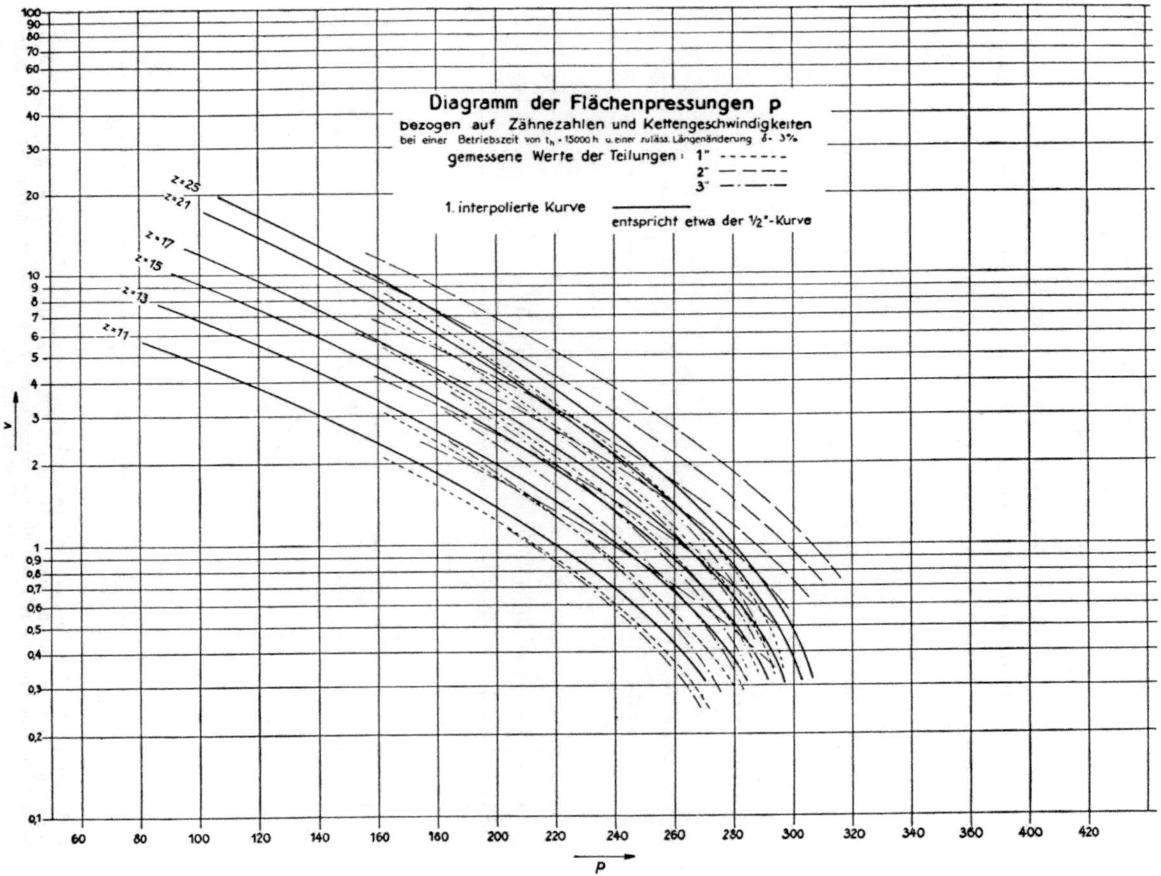

Bild 4. **v = Kettengeschwindigkeit [m/sek], p = Flächenpressung in der Gelenkfläche [kg/cm$_2$], z = Zähnezahl des Kleinrades.**

Eine weitere Auflösung der Abhängigkeit wurde versucht. Aus dem bekannten Verschleißverhältnis

$$\frac{p_1 \cdot c_1}{p_2 \cdot c_2} = \frac{\sqrt[3]{W_2}}{\sqrt[3]{W_1}}$$

p = Flächenpressung in der Gelenkfläche
c = Verschleißfaktor abhängig von p und Werkstoffen
W = Reibungsweg

wurde der Verschleißfaktor ermittelt *(Bild 5)*. Er zeigte für die kleinen Zähnezahlen Abweichungen. Aus beiden Diagrammen wurde der Zähnezahl-

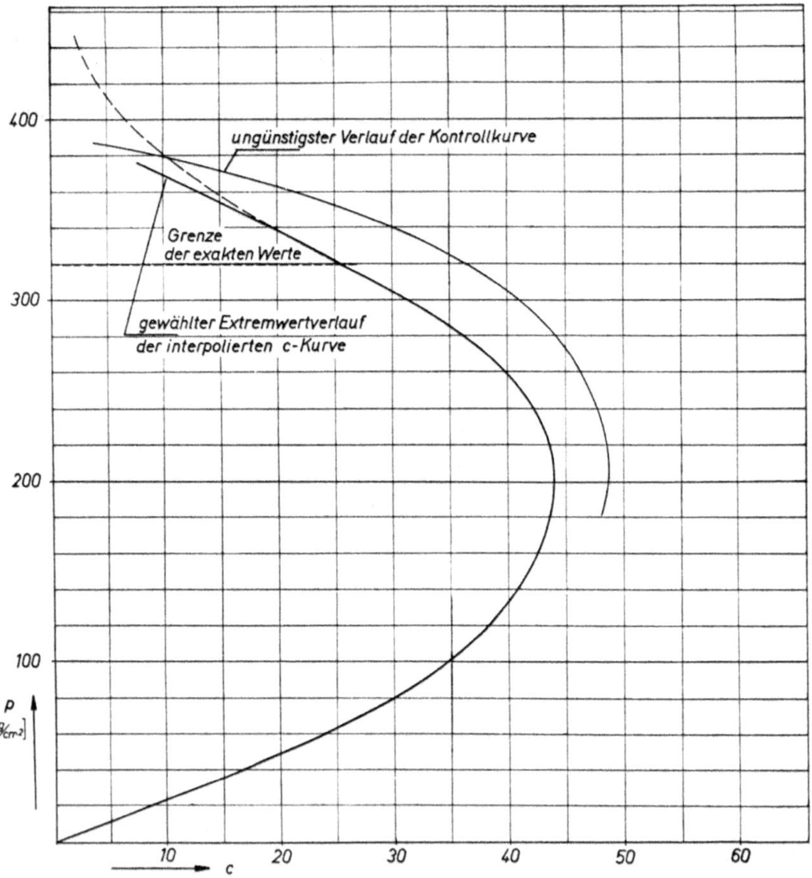

Bild 5. Diagramm der Verschleißfaktoren c in Abhängigkeit von p. Die Kontrollkurve wurde aus den Extremwerten (Diagramm Bild 3) ermittelt. Werte $p > 320$ kg/cm² sind extrapoliert. Wahrscheinlicher Verlauf unterbrochene Linie, da bei $c = 0$ die Freßgrenze erreicht wird. Die Freßgrenze liegt erfahrungsgemäß über 1200 kg/cm².

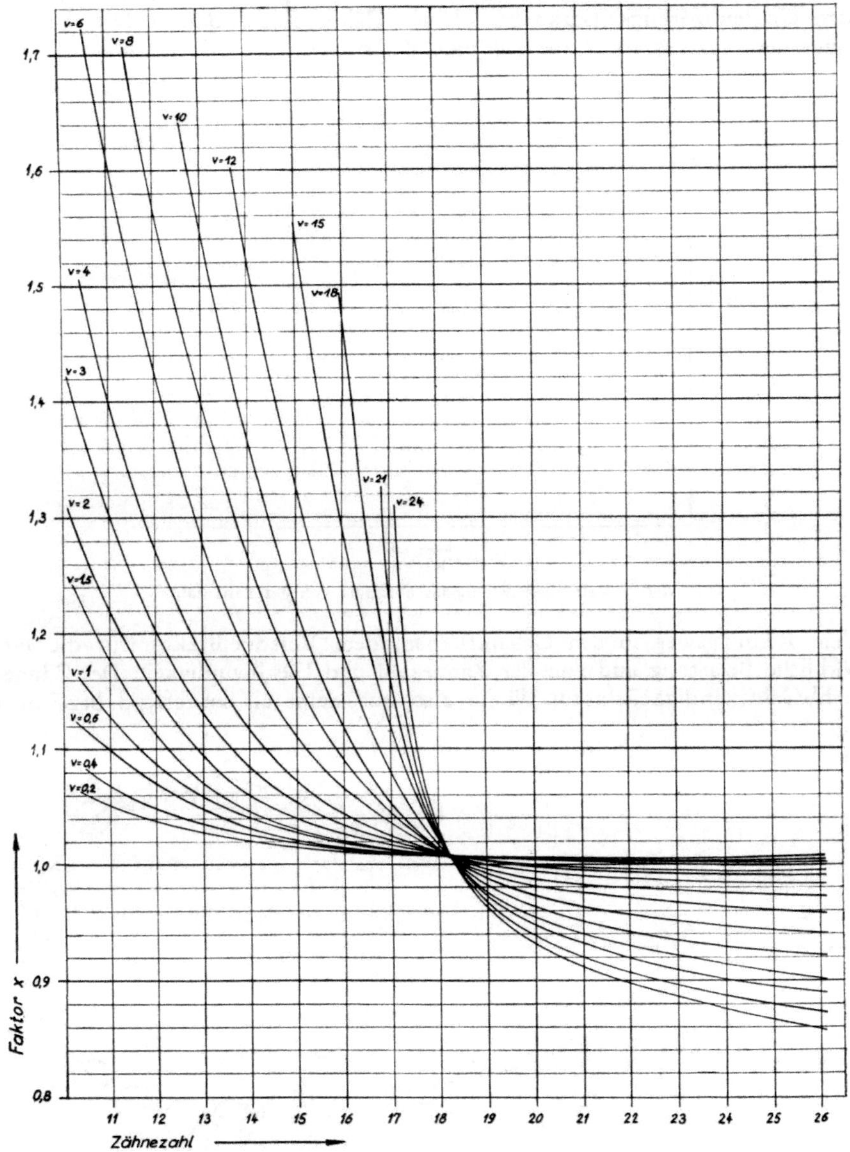

Bild 6. **Diagramm Zähnezahl-Geschwindigkeitsfaktor**

Geschwindigkeitsfaktor ermittelt. Das Ergebnis zeigt die Mehrbelastung durch den Ungleichförmigkeitsgrad bei kleinen Zähnezahlen *(Bild 6)*. Die Auswertung der Analyse ergibt die zulässige Belastbarkeit der Kette, abhängig von

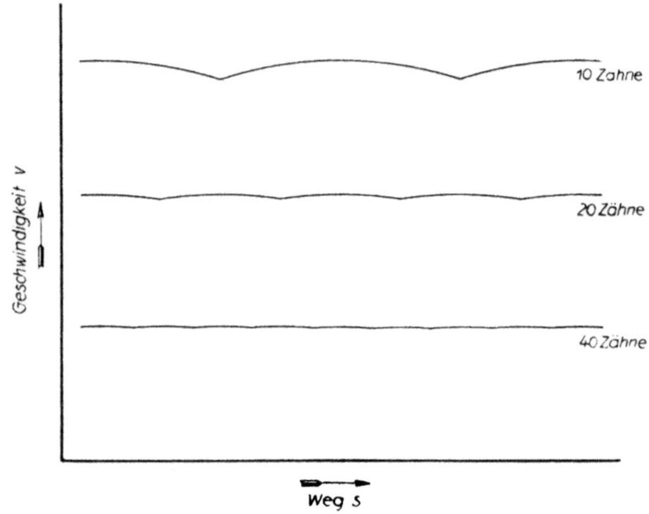

Bild 7. Kettengeschwindigkeit abhängig von der Zähnezahl.

dem Reibungsweg in den Gelenkflächen, dem Verschleißfaktor für die tatsächliche Belastung und von der Zähnezahl und Geschwindigkeit. Der Zähnezahl-Geschwindigkeitsfaktor dürfte also nur dann als zutreffend bezeichnet

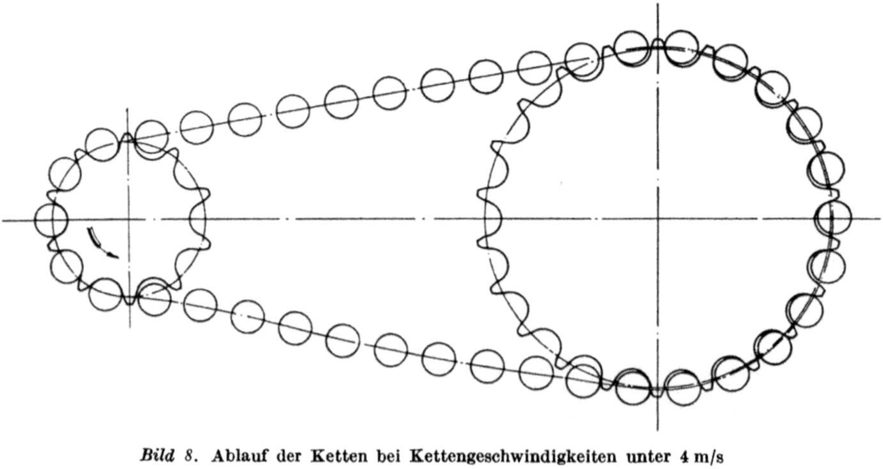

Bild 8. Ablauf der Ketten bei Kettengeschwindigkeiten unter 4 m/s

werden, wenn durchschnittliche Massenverhältnisse zum Ansatz gebracht werden können. Die Analyse erlaubt es, für verschiedene Voraussetzungen Lebensdauerberechnungen durchzuführen und Reihen für Prüfstandsversuche aufzustellen.

Wie schon vorweggenommen, weist die Kette in Abhängigkeit von der Zähnezahl des treibenden Rades einen Ungleichsförmigkeitsgrad auf *(Bild 7)*. Da sie aus einer endlichen Anzahl von Gliedern besteht, führt beim Einlauf in das treibende Rad jedes einzelne Glied eine unterbrochene Kurbelbewegung aus. Nach dem Auftreffen des Gliedes steigt die Geschwindigkeit, nimmt einen Maximalwert nach Durchfahren des Teilungswinkels $= \frac{180^\circ}{Z}$ an und fällt in gleicher Weise in der Geschwindigkeit auf den ursprünglichen Wert zurück. Das Diagramm zeigt graphisch den am treibenden Rad auftretenden Geschwindigkeitsunterschied in den einzelnen Phasen des Bewegungsablaufs.

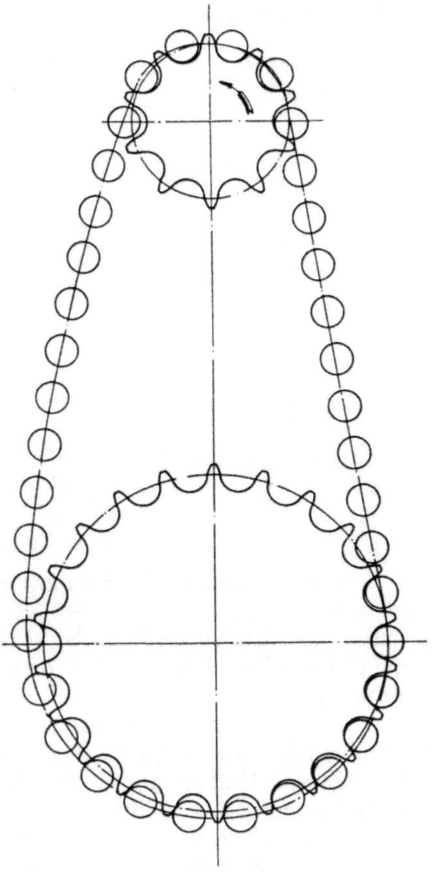

Bild 9

Der Ungleichförmigkeitsgrad wird in der Praxis durch die Elastizität der Kette, des Aufbaues und durch die Schwungmasse verringert. Einen Aufschluß der Auswirkung des Ungleichförmigkeitsgrades gibt die vorher gezeigte Kurve des Zähnezahl-Geschwindigkeitsfaktors. Bei Zähnezahlen über 18 macht sich der Ungleichförmigkeitsgrad in bezug auf die Belastbarkeit der Ketten nur noch unbedeutend bemerkbar, d. h. daß bei größeren Zähnezahlen praktisch der Ungleichförmigkeitsgrad nicht mehr zur Auswirkung kommt. Werden Kettengetriebe zur Übertragung von Meßergebnissen oder als Steuergetriebe verwendet, ist es erforderlich, den Ungleichförmigkeitsgrad zu berücksichtigen. Durch konstruktive Maßnahmen, z. B. Übersetzungen 1 : 1 oder angenähert 1 : 1, und Trumlängen, die ein Vielfaches der verwendeten Kettenteilung betragen, kann der Ungleichförmigkeitsgrad der Kette in der Winkelübertragungsgenauigkeit vollständig kompensiert werden.

Die Ketten sind während des Betriebes nicht zwangsläufig geführt, sondern einer Reihe von Einflüssen unterlegen, die an Hand der stroboskopischen Untersuchungen dargelegt und analysiert werden sollen. Es ist nicht möglich, die Vielfalt der Laufbilder aus dem praktischen Betrieb darzustellen. An Hand

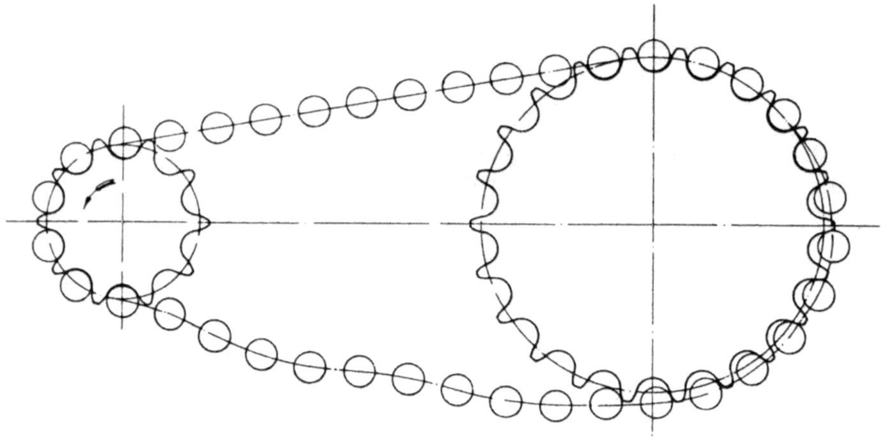

Bild 10. Ablauf der Ketten bei mittleren Kettengeschwindigkeiten etwa 7 m/s

der drei typischen stroboskopischen Figuren soll gezeigt werden, wie sich der Einfluß der Fliehkräfte und der Verzahnung auf den Ablauf der Ketten bemerkbar macht.

Bei kleinen Kettengeschwindigkeiten unter 4 m/s legen sich beim störungsfreien Ablauf, z. B. im stoßfreien und gleichförmigen Betrieb, die Kettenrollen gleichmäßig im Umfang an die Zahnflanken an und steigen unter Einwirkung des Flankenwinkels, besonders bei teilweise abgenutzter Kette auf. Meist werden beide Trums gespannt *(Bild 8 u. 9)*.

Bei mittleren Kettengeschwindigkeiten, etwa 7 m/s machen sich die Fliehkräfte beim Ablauf der Ketten bemerkbar *(Bild 10)*. Die Ketten heben sich vom Fußkreis und den Flanken in der Mitte der Eingriffsstrecke ab. Am losen Trum verläßt die Kette in anderer tangentialer Richtung als durch das freihängende unbelastete Kettentrum bestimmt, das Rad.

Bei hohen Kettengeschwindigkeiten, etwa ab 12 m/s, wird der Ablauf der Ketten vorwiegend durch die Fliehkräfte bestimmt. Die Kette tritt besonders im Großrad tangential ein und hebt sich ebenfalls in der Mitte der Eingriffsstrecke, soweit es die Zähne und die Kettenlänge zulassen, stark vom Zahngrund und den Flanken ab *(Bild 11)*. Das lose Kettentrum verläßt, ähnlich wie im vorhergehenden Bild, jedoch ausgeprägter, das treibende Rad. Die durch die Fliehkräfte erzeugten Figuren stellen sich bei störungsfreiem Betrieb fest ein bzw. ändern nur langsam ihre Form und Abmessungen.

Im praktischen Betrieb, besonders bei ungünstigen Betriebsverhältnissen, z. B. bei Belastungsschwankungen, ungenauem Einbau, Verzögerungen und Beschleunigungen, erfolgt ein steter Wechsel zwischen den dargestellten 3 stroboskopischen Figuren. Eine Kenntnis des Ablaufs der Kette ist vor allen Dingen Voraussetzung für zutreffende Analysen der inneren Kräfte während des Bewegungsablaufs und der zweckmäßig zu wählenden Zahnform. Der Verschleiß an den Kettengelenken führt zu einer stetigen Längenveränderung der Kette *(Bild 2)*.

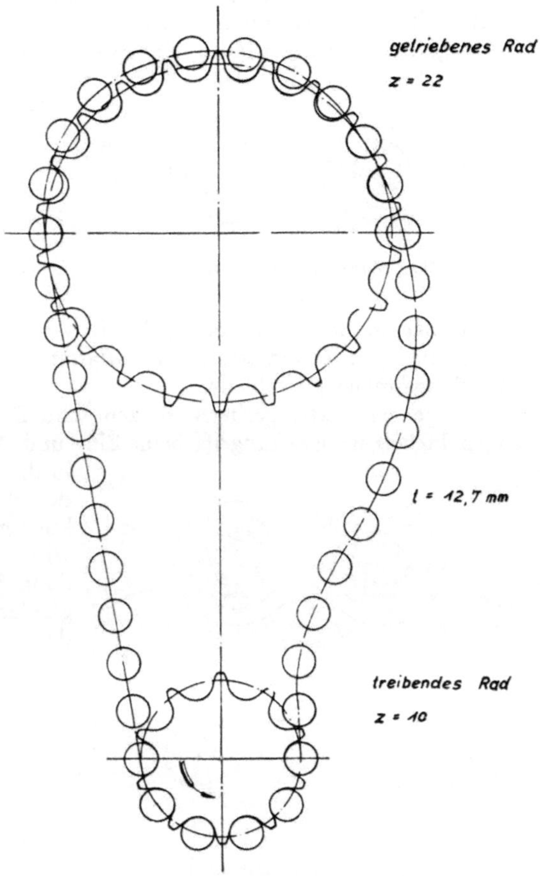

Bild 11. **Ablauf der Ketten bei hohen Kettengeschwindigkeiten über 12 m/s**

Der Abnutzungsverlauf entspricht dem asymmetrischen Angriff der max. Lagerdrücke im Gelenk.

Bild 12 zeigt den Bewegungsablauf beim Eintreffen einer Rollenkette in die Verzahnung am Innenglied und am Außenglied. Senkrecht zu den Zugkräften entstehen die max. Drücke an der projizierten Lagerfläche, wie aus untenstehendem Bild ersichtlich. Die Abnutzung ist demnach asymmetrisch, außerdem vergrößert sich bei fortschreitender Abnutzung nur die durch das Außenglied bestimmte Rollenteilung, während die Rollenteilung der Innenglieder unverändert erhalten bleibt. Die max. zulässige Teilungsdifferenz beträgt etwa 0,06 mal Teilung. Die Abnutzung der Buchse im Lager Rolle—Buchse ist verhältnismäßig gering, da die spezifischen Flächenpressungen an diesen Stellen relativ klein sind. Die Abnutzung der Hülse bei Hülsenketten ist analog den der Buchsen bei Rollenketten *(Bild 13)*. An den Außenflächen der Hülsen entsteht durch die höheren spezifischen Drücke beim Zahneingriff ein verstärkter Abrieb. Die Charakteristik ist aus dem Bild zu ersehen. Da mit zunehmender Längendifferenz der Eingriffsstrecke der Räder zu der Eingriffslänge der Kette gerechnet werden muß, können die Gliederpaare nicht mehr einwandfrei

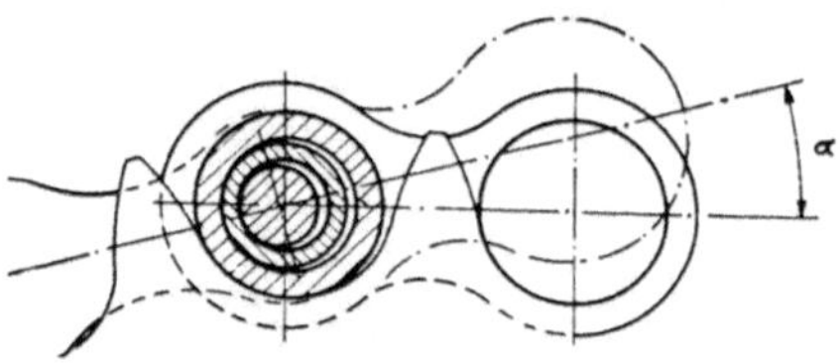

Bild 12a. Einschlagendes Innenglied.

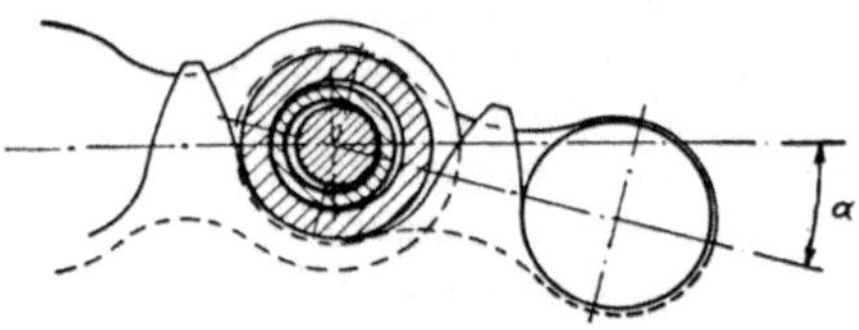

Bild 12b. Einschlagendes Außenglied.

zur Anlage an die Zahnflanken gebracht werden, da jede zweite Rolle zwangsläufig durch die Teilungsdifferenz entlastet wird, weil der Teilungsabstand in den Zahnflanken gleichbleibt.

Als Folge der relativ geringen Bolzen- und Buchsendurchmesser und des günstigen Hebels im Kraftangriff beim Ein- und Auslaufen der einzelnen Glieder in die Kettenräder ist die Auswirkung der gleitenden Reibung auf den Wirkungsgrad gering. Der Reibungsweg wird durch die Zähnezahlen beeinflußt. Der Einschlagwinkel der Kettenglieder entspricht den Zentriwinkeln des Teilungspolygons. Daraus ergibt

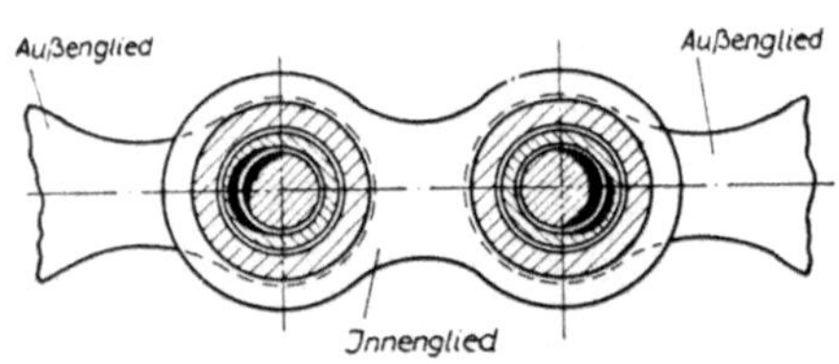

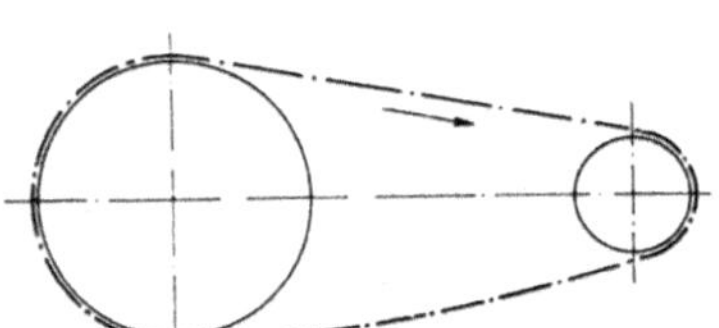

Bild 13. Abnutzungscharakteristik Bolzen-Buchse.

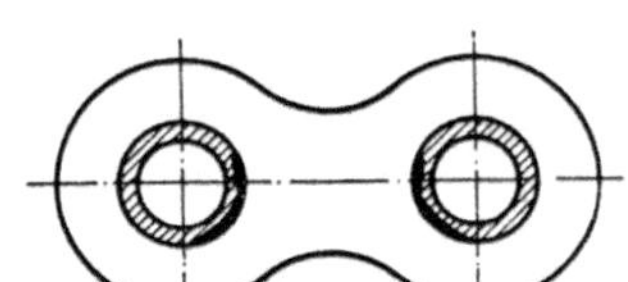

Bild 14. Abnutzungscharakteristik Hülse, außen.

sich bei kleineren Zähnezahlen ein ungünstigerer Wirkungsgrad. Im praktischen Betrieb kann der durchschnittliche Wirkungsgrad mit 98% angesetzt werden. Auf Prüfständen werden Wirkungsgrade bis über 99% gemessen. Unter Berücksichtigung der möglichen Meßfehler und der in der Praxis kaum anwendbaren großen Zähnezahlen sind diese Werte sehr kritisch zu betrachten. Bei Hülsenketten, deren Hülsendurchmesser etwa dem Rollendurchmesser der Rollenketten entsprechen, ist der Wirkungsgrad etwa 1 bis 3% ungünstiger.

Die Schmierverhältnisse in den Kettengelenken sind problematisch. Die Zuführung des Schmiermittels in die Kettengelenke erfordert bei mittleren Geschwindigkeiten eine Tropf- oder Tauchbadschmierung und bei hohen Kettengeschwindigkeiten eine Druckumlaufschmierung, bei der das Schmiermittel mit hohem Druck zwischen Kettenrad und Einlauf in das Trum gespritzt wird. Die Tauchbadschmierung ergibt über 7 m/s Kettengeschwindigkeit Planschverluste. Die Planschverluste sind bereits an Kfz.-Getrieben, vor allem Kettenschaltgetrieben, untersucht worden. Es ist deshalb zweckmäßig, bei Kettengeschwindigkeiten über 7 m/s nicht die Kette, sondern eine Spritzscheibe in das Ölbad zu tauchen.

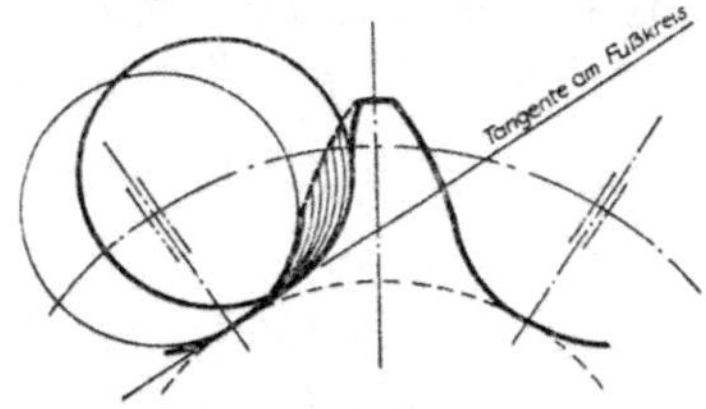

Bild 15. Abnutzungscharakteristik an den Zähnen der Kettenräder. Der tangentiale Verlauf der unteren Begrenzungslinie ist die häufigste. Es treten u. U. Abweichungen auf.

Der Kraftschluß zwischen Rad und Kette löst Reaktionskräfte aus, die die Lagerdrücke und Kettenvorspannung beeinflussen. Die Größe der Reaktionskräfte ist vom Flankenwinkel abhängig. Wie die stroboskopischen Untersuchungen zeigen, ist der Kraftschluß nicht unmittelbar formschlüssig. Während des praktischen Betriebes treten nur kurzzeitig Kräfte und Reaktionskräfte auf, die den statischen Bedingungen entsprechen. Eine Beurteilung der während des Betriebes auftretenden Belastungen und Möglichkeiten der Belastung setzt eine Kenntnis der verschiedenen statischen Varianten voraus. *Bild 16* zeigt Kraftverhältnisse an einem Gliederpaar, bei dem drei Rollen aufliegen; die Kettenkraft wird durch den Auflagedruck A abgelenkt. *Bild 17* zeigt Kräfte an einem Gliederpaar während des Einschlages. Die Kraft ist unter Einfluß des Auflagedruckes A größer als S_2. *Bild 18* zeigt ein

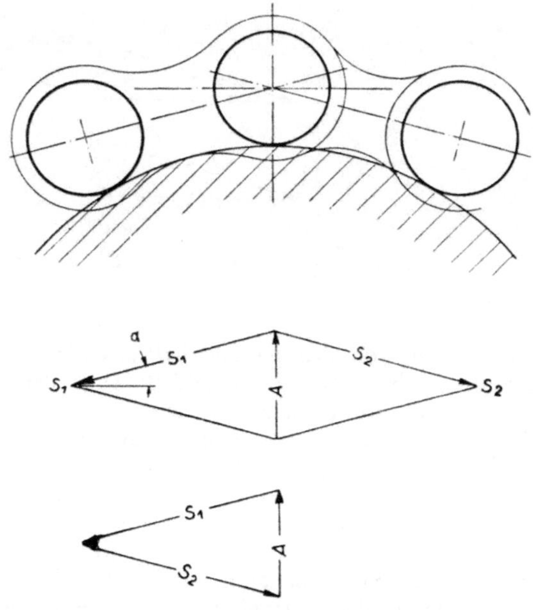

Bild 16.

$S_1 = S_2 \qquad A = 2 \cdot \sin\frac{180}{z} \cdot S \qquad S = \frac{A}{2 \cdot \sin\frac{180}{z}}$

S_1, S_2 = Kettenkraft A = Auflagedruck z = Zähnezahl

Kettenstück auf eine Zylinderfläche aufgelegt und durch die Kettenkräfte S_1 und S_2 belastet. Hierbei ist $S_1 = S_2$. Die Resultierende der Auflagedrücke entspricht der Summe der Kettenkräfte und dem Lagerdruck.
Da in den seltensten Fällen damit zu rechnen ist, daß eine größere Anzahl von Gliedern bzw. Rollen an der Kraftübertragung beteiligt ist, geht man

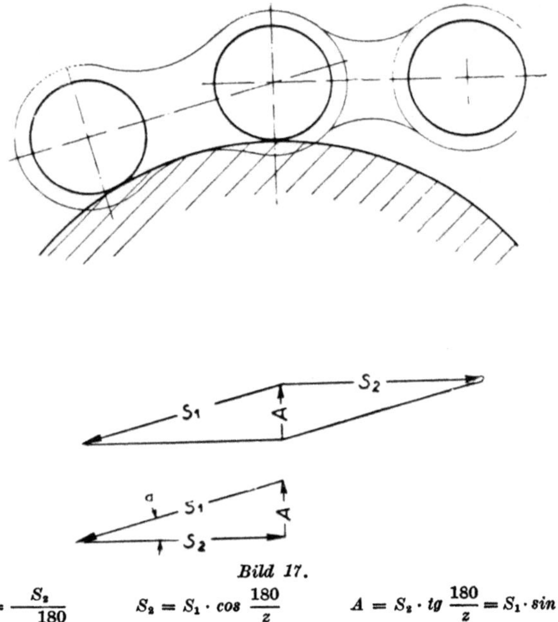

Bild 17.

$$S_1 = \frac{S_2}{\cos\frac{180}{z}} \qquad S_2 = S_1 \cdot \cos\frac{180}{z} \qquad A = S_2 \cdot tg\,\frac{180}{z} = S_1 \cdot \sin\frac{180}{z}$$

zweckmäßig von den Kraftverhältnissen bei Anlage einer Rolle bzw. einer Hülse an einen Zahn aus. *Bild 19* zeigt den Kraftschluß eines Gliedes an einem Zahn mit einem Flankenwinkel von 0°. Die Kettenkraft S_1 wird von dem Auflagedruck A aufgehoben. Außerdem wird die Kette durch Auflage der Rollen auf der Zylinderfläche abgelenkt. *Bild 20* zeigt den Eingriff eines Kettengliedes in einen Zahn mit einem Flankenwinkel von etwa 20°. Hierin zeigt sich, daß bei statistischem Gleichgewicht die Kettenkraft S_1 den Auflagedruck A erzeugt. Durch die andere Richtung des Auflagedruckes entsteht die resultierende Komponente x. Sie wird aufgehoben durch die Vorspannkraft S_2 und der Umlenkkraft C. Das gleiche ergibt sich am einschlagenden Kettenglied. S_2 wird jedoch geringer, C größer. *Bild 21* zeigt die Kraftverteilung bei Formschluß einer Kette in einen Zahn. Es ergibt sich das gleiche wie bei den vorhergehenden Bildern am einlaufenden Glied. Die Kettenkraft S_1 wird umgelenkt unter dem Einfluß der Auflagekräfte A.

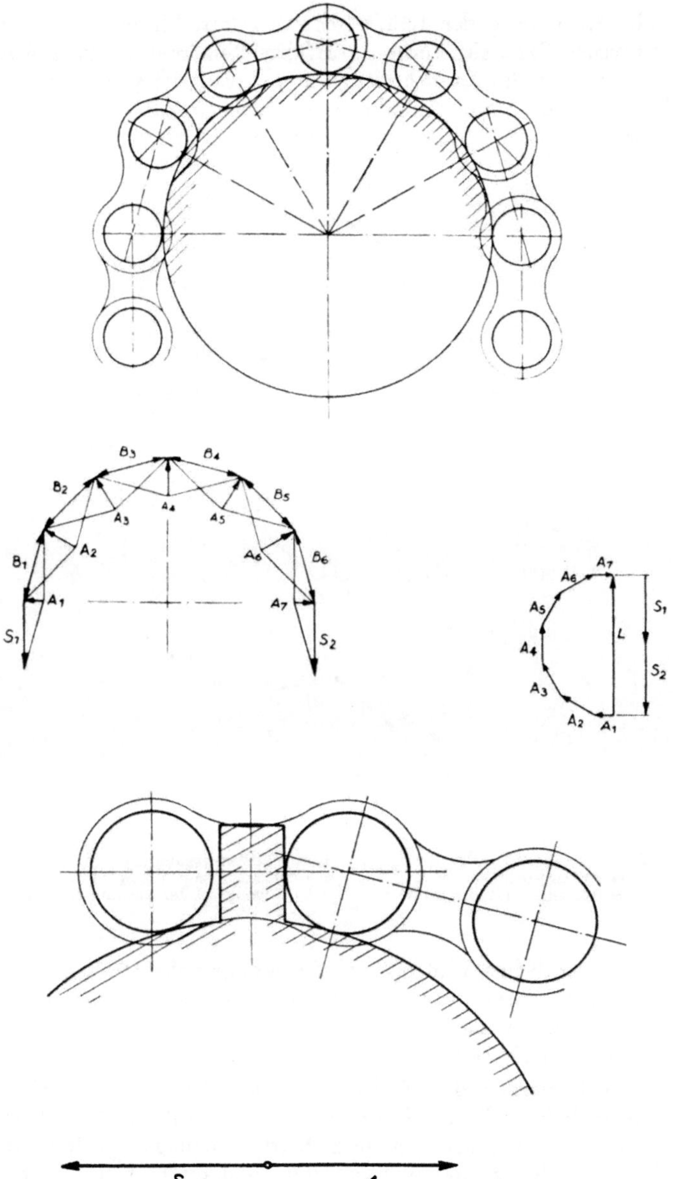
B3
B4
B2
B5
A4
A3
A5
A2
A6
B1
B6
A1
A7
S1
S2
A7
A6
A5
A4
A3
A2
A1
L
S1
S2
S7
A

Bild 19.

Eine statische Aufteilung der Kräfte, die den tatsächlichen Verhältnissen der Praxis entsprechen, läßt sich nicht durchführen, da nie sämtliche Rollen einer Kette zur Anlage an die Zahnflanken auf der Eingriffsstrecke kommen. Man ist deshalb gezwungen, von Annahmen auszugehen, die sich theoretisch nicht exakt nachweisen lassen. Sicherheit besteht nur darüber, daß der Flanken-

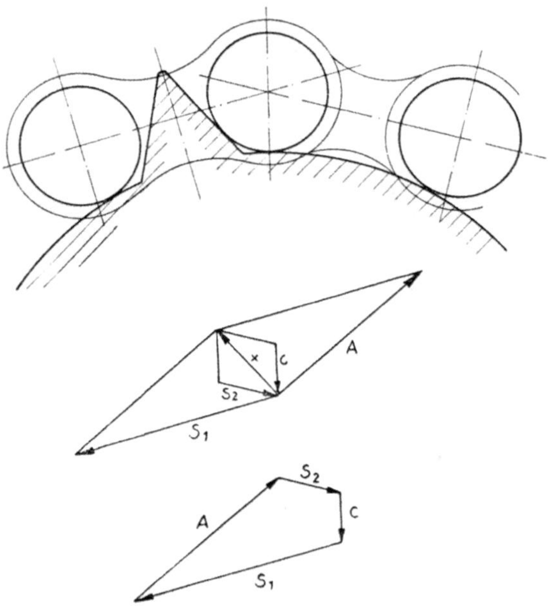

Bild 20.

S_1 = Kettenkraft
A = Auflagedruck
C = Stützkraft (Radialkraft)
S_2 = Kettenvorspannung
x = Resultierende aus S_1 und A
Gegenkraft der Res. aus C u. S_2

winkel einen wesentlichen Einfluß auf die Vorspannkräfte hat. Die Auswertung der praktischen Erfahrungen mit Kettengetrieben bestätigt, daß große Flankenwinkel eine Vorspannung der Kette erzeugen, sofern die Fliehkräfte nicht einen größeren Einfluß ausüben.

Besonders kritisch werden die Verhältnisse beim Richtungswechsel im Kraftfluß, z. B. beim Schub durch Massenkräfte, bei nachlassendem Antriebsdrehmoment oder bei Verzögerungen und Beschleunigungen schlechthin. Heben sich die Einflüsse der Flankenwinkel und Fliehkräfte wechselseitig auf, so treten in den Kettentrums gelegentlich Schwingungen auf, besonders dann, wenn es sich um periodische Wechselwirkungen handelt.

Die Geräuschursachen bei der Übertragung von Bewegungsenergien in Getrieben sind Belastungswechsel durch Änderungen innerer Kräfte oder Richtungswechsel im Kraftfluß, Luftverdrängung und durch Umkehr der Reibungsrichtung erzeugter Richtungswechsel der Reibungskräfte. Kettengetriebe laufen unter günstigen Bedingungen relativ geräuscharm. Durch das Zusammenwirken ungünstiger Voraussetzungen können Geräusche erzeugt werden, die sich oft durch einfachste Mittel vermeiden lassen. Die Kenntnis der Ursachen, ergänzt durch Erfahrungen, ermöglicht die Beurteilung von Konstruktionen; exakte Werte für die Größenordnung von Geräuschen können nicht gegeben werden. Aus der Erfahrung ist bekannt, daß man gegenwärtig noch von der individuellen Wertung der Geräusche abhängig ist.

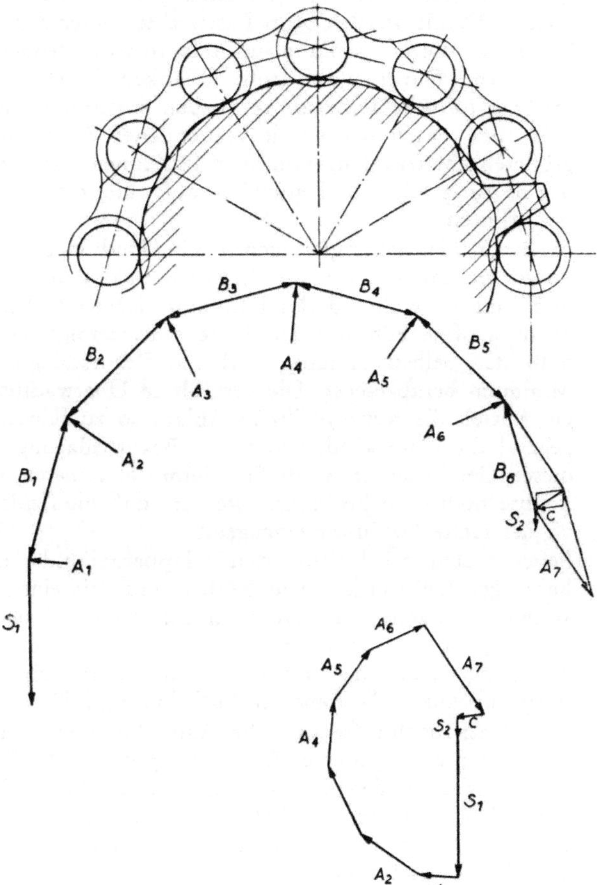

Bild 21.

Im folgenden sollen kurz die Möglichkeiten der Geräuschbildung erläutert werden. Bei kleineren Zähnezahlen unter 17 wirkt sich der Ungleichförmigkeitsgrad der Kettengeschwindigkeit besonders dann aus, wenn Resonanzen auftreten. Die Resonanzen können im Kettenstrang, besonders im gezogenen Kettentrum, oder in benachbarten Teilen liegen. Resonanzen im Kettentrum können durch Stützräder oder Spannräder gestört werden. Eine Änderung der Viskosität des Schmiermittels bzw. Anwendung zäherer Schmiermittel kann sich beim Auftreten dieser Geräusche günstig auswirken.

Die Zahnform muß ein zwangloses Einlaufen der Rollen oder Buchsen ohne Störeingriffe gewährleisten. Die Beaufschlagungsgeschwindigkeit der Rollen auf die Zahnflanken soll möglichst gering sein. Bei Untersuchungen der Zahnform nach Störeingriffen ist es unzutreffend, von der Teilungsgleichheit der Kettenteilung auszugehen, da mit zunehmender Abnutzung die durch das Außenglied bestimmte Teilung der Rollen größer wird als die der Rollen der Innenglieder. Damit werden beim Lastwechsel unter den Rollen und ungenügendem Zahnlückenspiel am Zahnfluß mit fortschreitender Abnutzung Störeingriffe verursacht. Durch Wahl großer Flankenwinkel im Zahnfuß können Störeingriffe ganz oder teilweise vermieden werden. Diese Maßnahme ist gebräuchlich, aber wegen der damit verbundenen Nachteile nicht zu empfehlen. Bei größeren Zähnezahlen, etwa über 40 Zähnen, treten erhebliche Mehrbelastungen durch zu große Flankenwinkel auf, die die Lebensdauer der Kette stark beeinflussen.
Wie aus den vorangegangenen Untersuchungen ersichtlich, kann durch die Zahnform allein nicht die Geschwindigkeit der Beaufschlagung von Rollen und Buchsen während des Einlaufes der Kette beeinflußt werden, weil eine zwangsläufige Führung der Kette nicht erfolgt. Durch Flankenwinkel außerhalb der Selbsthemmung wird die Beaufschlagungsgeschwindigkeit auf ein Minimum herabgesetzt. Die sorgfältige Überwachung der Kettenspannung ist ein Mittel, die Kette in ihrem Ablauf so zu führen, daß die Zahnform weitgehend die Geschwindigkeiten der Beaufschlagung bestimmt. Eine Dämpfung dieser Geräusche ist durch Schmiermittel höherer Viskosität zu erreichen. Es konnte noch nicht beobachtet werden, daß die Änderungen der inneren Kräfte an der Kette Geräusche erzeugen.
Selten treten bei Rollenketten Klappergeräusche auf, die durch die Rollen hervorgerufen werden. Die Rollen sind mit einem weiten Laufsitz auf den Buchsen gelagert und werden in den Kettentrumen entlastet. Durch die Beschleunigung in verschiedenen Richtungen schlagen die Rollen an die Buchsen an. Diese Geräusche sind fast immer durch die Wahl geeigneter Schmiermittel bis zur vollkommenen Aufhebung zu dämpfen.
Die Zentrifugalkräfte und die Radialkomponenten am Kettenrad sowie der Durchhang erzeugen eine Vorspannung der Kette. Dadurch behalten die Bolzen ihre Anlage an den Buchsen. Es konnten keine Geräusche ermittelt werden, die auf Anschlagen der Bolzen an die Buchsen zurückzuführen sind. Selbst dann nicht, wenn die Ketten durch Abnutzung in ihren Gelenkflächen ein erhebliches Spiel aufweisen.
Beim ein- und auslaufenden Kettenglied ist die Reibungskraft der Bewegungsrichtung entgegengesetzt, besonders bei teilweise verschlissenen Ketten, deren Teilung größer ist als die des Kettenrades. Diese Geräusche können durch große Flankenwinkel im Zahnkopf bzw. durch Ausführung möglichst spitzer Zahnköpfe bekämpft werden. Bei großen Achsabständen wird der geradlinige Ablauf der Kette in ihrer Symmetrieebene durch außerhalb des Kettengetriebes

liegende Ursachen gestört. Das führt zum Anschlagen der Laschen an die Stirnseiten der Verzahnung. Störende Geräusche treten nur dann auf, wenn die Kettenverzahnung nicht genügend axiales Spiel in den Innengliedern der Ketten hat, und wenn die Zahnkopfabrundung im Axialprofil unsauber ausgeführt oder in eine Facette vereinfacht wird. Durch den Zahnkopfradius im Axialprofil wird die Anschlaggeschwindigkeit verringert. Die Getriebewellen weisen häufig ein größeres Axialspiel auf, besonders dann, wenn die Antriebsräder an Motorwellen befestigt sind. In diesen Fällen ist es zu empfehlen, das Zahnbreitenspiel im Innenglied der Kette gegenüber der Regelausführung zu vergrößern, um ein formschlüssiges Beschleunigen der Kette in ihrer Symmetrieebene zu verhindern.

Die elastischen Verformungen des Aufbaues an Kettengetrieben führen, wie bei allen vergleichbaren Getrieben, besonders bei Belastungsschwankungen, falls sie periodisch auftreten, zu Schwingungen, die durch Resonanzen verstärkt werden können. Die Behandlung dieses Problems ist allgemein bekannt, und es braucht nicht näher darauf eingegangen zu werden.

Geräuschursachen durch Luftverdrängung sind bei Rollen- und Hülsenketten noch nicht beobachtet worden. Trotzdem ist es möglich, daß bei sehr schnell laufenden Trieben ein Geräuschanteil auf Luftverdrängung zwischen den Innengliedern zurückzuführen ist. Die Form der Zähne und der Rollenkette, das große Spiel in den Zahnlücken und das relativ große axiale Spiel der Innenglieder auf den Zähnen verhindern, daß Kompressionsdrücke auftreten. Zusammenfassend sei bemerkt, daß die Geräuschbildung in Kettengetrieben selten auf nur eine Ursache zurückzuführen ist. In der Praxis wird man darauf angewiesen sein, die möglichen Ursachen einzeln zu ermitteln und einzeln oder insgesamt aufzubauen.

Die Schwingungszahlen an Kettengetrieben sind ein Produkt aus der Umdrehung pro Sekunde und den Zähnezahlen, vorwiegend des antreibenden Kleinrades.

Bei der Untersuchung der Kraftverhältnisse und Laufverhältnisse während der Kraftübertragung durch Kette und Kettenrad ist man im weiten Umfang von Analysen abhängig, da eine exakte Messung der Kräfte nicht möglich ist, kein stabiles Kräfteverhältnis besteht und die Kette nicht zwangsläufig geführt wird. Die Größe der Flankenwinkel an den Kettenradzähnen ist schon immer Gegenstand besonderer Betrachtungen gewesen. Bei den bisherigen Konstruktionen ist man vorwiegend von der Gestaltung der Zahnlücke ausgegangen. Das wird kompliziert, da die Betrachtung der Zahnlücke nur unter Berücksichtigung des Teilungswinkels einen Aufschluß über den tatsächlichen Flankenwinkel gibt. Die herkömmliche Art der Zahnlückenausbildung sah für die Zahnflanken und große Zähnezahlbereiche einen Lückenöffnungswinkel vor, der nur geringfügig variierte und den tatsächlichen Bedürfnissen der Praxis wenig nahe kam. Um die Beaufschlagungsgeschwindigkeit der Rollen im Zahnfuß möglichst zu verringern und ein ausreichendes Zahnlückenspiel zu erhalten, wurde der

Radius am Zahnfuß oft erheblich größer gehalten als derjenige, der dem Rollendurchmesser entspricht.

Um die Auswirkungen des dadurch entstehenden großen Flankenwinkels im Fuß zu verhindern, müssen die Ketten mit einem erheblichen Laufspiel ein-

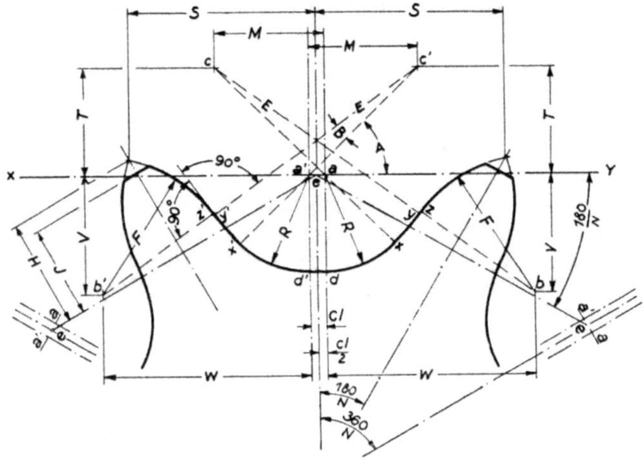

Bild 22. **Zahnform nach den Normen der American Standard Association. (Sämtliche Maße in Zoll).**

P = Teilung $(e - e)$ N = Zähnezahl D_r = Rolle ndurchmesse

$R = 0{,}5025\ D_r + 0{,}0015$ a = Zahnlückenspiel $= 0.07\ (P - D_r) + 0{,}002$

Die Toleranz von Cl ist immer positiv und entspricht $0{,}003\ D_r + 0{,}005$

$A = 35° + \frac{60°}{N}$; $B = 18° - \frac{56°}{N}$; $ac = 0{,}8\ D_r$

$M = 0{,}8\ D_r \cos\left(35° + \frac{60°}{N}\right)$; $T = 0{,}8\ D_r \sin\left(35° + \frac{60°}{N}\right)$; $E = 1{,}3025\ D_r + 0{,}001$

Sehne $xy = (2{,}605\ D_r + 0{,}003) \sin\left(9° - \frac{28°}{N}\right)$

$yz = D_r\left[1.24 \sin\left(17° - \frac{64°}{N}\right) - 0{,}8 \sin\left(18° - \frac{56°}{N}\right)\right]$

Die Verbindungslinie der Punkte a und b ist der Polygonseite $e - e$ parallel und bildet mit der Linie xy einen Winkel von $\frac{180°}{N}$, ihre Länge entspricht $1{,}24\ D_r$.

$W = 1{,}24\ D_r \cos\frac{180°}{N}$; $V = 1{,}24\ D_r \sin\frac{180°}{N}$

$F = D_r\left[0{,}8 \cos\left(18° = \frac{56°}{N}\right) + 1{,}24 \cos\left(17° - \frac{64°}{N}\right) - 1{,}3025\right] - 0{,}0015$

$H = \sqrt{F^2 - \left(1{,}24\ D_r - \frac{P}{2} + \frac{Cl}{2} \cos\frac{180°}{N}\right)^2} + \frac{Cl}{2} \sin\frac{180°}{N}$

$S = \frac{P}{2} \cos\frac{180°}{N} + H \sin\frac{180°}{N}$

Der Kopikreis-ϕ des Kettenrades ist annähernd $= P\left(0{,}6 + ctg\ \frac{180°}{N}\right)$ wenn $J = 0{,}3\ P$

Der Kopfkreis-ϕ des Kettenrades $= P\ ctg\ \frac{180°}{N} + 2\ H$ bei der Erreichung der Zahlenspitzengrenze

Flankenwinkel bei neuer Kette $= xab = 35° - \frac{120°}{N}$

kleinster Flankenwinkel $= xab - B = 17° - \frac{64°}{N}$; durchschnittlicher Flankenwinkel $= 26° - \frac{92°}{N}$

gebaut werden, so daß gegenwärtig z. B. in den Betriebsanweisungen der Motorradfabriken ein Mindestdurchhang des losen Kettentrums von 20 mm vorgeschrieben wird, da sich erfahrungsgemäß Ketten mit geringerem Laufspiel stark längen bzw. überbeansprucht werden. Ein großer Flankenwinkel

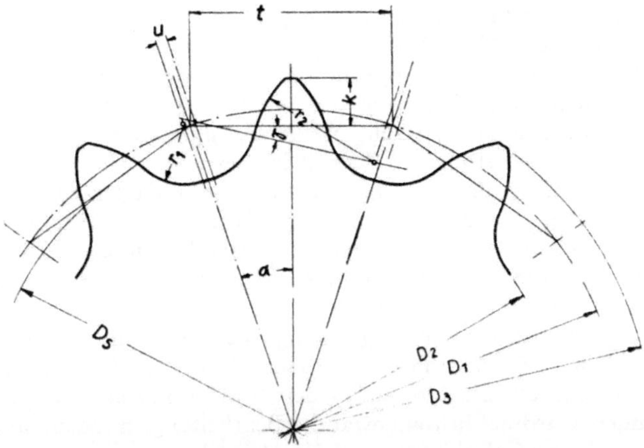

Bild 23. **Vorschlag für die Normung der Zahnform**

t = Teilung, z = Zähnezahl, d_1 = Rollendurchmesser

$$D_1 = t \cdot n = \frac{t}{\sin\alpha} = \frac{t}{\sin\left(\frac{180^\circ}{Z}\right)} \qquad n = \text{Zähnezahlfaktor} = \frac{1}{\sin\alpha} = \frac{1}{\sin\left(\frac{180^\circ}{Z}\right)}$$

$$D_2 = D_1 - d_1$$

$$D_3 = t \cdot ctg\,\alpha + 0{,}8 \cdot d_1 = D_s + 0{,}8\,d_1$$

$$D_s = \cos\alpha\, D_1 = t \cdot ctg\,\alpha$$

$r_1 = 0{,}51\,d_1$ (Größtmaß), $0{,}50\,d_1$ (Kleinstmaß bei Hochleistungsgetrieben)

$r_2 = 1{,}2\,t$ (Größtmaß), $0{,}6\,t$ (Kleinstmaß)

$k = 0{,}4 \cdot d_1$

$$\alpha = \frac{180}{Z}$$

γ = unterer Grenzwert 5° oberer Grenzwert bis $Z = 12$ $\gamma = 16°$
$Z = 36$ $\gamma = 13°$
$Z = \infty$ $\gamma = 10°$

$$u = z \cdot m \cdot t \cdot 0{,}0015 + 0{,}05\sqrt[3]{t} + 0{,}025\sqrt[3]{t\sqrt{Z}} \cdot m \cdot \pi$$

m = Umschlingung des Rades in Bruchteilen des Umfangs = 0,5 bis 26 Zähne
0,7 über 26 Zähne

bis zu 30° wird häufig für schnellaufende Triebe empfohlen. Aus Vorhergehendem ist die Auswirkung eines derartigen Flankenwinkels auf die Kettenkräfte besonders bei ungleichförmigem Betrieb und starken Belastungsschwankungen ersichtlich. Gleichzeitig kann nicht bestritten werden, daß durch die Wahl eines großen Flankenwinkels unter Umständen die Geräuschbildung herabgesetzt werden kann. Bei starken Belastungsschwankungen kann jedoch dieser Flankenwinkel das Auftreten von Schwingungen fördern und Überlastung der Kette verursachen. Außerdem ist zu berücksichtigen, daß besonders bei im Wälzverfahren hergestellten Kettenrädern der Flankenwinkel in Richtung des Zahnkopfes größer wird. In den ASA-Normen hat man den Flankenwinkel gegenüber den bisher gebräuchlichen Verzahnungen sehr klein gehalten, den Zahnfußradius mäßig vergrößert und ein ausreichendes Zahnlückenspiel vorgesehen *(Bild 22)*.

In bezug auf die Geräuschdämpfung läßt das vergrößerte Zahnlückenspiel ähnliche Wirkungen erreichen, wie die Wahl eines größeren Flankenwinkels, ohne deren Nachteile zu besitzen. Wenn bis jetzt auch noch keine restlose Klärung der Kraftverhältnisse während des Betriebes zu erreichen ist, so zeigt doch die Praxis, besonders bei hochbeanspruchten Kettentrieben, daß große Zahnflankenwinkel zu Überlastungen der Ketten führen und eine Herabsetzung der Lebensdauer der Ketten, besonders bei unregelmäßigem Betrieb, verursachen. Die Bearbeitungsverfahren beeinflussen nicht unwesentlich die Wahl der Flankenwinkel. Da die Kettenradverzahnung auf ein Polygon aufgebaut ist, ändert sich die Umfangsteilung mit der Zähnezahl. Die Umfangsteilung bei kleinen Zähnezahlen ist größer als bei großen Zähnezahlen, auf den Teilkreis bezogen. Das ergibt bei den Wälzverfahren, die aus wirtschaftlichen Gründen ausschließlich angewandte Bearbeitung, in bezug auf den Flankenwinkel ungünstige Verhältnisse. Es ist deshalb anzuraten, statt wie bisher mit einem Wälzfräser für alle Zähnezahlen verschiedene Wälzfräser für vorbestimmte Zähnezahlgruppen vorzusehen *(Bild 23)*. Versuche mit zwei Wälzfräsern für Zähnezahlen von 9 bis 24, von 24 bis über 100 Zähne haben in der Praxis, soweit bisher übersehrbar, zu guten Ergebnissen geführt. Eine weitere Verbesserung würde sich ergeben, wenn an Stelle der zwei Fräser drei Fräser verwandt werden. Hierdurch könnte gleichzeitig der noch nachfolgenden Entwicklung und den einzelnen Bedürfnissen in besonderen Fällen Rechnung getragen werden, indem man die Fräserempfehlung den einzelnen Bedarfsfällen anpassen kann oder entsprechend der Entwicklung und der fortschreitenden Erkenntnis verändert.

Obering. A. EISENACH, Wuppertal

Ausführungsbeispiele von Antrieben mit Stahlgelenkketten

in verschiedenen Bereichen des Maschinen- und Fahrzeugbaues

Die Ausführungen der Stahlgelenkketten liegt in den Blättern des Deutschen Normen-Ausschusses fest, die in enger Zusammenarbeit mit dem technischen Ausschuß des Arbeitsausschusses Stahlgelenkketten dem neuesten Stand der Technik entsprechend aufgestellt wurden.
In der Praxis werden oft Zweifel auftreten, um welche Kettenart es sich handelt. Daher sollen im folgenden die Hauptarten in Bildern behandelt werden.

I. Ketten für reine Kraftübertragung

Anwendungsbeispiele im allgemeinen Maschinenbau

1. Gallsche Ketten. Die Gallsche Kette nach *DIN 8150 und 8151* stellt eine massive Bolzenkette in einfacher oder mehrlaschiger Ausführung dar. Die Bolzen sind ungehärtet (St. 50. 11), und die Laschenanordnung ist mehrschnittig beansprucht. — Laschen unbehandelt (St. 60. 11). Die Anwendung beschränkt sich daher nur auf geringe Geschwindigkeiten bis 0,3 m/sec als Lasthebe- oder Zugketten oder für Antriebe im Bereich dieser Geschwindigkeiten, z. B. Handantriebe, Vorschubketten mit kurz-

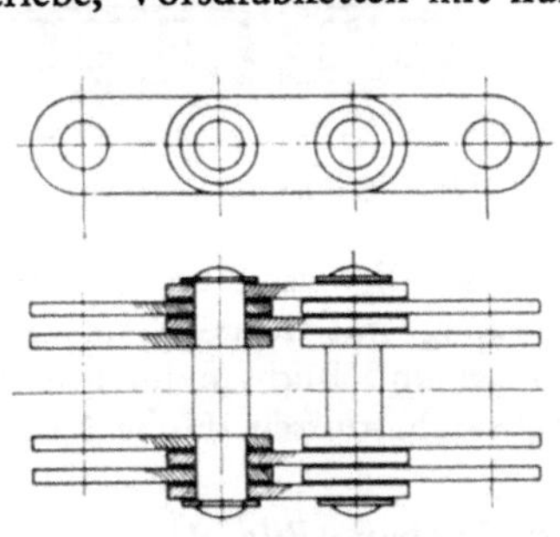

Bild 1. Gall-Kette

Bild 2. Gall-Kette

zeitiger oder wechselseitiger Belastung, Gegengewichtskette an Maschinen zum Ausgleich, Schleusentore, Krane usw. *(Bild 1 und 2).*

2. Ziehbankketten. Die Bezeichnung gibt hier schon den Verwendungszweck an. Es gibt nach *DIN 8156* und *8157* zwei Ausführungen. Die erste findet Verwendung bei niederen Ziehgeschwindigkeiten, in Ausführungen ähnlich der Gallschen Ketten, und die zweite mit gehärteten Bolzen und gehärteten Buchsen in den Laschenbohrungen ist für höhere Ziehgeschwindigkeiten gebräuchlich. Die Teilung ist hier größer gehalten als bei der Gallschen Kette, um einen zweifachen Hakenangriff durchführen zu können. Die Laschenanordnung ist auf jeweils 2 bei den kleinen und 4 Laschen im Zug bei den größeren Teilungen begrenzt *(Bild 3).*

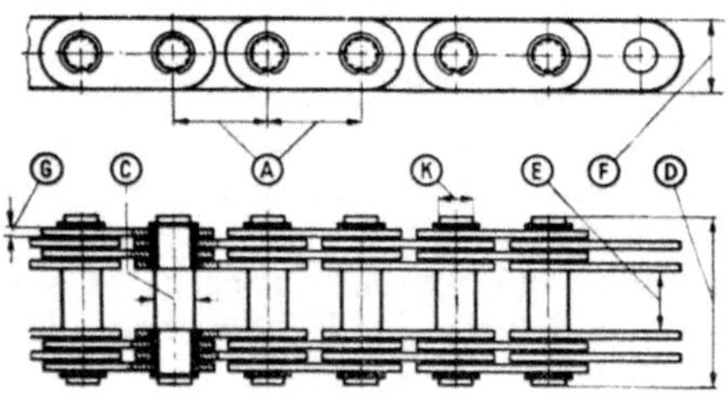

Bild 3. Ziehbank-Kette

3. Fleyer-Ketten nach *DIN 8152* finden Anwendung als Gegengewichts- oder Ausgleichsketten bzw. als Zugketten. Diese Ketten haben keine innere lichte Weite, und die Laschen liegen in mehrschnittiger Anordnung. Je nach Belastung in verbreiteter Ausführung geringe Geschwindigkeiten. In größeren Teilungen als sogenannte Wendeketten zum Wenden von schweren Schmiedestücken.

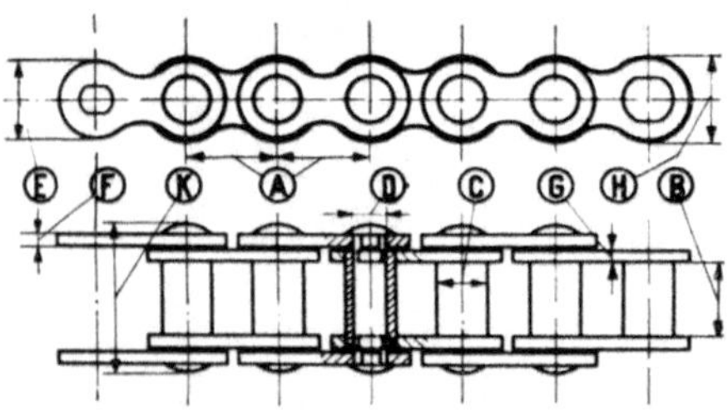

Bild 4. Buchsentreibsketten

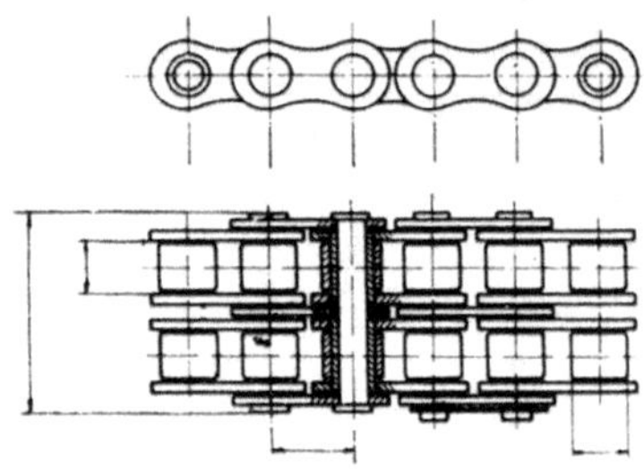

Bild 5. Duplex-Rollenkette

4. Buchsentreibketten nach *DIN 8164* und Geschwindigkeiten bis 3 m/sec werden verwendet in Trieben für Kraftübertragung mit Rädern im verschiedenen Übersetzungsverhältnis. Hier sind Bolzen und Buchsen im Einsatz gehärtet, sie gestatten Einsatz in staubigen Betriebsverhältnissen. Hohe Lagerfläche durch große lichte Weite.

Anwendung: Im allgemeinen Maschinenbau und Bergbau *(Bild 4).*

5. Rollenketten nach DIN 8180, 8181, 8187, 8188. Zum Unterschied gegenüber der Buchsenkette trägt die Rollenkette noch eine Rolle auf der Buchse. Den Geschwindigkeiten ist jeweils eine bestimmte Teilung zugeordnet *(Bild 5).* Anwendung zur Kraftübertragung mit Rädern in den verschiedensten Übersetzungsverhältnissen als Kettentrieb im allgemeinen Maschinenbau und für Sonderaufgaben für Druckmaschinen, Trommelantriebe, Becherwerke, Förderanlagen im Bergbau, Motorenbau ((Verbrennungs- und Dieselmotoren), für Schiffs-Netzwinden, Walfang-Schiffsausrüstungen (Wölfe usw.), Notstrom-Aggregate, Pumpenantriebe, Diesel-Steuerwellen, Schieberkastenbetätigungen, Generatorantriebe usw. Außer Einfachketten, welche nicht immer den Betriebsverhältnissen entsprechend angewandt werden können, werden Ketten in zweifacher oder dreifacher Ausführung nötig und nach DIN gefertigt. Sonderfälle verlangen auch die Benutzung von Mehrfachketten (sechsfach in einem Strang). Durch die Konstruktion bedingt, können nicht immer die Durchmesser der Räder untergebracht werden. Diese Gründe führen oft zur Verwendung von Mehrfachketten in kleinerer Teilung.

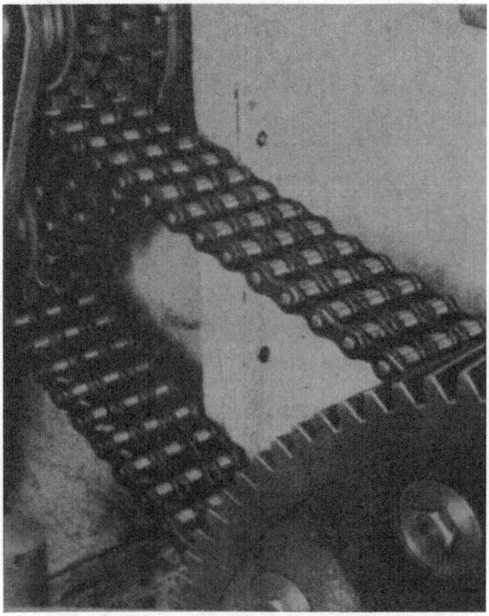

Bild 6. **Steuer-Antrieb mit Spannrädern**

Wie jede Lagerung in einer Maschine erfordert auch die Kette eine ausreichende Schmierung je nach der Kettengeschwindigkeit. Bei kleinem v genügt Tauchschmierung, Tropföler oder Schmierung von Hand in gewissen Zeitabständen, bei größerem v müssen Ölbäder mit Umlauf und Pumpe sowie Rückkühlung vorgesehen werden *(Bild 6, 7, 8, 9, 10).*

Anwendungsbeispiele im Werkzeugmaschinenbau

Außer den bereits erwähnten Ketten hat die Rollenkette im Werkzeugmaschinenbau Verwendung gefunden, als direkter Antrieb vom Motor bei 1000 bis 3000 Upm oder für Zwischenantriebe, Pumpenantriebe, als direkter Antrieb vom Getriebe evtl. stufenlos auf die Arbeitswelle; keine Vorspannung und daher keine zusätzliche Lagerdrucke, kurze Achsenabstände, geräuscharmer Lauf trotz hoher Geschwindigkeit.

Die Kastenbauweise gestattet oft bequem die Unterbringung der Schmierung *(Bild 11, 12, 13).*

Anwendungsbeispiele in Erdölanlagen

Bild 7. **Haupt-Antrieb mit Schalt-Kettentriebe**

Rotaryketten werden fast ausschließlich für Antriebszwecke an Erdölbohranlagen (Rotarybohranlagen) verwendet. Aus diesem Zusammenhang erklärt sich der Name Rotarykette. Sie ist in Amerika unter der Bezeichnung API (American Petrol Industry) genormt und von der deutschen Norm unter *DIN 8182* übernommen worden. Rotaryketten sind sehr robuste Ketten und werden bei dem an und für sich sehr rauhen Bohrbetrieb hohen Belastungen unterworfen. Die Antriebsverhältnisse bei der Rotarybohranlage sind durch folgende Verhältnisse gekennzeichnet:

Entsprechend der Größe der Anlage werden bis zu drei Dieselmotoren zusammengekuppelt, und mittels dieser Rotaryketten wird die Drehbewegung auf eine Vorgelegewelle übertragen. In diesem Vorgelege können über mehrere Kettenübersetzungen durch ein Schaltgetriebe mehrere Geschwindigkeiten erzeugt werden. Eine Abzweigung aus diesem Vorgelege, ebenfalls über Rotaryketten, geht auf den Drehtisch. Er gibt dem Bohrgestänge die drehende Bewegung. Da das Bohrgestänge um 90° versetzt zur Kettenradachse läuft, ist ein Wickelgetriebe (Kettenradgetriebe) erforderlich. Die zweite Abzweigung geht zur Winde, auf welcher über Drahtseile das Bohrgestänge gesenkt bzw. gehoben werden kann. Ein dritter Abtrieb geht zu den Spülpumpen. Oftmals werden sie jedoch von einem getrennt stehenden Motor angetrieben. Die ungleichmäßige Arbeitsweise bedingt die wechselnde Be-

Bild 8. **Zwischentriebe an Spezialmaschinen**

lastung der Ketten. Der Drehtischantrieb ist gleichmäßig belastet und nicht allzu großen Stößen unterworfen (N = 200 PS, n = 200 Upm normal), es sei denn, daß besonders schwierige Gebirge durchbohrt werden müssen. Beim Wechsel des Bohrers muß das gesamte Gestänge ausgebaut werden. Es wird mittels der Winde, wie schon beschrieben, gehoben. Da dieses Wechseln eine Leerlaufzeit ist, wird sehr scharf gefahren. Bei sehr tiefen Bohrlöchern ist die Belastung durch das lange Gestänge oft so groß, daß die Ketten bis auf 3- bis 4fache Sicherheit beim Anheben kurzzeitig belastet werden. Die Geschwindigkeiten sind jedoch in diesem Moment sehr gering. Beim Einbauvorgang wird bisweilen das schwere Rohr unter hoher Belastung gesenkt. Die Ketten müssen bei diesem Vorgang oft sehr schnell laufen. Geschwindigkeiten von 8 bis 10 m sind keine Seltenheit. Die Kettenräder haben vielfach, der großen Kettenteilung und der Platzverhältnisse wegen, geringe Zähnezahlen. In neuzeitlichen Bohranlagen werden Rotaryketten nicht mehr verwendet. Sie werden durch Hochleistungsrollenketten ersetzt. Bei der Dimensionierung dieser Anlagen legt man mehr Wert auf Sicherheit und lange Lebensdauer. Außerdem sind diese Rollenkettentriebe fast ausschließlich gekapselt und einer Druckumlaufschmierung ausgesetzt. Die Leistung, welche an Rotary-Bohranlagen übertragen wird, richtet sich nach der Stärke der Motoren. Sie liegt zwischen 200 und 400 PS. Bei den neuzeit-

Bild 9. Ansicht von Wellen-Verbindungen

Bild 10. Band-Antrieb

lichen Anlagen werden oftmals drei 400-PS-Motoren zusammengeschlossen, so daß Mehrfach-Rollenketten bis zu 1200 PS bei Geschwindigkeiten, die zwischen 10 und 15 m/sec liegen, übertragen müssen. In den meisten Fällen liegen die Ketten ungeschützt und sind oft starker Verschmutzung ausgesetzt. Die Schmierung geschieht vorzugsweise mit steifem Fett, so daß eigentlich von einer direkten Schmierung gar nicht die Rede sein kann, da das Fett nicht immer zu der eigentlichen Gelenkfläche der Kette kommt. Die Lebensdauer der Ketten ist entsprechend gering. Durch die oftmals starke Überbelastung kommt es vor, daß einzelne Glieder brechen. Die Konstruktion dieser Ketten trägt diesem Umstand Sorge, indem jedes Glied durch seine Verkröpfung und durch seinen versplinteten Bolzen schnell ausgewechselt werden kann *(Bild 14, 15, 16)*.

Bild 11. Exzenterpressen-Antrieb

Bild 12. Haupt- u. 2-Stufen-Antrieb a. Werkz.Masch.

Anwendungsbeispiele im Fahrzeugbau

Da hier besonders hohe Lastspitzen auftreten, wobei die Geschwindigkeit stetig wechselt, hat sich die Rollenkette in Fahrzeugen bestens bewährt. In Motorrädern findet man die Stahlgelenkkette (Rollenkette) im Getriebe wie auch als Antrieb des Hinterrades; im Automobil als Steuerkette zum Antrieb der Nockenwelle; in den Diesellokomotiven der Bundesbahn 2fach zum Fahrantrieb bei 100 bis 130 PS in Verschiebeloks usw. Die Beanspruchung dieser Ketten ist sehr hoch und stellt daher hohe Anforderungen an Material und Ausführung.

Besonders die hohen Drehzahlen der Kleinmotorräder unterliegen einem hohen Verschleiß *(Bild 17, 18)*.

II. Förderketten

1. Bergbau (DIN 8165—66)

Die gesteigerte Mechanisierung stellte erhöhte Anforderungen an Förderketten. So wurden Stahlgelenkketten für Stahlgliederbänder oder Laschenketten für Kettenbahnen (Leer- und Vollbahnen) und Aufschiebeketten weiter vervollkommnet. Hierbei ist die Kette für Bänder nach *DIN 8175* und für Kettenbahnen nach DIN *8176* vorgesehen. Erstere im Doppelstrang mit Kastenblechen — die Kurvenbänder laufen unter den ungünstigsten Bedingungen — und letztere mit entsprechenden Mitnehmern aus Stahlguß feststehend oder klappbar.

Die Stahlgliederbänder finden Verwendung für den Transport der Kohle oder der Berge und die Laschenketten für die Bewegung der vollen oder leeren Wagen. Außerdem sind sie eingeführt im allgemeinen Maschinenbau als Buchsenförderketten, und zwar Massivbolzenketten in Becherwerken, Transportbändern für Kisten, Säcke, Fässer, Flaschen, in Trogförderern von Getreide, Kohle, Staub, Granulate usw. und als Hohlbolzenkette für Warenaufzüge, Pendelbecherwerke u. a. m. *(Bild 19, 20, 21)*.

2. Bei Fahrzeugen und Landmaschinen

Die Ausführung der Fahrzeuge in kombinierter Form verlangt Stahl-

Bild 13. Hochl. Drehbank. Direkter Antrieb

Bild 14. Rotary-Vorgelege

gelenkketten in Buchsenkettenausführung, ganz gleich, ob diese Fahrzeuge motorisiert sind oder durch eine sonstige Kraft bewegt werden. Besonders in den Fahrzeugen der Landwirtschaft hat die Kette als Förderkette Anwendung gefunden. Oft laufen diese Ketten hier in ungünstigsten Betriebsverhältnissen z. B. Kartoffelroder, Mähbinder (Hauptantrieb und Elevator), Dungstreuer, Höhenförderer usw. In den Städten werden sie in Müllwagen, Kehrmaschinen verwandt *(Bild 22)*.

Bild 15. **Rotary-Vorgelege**

3. Im Aufzugbau (DIN 8184 und DIN 8185 Stützketten)

Die bisherige Verwendung der sogenannten Blockketten hat gezeigt, daß bei der großen Kettenteilung mit einem unruhigen Lauf und Geräusch gerechnet werden muß. Besonders die Mittelblöcke schlagen durch ihre Polygonwirkung beim Auflauf auf die Räder in den Zahn-

Bild 16.
Rotary-Winden-Antrieb

grund und geben Schwingungen an die hängenden Ketten und die Kabinen ab. Es hat sich gezeigt, daß die Rollenketten in vergrößerter Teilung auf 100 mm, also Verkleinerung der Blockkettenteilung, einen bedeutend ruhigeren Lauf bei gleichzeitiger Geräuschminderung haben. Nach *DIN 8184* sind Typen für die Bruchlasten festgelegt und bereits seit langem in Anwendung. Während die Blockketten nach einer gewissen Betriebszeit bei normaler Beanspruchung Verschleiß zeigen, ist bei den als Rollenketten ausgebildeten Ketten, infolge der besseren Ausführung (gehärtete und geschliffene Bolzen, Hülsen und Rollen), ein solcher Verschleiß nicht zu erwarten. Die Genauigkeit konnte auch hier weiter vervollkommnet werden. Das DIN-Blatt sieht bei 50 Gliedern x Teilung eine Längentoleranz von + 0,2 % vor, wobei die beiden gegenüberliegenden Stränge genau in ihrer Länge abgepaßt sein müssen. Dieses ist

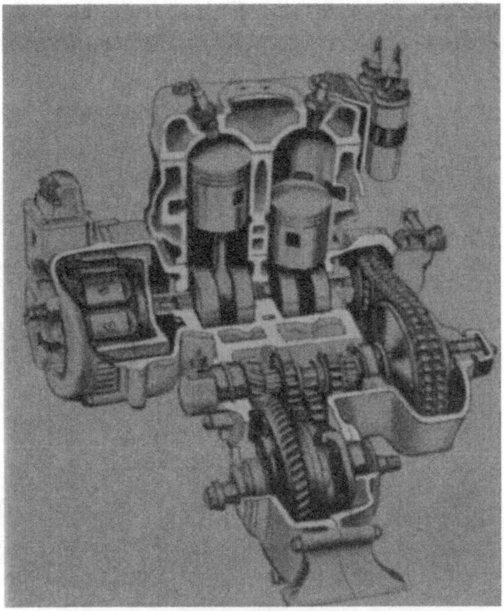

Bild 17. **Automobil-Motor mit Roll-Ketten Verbindungstrieb**

Bild 18.
Motorrad-Getriebe

notwendig, um die Kabine, die an zwei Kabinenbolzen hängt, in waagerechter Lage zu halten und Verkanten oder Klemmen zu verhüten.

Bild 19.
Wagen-Um- oder Rücklauf

III. Sonderketten

Es gibt eine ganze Reihe von Fällen, in denen man nicht mit normalen Ketten auskommt, z. B. in Durchlauf- oder Vergütungsöfen, Wanderrosten usw., wo also hitzebeständige Materialien für die verschiedensten Temperaturen Verwendung finden. Dagegen werden *kältebeständige Ausführungen,* z. B. in Schleusen, in Anlagen mit niederen Temperaturen, wie Kühlanlagen

Bild 20.
Zwischen-Förderer im Walzwerk

Bild 21. **Block-Förderer-Übergabe**

usw. verwandt, um Kaltsprödigkeit zu vermeiden.

In der Getränke- und Nahrungsmittelindustrie, bei Trinkwasseranlagen sind *korrosionsbeständige Sondermaterialien* notwendig. Raumbewegliche Ketten, d.h. solche mit vertikaler und horizontaler Bewegungsrichtung, sogenannte Kardanketten, finden Anwendung in Kreistransporteuren in hängender Lage oder am Boden als Förderkette mit horizontaler oder vertikal abweichender Bewegungsrichtung. Für Steueranlagen müssen Ketten in unmagnetischen Materialien, z.B. im Schiffsbau verwandt werden.

In den hiermit gegebenen Beispielen kann unmöglich das Anwendungsgebiet der Stahlgelenkketten erschöpfend behandelt werden. Die Ausführungen an Hand der wichtigsten in der Praxis vorkommenden Anwendungsgebiete mögen aber gezeigt haben, daß die Hersteller von Stahlgelenkketten unentwegt bemüht sind, durch weitere Forschungen, Untersuchungen und Versuche dieses große Gebiet zu erweitern und mit dem Fortschritt der Technik Schritt zu halten.

Bild 22.
Landmaschinen-Antriebe

Ing. H. MEITZNER, Gronau/Hann.

Zahnketten und Zahnkettentriebe

Wann die Zahnkette als Antriebselement zum erstenmal Anwendung gefunden hat, ist nicht einwandfrei festzustellen. Aus Skizzen geht jedoch hervor, daß sich bereits Leonardo da Vinci damit befaßt hat. Nach langer Entwicklung ist nun die Zahnkette in der Vornorm DIN 8190 und die dazugehörigen Kettenräder in der Vornorm DIN 8191 aufgenommen. Die heute üblichen Konstruktionsarten sind dadurch gekennzeichnet, daß sie jeweils den gleichen Flankenwinkel von 60° aufweisen. Ferner liegt der Abstand von der tragenden Flanke bis zum Zapfenmittelpunkt fest. Gegen das Ablaufen vom Rad

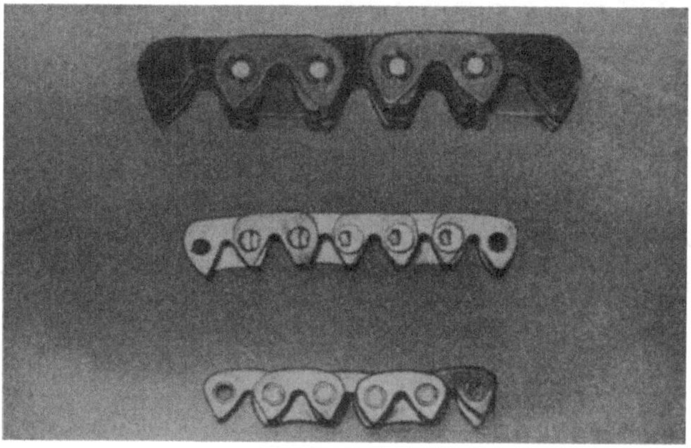

Bild 1.

werden Führungslaschen eingebaut, die entweder in der Mitte oder außen angebracht werden. Abweichungen der einzelnen Konstruktionsarten bestehen in der Ausführung der Zapfen und ihrer Lagerung.

In der oberen Reihe des *Bildes 1* ist eine Ausführungsart mit runden Zapfen und zwei Lagerschalen dargestellt. Die Lagerschalen, die nach der Mitte der Zahnlaschen hin eingebaut sind, füllen das Stanzloch nicht ganz aus. Diese Aussparung ist notwendig, um das Abbiegen der Kette einmal zu ermöglichen und zum anderen der Kette die Rückensteifheit zu geben. In der 2. Reihe ist die Ausführungsart mit Wiegegelenken dargestellt. Hier sind geteilte Zapfen verwendet, wobei der eine den Lagerzapfen und der andere den Wiegezapfen bildet. In der 3. Reihe ist wieder ein runder Zapfen vorgesehen, jedoch mit einer Büchse, die in diesem Falle als Lager wirkt.

Die zweite Ausführungsart mit Lager- und Wiegezapfen, bei der die Lagerung in der Zahnlasche selbst liegt, hat einen besonderen Einfluß einmal auf den Verschleiß und zum anderen auf die Laufruhe der Kette. Hier besteht im Gegensatz zu den Ausführungsarten mit runden Zapfen keine gleitende Reibung, sondern ein Abwiegen. Auch hier ist wie bei der ersten Kette ein weiteres Konstruktionsmerkmal die sogenannte Rückensteifheit. Diese Rückensteifheit hat auf das Verhalten der Kette im Betrieb wesentlichen Einfluß, und zwar einmal dahingehend, daß der Rückendurchhang begrenzt wird, zum anderen Kraftschlüssigkeit auch im losen Trum, sofern es oben liegt, gewährleistet ist. Die Begrenzung des Durchhanges bewirkt, daß selbst bei größeren Achsabständen ein Zusammenschlagen der Kettenstränge vermieden wird. Ferner wird durch diese Anordnung dem Schwingen der Kette entgegengewirkt.
Nun zu dem Verhalten der Zahnkette im Betrieb *(Bild 2)*.

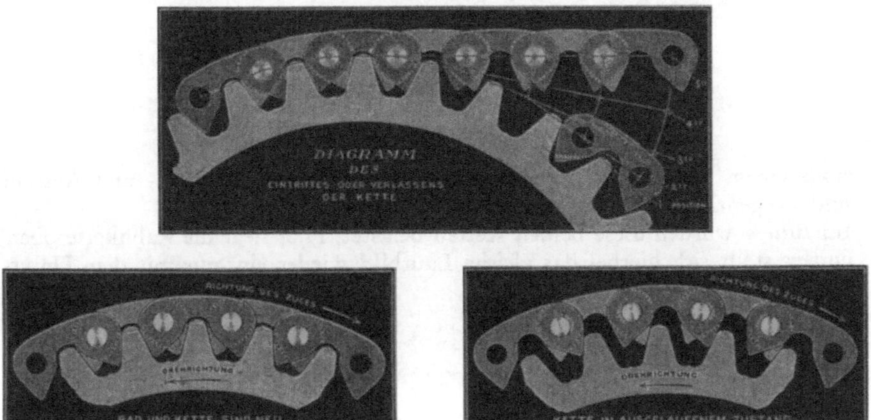

Bild 2.

Der Eingriff der Kette in die Verzahnung ist durch ihre Konstruktion bestimmt. Hier besteht keine gleitende bzw. rollende Bewegung, wie bei Rollenketten, sondern ein Einfallen der Kette in die Verzahnung. Dieses Einfallen wirkt sich nicht nur günstig auf den Verschleiß, sondern auch auf die Laufruhe aus. Selbst bei größer werdender Teilung, die zwangsläufig bei jeder Kette auftritt, und soweit sie im Verschleiß der Zapfen zu suchen ist, bleiben die Eingriffsverhältnisse gleich gut. Zur Veranschaulichung sind einige Aufnahmen mittels Elektronenblitz vorgenommen, die die nächsten Bilder zeigen.

In *Bild 3* wurde eine Gegenüberstellung gegeben zwischen dem Verhalten einer Rollenkette und einer Zahnkette. Die Ketten laufen auf diesem Bild in unbelastetem Zustand und mit einer Kettengeschwindigkeit von $v = 15$ m/sec. Das ziehende Trum liegt in diesem Falle oben. Auf dem oberen Bild ist der charakteristische Ein- und Auslauf der Rollenkette zu erkennen. Die Kette wird beim Ein- und Auslauf eingezogen. Bei der Zahnkette, die unten dargestellt ist, tritt diese Erscheinung nicht auf. Hier entspricht der Durchhang

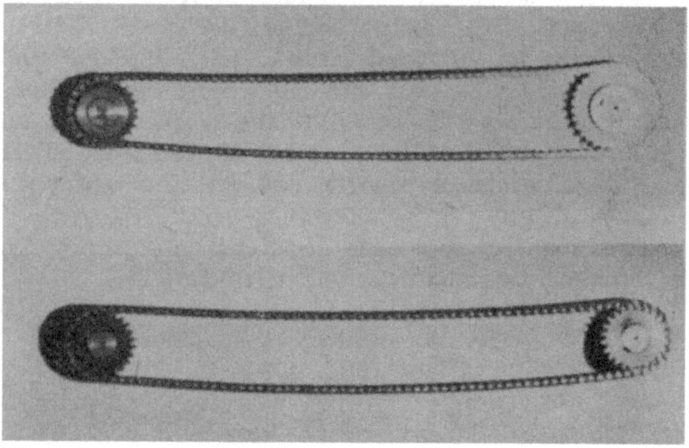

Bild 3.

etwa einem Seil, das in zwei Punkten aufgehängt ist. Der Ein- und Auslauf sind tangential.

Im *Bild 4* wurden diese beiden Ketten belastet. Hier liegt die Zahnkette oben, und es stellt sich hierbei das gleiche Laufbild wieder ein, nur mit dem Unter-

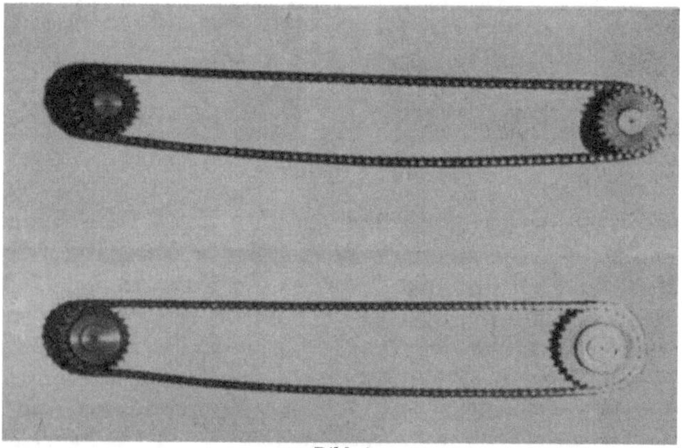

Bild 4.

schied, daß das ziehende Trum einer Geraden entspricht. Bei der Rollenkette hingegen stellte sich selbst unter Belastung wieder die gleiche Erscheinung ein. Die Kette wurde also wieder eingezogen.

Bei den *Bildern 5 und 6* wurde der Drehsinn geändert. Das ziehende Trum liegt also unten. Die 5. Aufnahme stellt die Laufbilder im Leerlauf dar, das 6. Bild im belasteten Zustand. Am Ein- und Auslauf der Rollenkette ist wieder

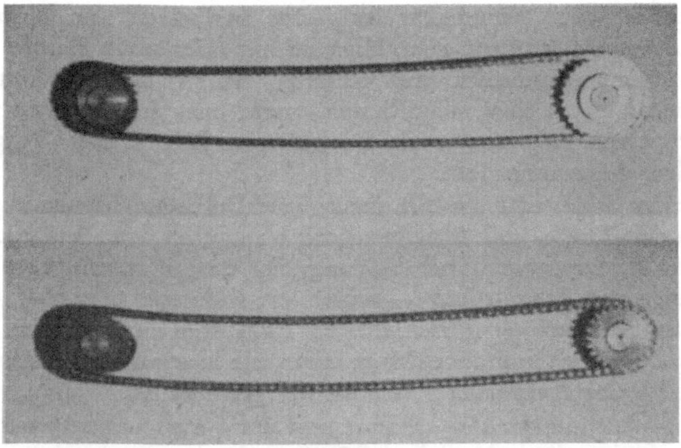

Bild 5.

das Einziehen zu bemerken. Der Durchhang der Zahnkette entspricht dem eines Seiles.

Im Gegensatz zur Rollenkette, wo durch Verschleiß der größere Teilungsfehler im Außenglied festzustellen ist, tritt diese Erscheinung bei der

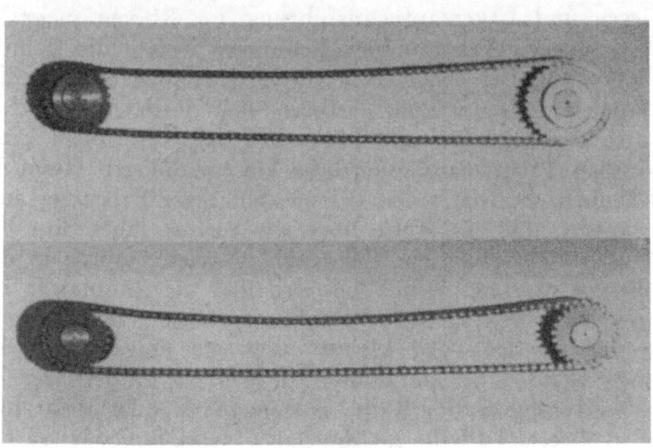

Bild 6.

Zahnkette nicht auf. Der Verschleiß in den Zapfen und Laschen ist gleichmäßig und hat zur Folge, daß eine Störung des Eingriffs Kette/Rad nicht erfolgt. Also wiederum ein Moment, das wesentlich zur Laufruhe beiträgt.

Nun zu den Momenten, die die Lebensdauer eines Zahnkettentriebes beeinflussen. Eine absolut gleichmäßige Belastung wird man in den seltensten Fällen, wenn überhaupt, antreffen. Diese Erkenntnis besagt, daß infolge der Wechsellast Stöße auftreten, die Schwingungen verursachen. Je größer nun die Amplituden beim Schwingen der Kette anwachsen, um so größer wird das aufzunehmende Moment sein. Hier sei ein laienhaftes Beispiel angeführt. Nimmt man einen Bindfaden und versucht, ihn mit beiden Händen zu zerreißen, so wird dieses eher möglich sein, wenn man ihn vor dem ruckartigen Auseinanderziehen möglichst weit durchhängen läßt. Dieser Vorgang spielt sich bei jedem Kettentrieb ab.

Der Impuls der Stöße und die sich daran anschließenden Schwingungen können einmal von der Kraft- und Arbeitsmaschine ausgehen, zum anderen von einer fehlerhaften Verzahnung, durch Störung der Eingriffsverhältnisse bei Überbeanspruchung der Zahnlaschen — wobei ein Aufbiegen erfolgt —, durch nicht einwandfreies Fluchten der Räder, die ein Auflaufen der Führungslaschen hervorrufen und noch viele andere Dinge mehr, die hier nicht alle erörtert werden können, weil jeder Antriebsfall verschieden gelagert ist.

Diese Impulsgeber müssen also erkannt und dann muß versucht werden, Mittel und Wege zu finden, diese eingeleiteten Stöße weitgehendst abzufangen. Die auftretenden Vorgänge im Kraftfluß eines Kettentriebes sind bereits in dem vorhergehenden Referat eingehend gesprochen worden. Ich kann mich also darauf beschränken, die sich ergebenden Verschleißerscheinungen an den einzelnen Kettenteilen näher zu beleuchten.

Diese liegen im wesentlichen bei der runden Zapfenform an den Gleitflächen, bei der Wiege- und Lagerzapfenausführung im Rücken mehr als auf der Wiegefläche. Geringere Abnutzungserscheinungen weisen die Zahnflanken und die Zapfenlöcher auf. Bei den Kettenrädern trifft man oftmals Einkerbungen an, diese werden jedoch nur zum geringen Teil durch Abrieb verursacht. Sie entstehen durch das Einfallen und Hämmern der Kette beim Ein- und Auslauf im ziehenden Trum. Stroboskopische Untersuchungen lassen dieses Hämmern gut erkennen. Es tritt selbst bei gleichmäßiger Belastung auf und wird dadurch verursacht, daß die Kette über ein Vieleck läuft. Ein Bild, das die Amplituden in Abhängigkeit der Zähnezahlen zeigte, wurde in dem Vortrag über Rollenketten gegeben. Hinzu kommt, daß die Zahnlasche infolge ihrer Konstruktion bei übermäßig hoher Zugbeanspruchung aufgebogen wird. Die 60°-Stellung der Laschen wird kleiner, und die Folge davon ist, daß die Kette sich nicht mehr in die Verzahnung hineinlegt, sondern der Zahnfuß der Lasche an der Zahnflanke des Rades entlanggleitet oder sogar hineinstottert. Es tritt also in diesem Fall die gleiche Erscheinung auf wie bei einer schlecht im Eingriff stehenden Stirnradverzahnung. Dieses Hineinstottern verstärkt zusätzlich die Schwingungen und auch das Kettengeräusch.

Diese Erkenntnis hat nun in der letzten Zeit zu einer Reihe von Dauerversuchen geführt, die an Hand von Kurven und Bildern kurz erläutert werden sollen.

Die Aufgabenstellung war, durch entsprechende konstruktive Gestaltung der Zahnlaschenform die Schwingungsamplitude beim Ein- und Auslaufen des ziehenden Trums in ihrer Höhe zu reduzieren und so dem Verschleiß der Zapfen entgegenzuwirken.
Bild 7 stellt den Prüfstand dar. Auf der linken Seite sind die Wasserwirbelbremse, rechts, als Antriebsmaschine, ein Kurzschlußläufer und im Hintergrund ein kleines Pumpenaggregat, das zur Schmierung der Kette diente, zu erkennen.
In Anbetracht der hohen Kettengeschwindigkeit von 15 m/sec wurde hier Sprühschmierung vorgenommen. Geprüft wurden Zahnketten mit einer Tei-

Bild 7.

lung von ½″ und einer Baubreite von 30 mm. Die Ketten waren mit Wiege- und Lagerzapfen ausgerüstet. Ferner wurden, um möglichst viele Vergleichswerte zu erhalten, die gleichen Räder, die gleiche Drehzahl und Belastung beibehalten. Auf eine Nachspannung wurde bewußt verzichtet.
Bild 8 zeigt nun die Kettenlängung in Abhängigkeit der Biegewechsel. Die stark ausgezogene Kurve stellt das Verschleißbild einer Zahnkette mit geraden Zahnflanken dar. Die gestrichelte Kurve gibt die Längung einer Kette wieder, bei der die Zahnflanken korrigiert wurden. Durch diese Korrektur wird die Längung wesentlich eingeengt. Der Formgebung der Zahnflanken an den Zahnlaschen kommt also eine wesentliche Bedeutung zu.
Um nun bei auftretenden Stößen dem Aufbiegen der Zahnlaschen noch mehr entgegenzuwirken, baut man neuerdings Zuglaschen ein. Sie sollen bei Erreichen einer ganz bestimmten Maximallast die Zahnlaschen entlasten und diese aus dem Bereich der bleibenden Verformung halten.
Allgemein ist nun bekannt, daß die Zahnkette gegenüber der Rollenkette geräuschloser läuft. Auch hier wurden einige Messungen vorgenommen. Es

standen für diese Messungen einmal eine Rollenkette 1/2" Duplex und zum anderen eine gleichwertige Zahnkette 1/2" mit 30 mm Breite zur Verfügung. Vor dem Lauf wurden beide Ketten der gleichen Behandlung ausgesetzt, also zunächst ausgewaschen, dann mit dem gleichen Schmiermittel gefettet. Das Schmiermittel hatte in diesem Fall eine Viskosität von 35° Engler. Bei einem

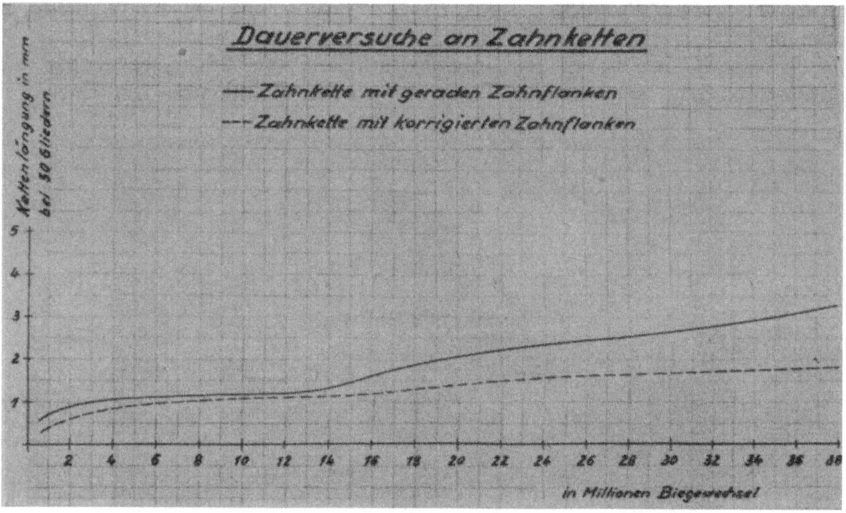

Bild 8.

Geräuschpegel im Prüfraum von etwa 80 Phon stieg bei der Zahnkette, am Einlauf des Rades gemessen, die Lautstärke auf 92 Phon an. Bei der Rollenkette wurde ein Anstieg auf 98 Phon gemessen. Dieser Differenzbetrag von 6 Phon erscheint zunächst gering. Da jedoch der Geräuschpegel der Rollenkette in einem Frequenzbereich von 2500 bis 5000 Hertz liegt, bedeutet das, auf das menschliche Ohr übertragen, etwa eine Verdoppelung des wahrzunehmenden Geräusches.

Aber auch der Verzahnung der Kettenräder kommt eine besondere Bedeutung zu. Da man heute fast ausschließlich im Abwälzverfahren fräst, müßte man theoretisch für jede Zähnezahl einen gesonderten Fräser anfertigen, um einwandfreie Eingriffsverhältnisse zu schaffen. Die Laufversuche mit korrigierten Zahnflanken an den Zahnlaschen haben jedoch gezeigt, daß bei einer Abstufung der Zähnezahlgruppen von jeweils einem Differenzwinkel von etwa 1° Ergebnisse erzielt werden, die auch bei Kettengeschwindigkeiten bis zu 40 m/sec genügen.

Weitere Maßnahmen, die auftretenden Stöße abzufangen, bestehen darin, daß man Drehmomentwandler, Airflexkupplungen und entsprechende Schwungmassen einbaut. Zumal den Schwungmassen kommt besondere Bedeutung zu. Man neigt zu oft zu der Annahme, daß die Zahnketten infolge ihrer schweren Bauart besonders geeignet seien, große Lasten zu übertragen, und berücksichtigt nicht dabei, daß infolge der Laschenkonstruktion auch hier Grenzen gesetzt sind. Diese Tatsache sollte man also stets bei der Auslegung von Zahnkettentrieben berücksichtigen, um einen Betrieb zu gewährleisten, der den geforderten Ansprüchen genügt. Bei hohen Anfahrdrehmomenten werden befriedigende Ergebnisse dadurch erzielt, daß man den Kettentrieb stets unter Kraftschluß hält. Dieses erreicht man dadurch, daß man im losen Trum Spannritzel einbaut. Die Vorspannung dieser Spannritzel soll, nach den von uns gemachten Erfahrungen so groß sein, daß mindestens das Eigengewicht der Kette überwunden wird. Die Nachspannung der Spannritzel soll möglichst selbsttätig erfolgen.

Weitere Einzelheiten über diese Hilfsmaßnahmen werden unter dem Thema „Kettenspanner und Schwingungsdämpfer ..." gegeben werden.

Als nächster Punkt sollten Anfahrdrehmomente vom Schnellen ins Langsame und umgekehrt behandelt werden. Die Arbeiten über dieses Gebiet sind leider noch nicht abgeschlossen, so daß nur kurz über den Sinn dieser Untersuchungen berichtet werden kann. Es sollten hierbei Stirnrad und Zahnkettengetriebe gleicher Leistung gegenübergestellt werden, und zwar unter Berücksichtigung folgender Gesichtspunkte: Anfahrdrehmoment, Wirkungsgrad und Geräuschbildung. Diese Versuche sollen keineswegs in die Gehege des Stirnradgetriebebaues eindringen. Es sollte festgestellt werden, welche Bedingungen kann ein Zahnkettentrieb erfüllen, und wie weit unterscheidet er sich von einem hochqualifizierten Stirnradgetriebe. Dabei wird hier von folgenden Gedankengängen ausgegangen, die für die Herstellung von Zahnkettengetrieben sprechen:

1. Bei festen Achsabständen können die Übersetzungsverhältnisse durch Auswechseln nur eines Rades geändert werden.
2. Es treten spezifisch geringere Zahndrücke auf, die dadurch hervorgerufen werden, daß mehr Zähne gleichzeitig im Eingriff stehen.
3. Bis zum Unbrauchbarwerden der Kette werden fast gleich hohe Wirkungsgrade erreicht. Diese liegen darin begründet, daß keine Teilungsdifferenzen wie bei der Rollenkette entstehen, sondern die Teilungen gleich bleiben infolge des gleichmäßigen Abriebes der Zapfen und die Zahnkette an den Zahnflanken hochsteigt, so daß immer wieder gleiche Eingriffsverhältnisse gewährleistet sind.
4. Die Geräuscharmut der Kette.
5. Ein Drehrichtungswechsel kann bedenkenlos vorgenommen werden.
6. Mit Ketten, welche Lager- und Wiegezapfen haben, können hohe Geschwindigkeiten gefahren werden.

Wie verhält sich nun die Zahnkette bei hohen Kettengeschwindigkeiten?
Hier soll zunächst auf die amerikanische Entwicklung hingewiesen werden. Aus Veröffentlichungen in der Fachpresse ist zu ersehen, daß in der Praxis mit Erfolg große Leistungen mit schmalen Ketten bei Geschwindigkeiten, die an der 30 m/sec-Grenze liegen, übertragen werden können. Dabei wurde festgestellt, daß sich die Lebensdauer nicht minderte, sondern erhöhte, also im Gegensatz zu dem steht, was wir nach unseren Erfahrungen bislang festgestellt haben. Jedoch muß man dabei berücksichtigen, daß die Zahnflanken des Rades sowie der Zahnlasche von der üblichen Konstruktion, also von der geraden Flanke, abweichen und zwar dahingehend, daß sie eine evolventenähnliche Form aufweisen. Dadurch wird erreicht, daß die Schwingungsamplitude, die beim Einlauf über ein Vieleck zwangsläufig entsteht, weit

Bild 9.

herabgemindert wird. Man bekommt hier also keinen Einlauf über ein Vieleck, sondern es stellt sich eine flache Kurve ein, die fast dem Treibriemen nahekommt. Bei Verwendung des Wiegegelenkes als Zapfenform und korrigierten Zahnflanken können Kettengeschwindigkeiten bis zu 40 m/sec bedenkenlos gefahren werden. Die Laufbilder eines solchen Kettentriebes sind in folgenden Bildern dargestellt:
Bild 9 gibt ein Laufbild wieder von einer Kette mit 40 m/sec Geschwindigkeit. Der Ein- und Auslauf ist tangential. Das ziehende Trum liegt in diesem Falle oben.
In *Bild 10* ist nochmals das treibende Rad herausgenommen, um zu zeigen, wie sich die Kette um das Rad herumlegt. Bei genauer Betrachtung wird man feststellen, daß die einwirkenden Fliehkräfte die Kette etwas abheben.
Bei *Bild 11* wurde Drehwechsel vorgenommen. Das ziehende Trum liegt also unten. Entsprechend der Fliehkraft müßte jetzt normalerweise die Kette nach

oben ausbauchen. Die Erklärung hierfür, daß die Kette nicht dem Gesetz folgt, ist wohl darin zu suchen, daß das Beharrungsvermögen der Kette so groß ist und bei Anlauf im Sterndreieck nicht die Beschleunigung erfährt, daß sie nach oben herausgetrieben wird.

Bild 10

Die erzielte Lebensdauer genügte jedoch unseren Anforderungen noch nicht, und so gilt es auch hier weiter zu entwickeln. Bemerkenswert ist noch der geringe Temperaturanstieg, der selbst bei Dauerlauf nur 5 °Celsius betrug.

Bild 11

Die bislang erzielten Ergebnisse sprechen dafür, diese Entwicklung weiterhin eingehend zu verfolgen.
Bei der Schmierung von Zahnkettentrieben ist besonders darauf zu achten,

daß bei Ölbad die Kette nur bis zur Höhe der Zapfen eintaucht, andernfalls entsteht eine übermäßig hohe Erwärmung, die durch das Einschlagen der Zähne verursacht wird. Bei Tropfschmierung verwendet man vorteilhaft Öle mit besonders hoher Viskosität und läßt diese von innen eintropfen. Bei Umfangsgeschwindigkeiten über 15 m/sec wird vorteilhaft Sprühschmierung verwendet. Hierbei wurde die *Tegtmeiersche Sprühdüse* angewandt. Der Aufprallkegel wird jedoch zweckmäßigerweise schräg gestellt, um einen Sprühkeil zu bekommen. Die Düse soll so eingestellt werden, daß der Strahl die Kette im losen Trum beim Einlauf in das Rad benetzt.
Zum Schluß sollen noch einige Bilder die vielseitigen Anwendungsgebiete von Zahnketten als Antriebselement zeigen.

Bild 12 zeigt einen Schiffsgeneratorantrieb, wobei der Abtrieb von der Schraubenwelle erfolgt. Leistung N 250 PS, Kettengeschwindigkeit $v =$ 10 m/sec.

Bild 13 zeigt einen Antrieb der Hauptspindel einer Walzenschleifmaschine. Leistung $N = 5$ PS, Kettengeschwindigkeit $v = 0{,}8$ m/sec.

Bild 14 zeigt den Antrieb des Hackmessers einer Busch-Hackmaschine. Leistung $N = 11$ PS, Kettengeschwindigkeit $v = 11$ m/sec.

Bild 15 zeigt den Antrieb einer Flachsbearbeitungsmaschine. Leistung $N = 3$ PS, Kettengeschwindigkeit $v = 3$ m/sec.

Bild 16 zeigt den Hauptantrieb eines schweren Löffelbaggers. Hier wurden bei der 1. Ausführung 2 Kettenstränge aufgelegt. Diese Ausführung erwies sich jedoch nicht als zweckmäßig, da die beiden Stränge nicht harmonisch zum Schwingen kamen und dadurch schnelleren Verschleiß hervorriefen. Bei Auswechseln der beiden Stränge gegen nur einen breiten Kettenstrang war diese Erscheinung behoben, und das Einschwingen der Kette war gleichmäßig. Leistung $N = 250$ PS, Kettengeschwindigkeit $v = 11$ m/sec.

Bild 17 zeigt nochmals die Größe des Baggers, der ein Fassungsvermögen von 3,5 cbm hat.

Bild 18 (oben links) zeigt den Antrieb einer Kabelverseilmaschine. Leistung $N = 15$ PS, Kettengeschwindigkeit $v = 2$ m/sec.

Bild 19 (oben rechts) zeigt einen Gruppenantrieb von Kreiselpumpen auf einem Öltanker. Die Leistung je Pumpe beträgt $N = 8$ PS, die Kettengeschwindigkeit $v = 12$ m/sec.

Bild 20 zeigt einen Walzwerksantrieb, die Baubreite beträgt 1200 mm, Leistung $N = 1000$ PS, Kettengeschwindigkeit $v = 2{,}7$ m/sec.

Bild 21 zeigt den Antrieb einer Müllereimaschine. Leistung $N = 3$ PS, Kettengeschwindigkeit $v = 1{,}5$ m/sec.

Bild 22 zeigt eine Vorschubkette für eine Holzbearbeitungsmaschine. Diese dient zum Vorschub der Hölzer in einer Kehlmaschine.

Bild 23 (oben links) zeigt Antriebe in Erdölbohrgeräten.

Bild 24 (oben rechts) zeigt einen Ausschnitt der vorhergehenden Aufnahme und stellt den Antrieb des Drehtisches dar. Leistung $N = 70$ PS, Kettengeschwindigkeit $v = 6{,}1$ m/sec.

Bild 25 zeigt den Antrieb einer Spühlpumpe. Leistung $N = 170$ PS, Kettengeschwindigkeit $v = 10{,}2$ m/sec.

Obering. W. D. BENSINGER, Stuttgart-Untertürkheim

Kettenspanner und Schwingungsdämpfer bei raschlaufenden Kettentrieben

unter besonderer Berücksichtigung der Ketten zum Antrieb der Nockenwelle bei Kraftfahrzeugmotoren

Die Kette eignet sich zur Verbindung zueinander paralleler Wellen sehr gut, insbesondere dann, wenn der Wellenabstand groß ist und bei Zahnradverbindung Zwischenräder notwendig wären. Der Kettentrieb baut sehr einfach und ist billig in der Herstellung, er ist — Kettenspanner vorausgesetzt — in gewissen Grenzen unabhängig vom Achsabstand; er verursacht auch bei raschlaufenden Trieben wenig Geräusch, ganz im Gegensatz zu Zahnrädern, die, wenn Zwischenräder notwendig sind, in der Serie überhaupt nicht ruhig zu bekommen sind. Werden bei Zahnradtrieben zur Geräuschdämpfung Kunststoffräder verwendet, dann wird die mögliche Leistungsübertragung oder die Lebensdauer ganz beträchtlich herabgesetzt, während der Kettentrieb trotz hoher Leistungsübertragung sehr lange Betriebszeiten erreicht.

Zwei wichtige Gesichtspunkte sind beim Entwurf eines raschlaufenden Kettentriebes zu beachten: einmal ist es die Frage der Kettenspannung, denn die Kette hat eine gewisse Abnützung und auch in der Herstellung des Gehäuses ergeben sich Abweichungen im Achsabstand der Wellen, zum anderen ist es die Schwingungsdämpfung, denn die Kettenstränge neigen vor allem bei ungleichförmig laufenden Wellen zu Schwingungen, die Geräusch und Abnützung verursachen und überdies die Zuordnung der beiden Wellen stören können; so kann sich z. B. bei einem Verbrennungsmotor eine Änderung der Steuerzeiten ergeben. Kettenspannung und Schwingungsdämpfung hängen eng miteinander zusammen, doch werden sie des besseren Verständnisses wegen im folgenden einzeln behandelt.

Die Erfahrungen des Verfassers mit raschlaufenden Kettentrieben stammen von der Entwicklung des Nockenwellenantriebs bei Kraftfahrzeugmotoren. Hier liegen besonders erschwerte Verhältnisse vor, weil sowohl die Kurbelwelle als auch die Nockenwelle sehr ungleichförmig laufen und sich bei obenliegender Nockenwelle sehr lange Kettenstränge ergeben. Es sei hier verraten, daß die Entwicklung dieser Triebe manches Kopfzerbrechen verursacht hat, daß wir aber heute einen Trieb von besten Betriebseigenschaften haben. Die Erfahrungen, die in diesem speziellen Fall gewonnen wurden, lassen sich sicherlich auf andere Anwendungsgebiete übertragen.

Zunächst die Kettenspannvorrichtung: Aus Billigkeitsgründen versuchte man, ganz ohne Spannvorrichtung auszukommen, zum Ausgleich der Achsabstandstoleranzen fertigte man Ketten mit geringfügig unterschiedlicher Teilung an, die man dann je nach dem gegebenen Achsabstand auswählte. Diese Lösung befriedigte beim Nockenwellenantrieb nicht, sie brachte dem Kettentrieb vielfach einen schlechten Ruf ein.

Der nächste Schritt war ein Stahlband *(Bild 1a)*, das noch durch eine Zugfeder gespannt wird; das eine Ende ist fest, das andere an einer Schwinge. Diese Konstruktion ist z. B. im englischen Jaguar-Motor zu finden. Die Kettenlaschen sind hier an den Seiten gerade — vermutlich haben dies die Motorenhersteller so verlangt —, sie streifen über das Stahlband entlang, schleifen jedoch mit der Zeit Rinnen ein. Verschiedentlich werden die Kettenlaschen überschliffen, um den Verschleiß zu mindern.

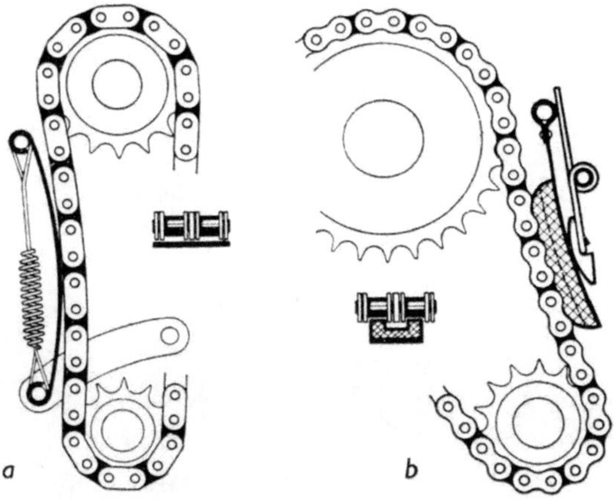

Bild 1. **Kettenspanner für kurze Ketten**

Eine bessere Lösung zeigt *Bild 1b;* auf ein Stahlband, das wiederum durch eine Feder an die Kette gedrückt wird, ist ein Gummiprofil aufvulkanisiert; das Profil ist so gestaltet, daß nur die Rollen zur Berührung kommen und die Laschen immer frei sind. Bei den Daimler-Benz-Motoren mit untenliegender Nockenwelle befindet sich an jedem Kettenstrang jeweils ein derartiges Element, es sind also zwei Spanner vorhanden, so daß gleichzeitig auch Schwingungen gedämpft werden. Die Lebensdauer dieses Kettentriebs beträgt mehr als 150 000 Fahrkilometer, während der früher vorgesehene Zahnradtrieb mit Kunststoffrädetn oft schon nach 25 000 bis 30 000 km unerträgliches Geräusch verursachte. Die Abnützung des Gummiprofils ist sehr gering, offenbar weil die Rollen der Doppelrollenkette nicht gleiten, sondern über den Gummi rollen.

Bei Kettentrieben, bei denen mehrere Wellen durch eine Kette verbunden sind, wird die Kettenspannung zweckmäßigerweise durch ein Spannrad bewirkt, wobei gleichzeitig eine bessere Kettenumschlingung erzielt wird. Das *Bild 2* zeigt links eine Nachspannung von Hand durch eine Schraube, diese Lösung wurde z. B. beim Tatra V 8 gewählt; auf dem Schwenkarm befindet sich zur Schwingungsdämpfung ein Klötzchen (s. unten). Die Handnachspannung hat den Nachteil, daß sie vom Geschick des Monteurs abhängig ist. Man kann nun an Stelle der Einstellschraube eine Feder vorsehen, die die Kette immer unter Spannung hält — Alfa Romeo macht dies so —, das Spannrad macht dann jedoch die Kettenschwingungen mit, was nicht günstig ist, auch ist ein verhältnismäßig hoher Federdruck (etwa 6 bis 7 kg) nötig, der Heulen der Kette verursachen kann.

Eine bessere Lösung zeigt das rechte Bild, es ist der Spanner der englischen Kettenfirma Renold. Das Kettenrad läuft auf einem Körper, der horizontal verschiebbar ist und durch eine Feder in einer Richtung — im Bild nach rechts — gedrückt wird. Oben und unten sind Zähne angebracht, in die Stifte einrasten, so daß das herausgedrückte Spannrad nicht mehr zurück kann.

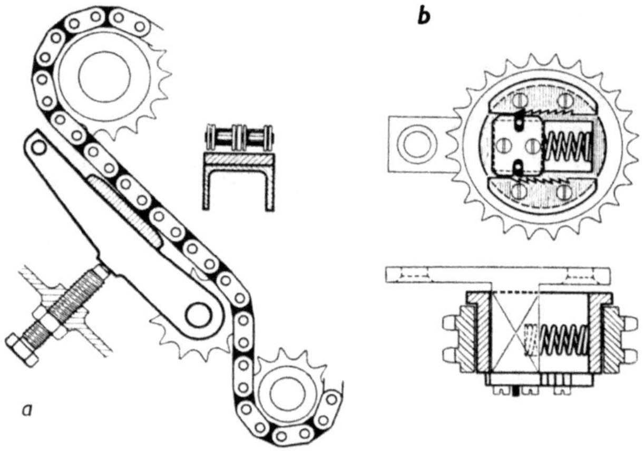

Bild 2. Kettenspanner für lange Ketten

Durch einen äußeren Eingriff kann die Rastung wieder aufgehoben werden. Die Zähne sind zueinander versetzt, damit ergibt sich bei halber Zahnlänge schon eine Einrastung. Dieser Kettenspanner arbeitet automatisch, er hat jedoch den Nachteil, daß er nicht ganz geräuschlos ist; das Spannrad pendelt hin und her, und der Anschlag an den Zähnen verursacht dabei Geräusch. Ein weiterer Nachteil ist darin zu sehen, daß der Spanner, einmal eingerastet, von selbst nicht mehr zurückgehen kann. Beim Ausschwingen längt sich die Kette elastisch, wobei der Spanner einrasten kann; er geht dann nicht mehr zurück, so daß die Kette zu stramm geworden ist, heult und rasch verschleißt. Auch kann durch verschiedene Wärmezustände — man denke z. B. an ein Leichtmetallgehäuse — die Kette einmal lose und dann zu stramm sein. Dieser Kettenspanner wird bei englischen Automobilmotoren vielfach verwendet, der Kettenverschleiß soll verhältnismäßig hoch sein.

Diese Nachteile vermeidet ein hydraulischer Kettenspanner, der bei den Daimler-Benz-Motoren „220“ und „300“ Anwendung findet. Durch eine Feder von nur etwa 2 kg drückt ein Bolzen auf den Arm des Spannrades. Im Bolzen befinden sich ein feststehender Kolben und ein nur nach außen abdichtendes Kugelventil, im Bolzen ist vorne eine Querbohrung, so daß bei Bewegung des Bolzens durch den entstehenden Unterdruck Öl aus dem Vorratsraum eingesaugt wird.

Bei Druck auf den Bolzen sperrt das Kugelventil ab, und der Bolzen kann nur noch so langsam bewegt werden, wie es die Leckage am Kolben gestattet. Der Ölvorratsraum wird durch Schleuderöl stets gefüllt. Zu beachten ist, daß sich keine Luft im Innenraum befinden darf, was durch mehrmaliges Pumpen bei der Montage zu erreichen ist, und daß die Leckage in bestimmten

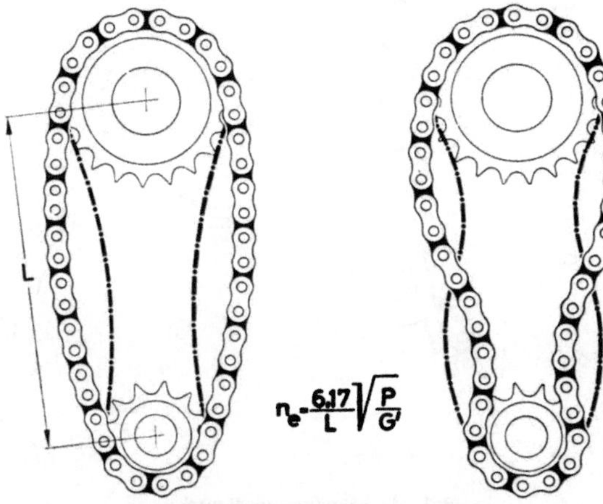

Bild 3. **Schwingungsformen der Kette**

Grenzen liegen muß, was durch Auswahl des Kolbens gemäß einer Prüfvorschrift zu bewerkstelligen ist. Dann arbeitet der Spanner mit geringen Federdrücken vollautomatisch und gibt in jedem Betriebszustand die richtige Kettenspannung.

Die Schwingungsdämpfung. Durch ungleichförmigen Lauf der Wellen entstehen Schwingungen der freien Kettenstränge. Jedes Kettenstück vom letzten Zahn des treibenden Kettenrades bis zum ersten Zahn des getriebenen Rades hat eine Eigenfrequenz, die in Resonanz kommen kann. Es ergeben sich weite Ausschläge, die Geräusch und Abnützung verursachen und die Zuordnung der Wellen zueinander stören können.

Bild 3 zeigt die Schwingungsformen der Kette als Grundschwingung und als 1. Oberschwingung; diese sind bei den entsprechenden Drehzahlen deutlich mit dem Auge zu erkennen. Nach amerikanischer Veröffentlichung ist die Eigenschwingungszahl des schwingungsfähigen Kettenstückes

$$n_e = \frac{6{,}17}{L}\sqrt{\frac{P}{G'}}$$ [1])

[1]) Automative Industries 15. X. 48

Hierin ist L die freie Kettenlänge in cm, P die Kettenspannung in kg und G' das Gewicht je cm Kettenlänge. Man ersieht, daß die Eigenschwingungszahl der Länge umgekehrt verhältig ist. Mit dem Wurzelwert wirkt sich die Spannung und das Kettengewicht aus. Die mögliche Spannung ist begrenzt, weil die Kette sonst zum Heulen kommt, man kann dies dadurch erklären, daß sich zwischen den Zapfen und Hülsen der Kette kein Ölfilm mehr bilden kann, die Teile haben dauernd metallische Berührung.

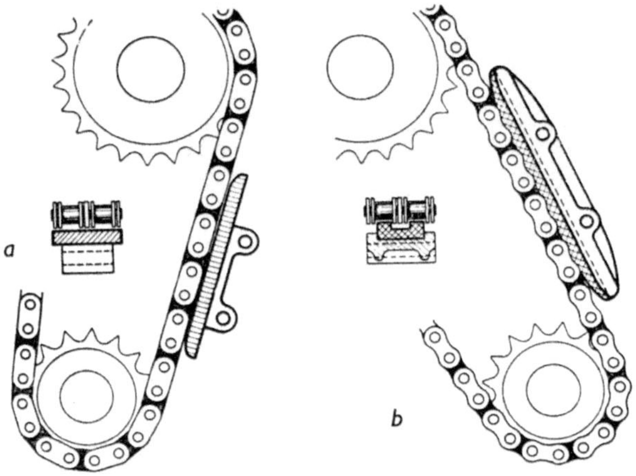

Bild 4. Schwingungsdämpfer

Das Gewicht, das auch auf die Eigenschwingungszahl Einfluß hat, kann nur dadurch verringert werden, daß man eine möglichst kleine Kettendimension verwendet und Überbemessung vermeidet. Zahnketten, die schwerer als Rollenketten sind, dürften ungünstiger sein. Am meisten stören die Kettenschwingungen bei mittleren Drehzahlen, bei hohen ergeben die Fliehkräfte eine Erhöhung der Kettenspannung. Dauernd anliegende Kettenspanner, wie sie oben behandelt wurden, wirken natürlich auch als Schwingungsdämpfer. Werden mit einer Kette mehrere Wellen verbunden, dann kann man mit nur einer Spannvorrichtung auskommen und die Schwingungen auf billigere Art dämpfen. Man verwendet hierzu vielfach Preßstoffklötzchen oder Schienen *(Bild 4a)* die in geringem Abstand — etwa 0,5 mm — von der Kette angebracht sind. Will die Kette schwingen, dann werden die Ausschläge sofort abgefangen, und die Länge des schwingfähigen Stückes wird aufgeteilt. Es hat sich gezeigt, daß lange Schienen besser sind als kurze, das verbleibende freie Kettenstück schwingt gerne wieder für sich.

Die Preßstoffschienen haben nicht unbeträchtliche Abnützung. Gehärtete Stahlschienen, wie sie auch Verwendung finden, verursachen Geräusch, wenn die

Laschen der Kette anschlagen. Gibt man den Schienen ein Profil, so daß nur die Kettenrollen auflaufen können, dann entsteht ebenfalls Geräusch. Diesen Schwierigkeiten kann man begegnen, wenn man die Schienen mit einem aufvulkanisierten ölbeständigen Gummiprofil versieht *(s. Bild 4b)*. Derartige Schienen haben nahezu unbegrenzte Lebensdauer und laufen völlig geräuschlos.

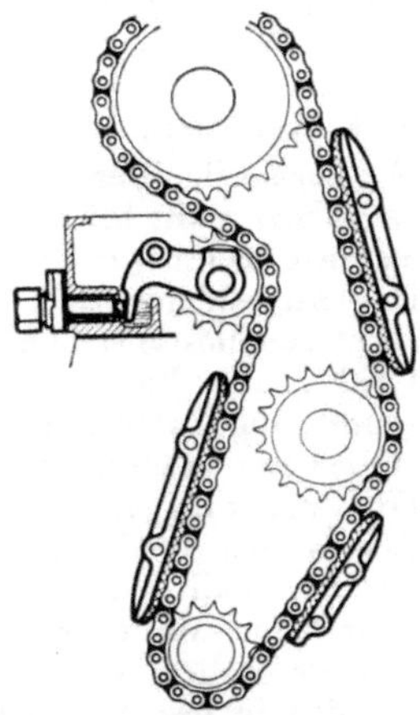

Bild 5.
Gesamter Kettentrieb

Bild 5 zeigt einen vollständigen Kettentrieb, und zwar denjenigen des Daimler-Benz-Motors „220"; es sind drei gummiprofilierte Schienen vorgesehen, die eine davon ist aus Raumgründen etwas kürzer; die Darstellung ist schematisch, die Zähnezahlen stimmen nicht. Oben ist der hydraulische Kettenspannner mit dem Ölvorratsraum zu erkennen, der oben beschrieben wurde. Kurbelwellenrad und Spannrad haben 20 Zähne, das Nockenwellenrad hat 40 und das Zwischenrad zum Antrieb von Ölpumpe und Zündverteiler 30 Zähne. Unter 20 Zähne sollte man aus Geräuschgründen nicht gehen. Die Kette ist eine $^3/_8''$ Duplex-Kette. Die Kurbelwelle macht bei N_{max} 5000 U/min, das gibt eine Umfangsgeschwindigkeit von 15 m/sec. Die Zahnräder sind aus ungehärtetem Stahl, auch Gußeisen, ja sogar Leichtmetallräder haben sich in Sonderfällen sehr gut gehalten; zur Schmierung dient eine Öldüse, die in den Eingriff spritzt, diese ist im Bild nicht sichtbar.

Dieser Antrieb ist sehr einfach und hat sich bestens bewährt, er hat eine Lebensdauer von weit mehr als 150 000 Fahrkilometer, so daß er ohne weiteres bis zur Generalüberholung des Motors hält. Die Längung der Kette nach dieser Laufzeit liegt noch unter 1 %.

Bei englischen Kraftwagenmotoren ist die Kette meist in mehrere Triebe aufgeteilt, was natürlich viel teurer und umständlicher ist, schon allein dadurch, daß jeder Trieb einen eigenen Kettenspanner haben muß.

In Kürze wurden die Maßnahmen beschrieben, die zur Kettenspannung und Schwingungsdämpfung beim Antrieb der Nockenwelle von Kraftfahrzeugmotoren angewandt werden. Da wegen der hohen Drehzahlen und großen Ungleichförmigkeiten von Kurbelwelle und Nockenwelle sehr ungünstige Betriebsverhältnisse vorliegen, kann angenommen werden, daß sich die gewonnenen Erfahrungen auf andere Anwendungsfälle übertragen lassen. Der richtig entworfene Kettentrieb ist einfach, billig, geräuschlos und hat trotz hoher Leistungsübertragung außerordentlich lange Lebensdauer.

Aussprache

Prof. *Kollmann,* Karlsruhe, eröffnet die Diskussion mit der Frage:

Wo liegen die Grenzen für den Anwendungsbereich der Rollen- und der Zahnketten? Kann man nicht bei den Rollenketten die aus den Gelenkbewegungen hervorgehenden Verluste ebenso wie bei den Zahnketten durch Übergang zu Wälzgelenken verringern? Das Anwendungsgebiet der Rollen- bzw. Hülsenketten und der Zahnketten wird sich zweifellos überschneiden. Wie liegen die Herstellungskosten? Durch die tragenden Flanken der Zahnketten, die mit großer Genauigkeit hergestellt werden müssen, werden die Zahnketten zweifellos teuerer sein?

Wegen der größeren Laschen, die bei den Kettengliedern von Zahnketten erforderlich sind, wird die Fliehkraftbeanspruchung bei diesen Ketten höher liegen als bei den Hülsen- und Rollenketten. Ist deshalb die Annahme richtig, daß bei hohen Umfangsgeschwindigkeiten letzteren der Vorzug zu geben ist?

Zahnketten werden wohl, für gleiche Betriebsbedingungen ausgelegt, etwas schwerer sein als Rollen- und Hülsenketten?

Bei den in den Vorträgen gezeigten Bildern umlaufender Ketten fiel auf, daß sich die Rollenkette beim Auslauf aus dem Kettenrad anders verhält als die Zahnkette. Da für die Kettenglieder beider Bauarten grundsätzlich gleichartige Gesetze für die Beschleunigung und Verzögerung beim Einschwingen in das Kettenrad bzw. Ausschwingen aus diesem gelten, ist anzunehmen, daß die beobachteten Unterschiede nur auf die verschiedenartigen Reibverluste der beiden Kettensorten zurückzuführen sind.

Ich stelle daher die Frage, ob die Anwendung von Wälzgelenken bei Rollen- und Hülsenketten grundsätzlich nicht auch möglich ist, oder ob patentrechtliche Gründe gegen die Anwendung von Wälzgelenken sprechen.

Der Begriff der „Rippensteifigkeit“ sollte genauer klargestellt werden.

Ing. *Meitzner,* Gronau: Bei einem Kettendurchgang legt sich der Wiegezapfen auf der vorderen Fläche an.

Prof. *Kollmann:* Maßgebend für den Wirkungsgrad ist bei allen Ketten der Verschleiß. Den Verschleiß kann man aber verringern, wenn man vom Gleitverschleiß auf den Wälzverschleiß übergeht. Was kann man bezüglich der Auswahl des Materials machen? Sind schon Versuche gemacht worden, an Stelle der im Einsatz gehärteten Hülsen und Rollen nitrierte Teile zu verwenden?

Dipl.-Ing. *Clarenbach,* Ettlingen/Baden:

Zu der **Zahnform des statisch belasteten Kettenrades** möchte ich folgendes ausführen: Vergleicht man die in- und ausländischen Normen und die Vorschriften einzelner Firmen über die Zahnform der Rollenkettenräder miteinander, findet man beträchtliche Unterschiede. Die oft anzutreffende Ratlosigkeit der Zahnradhersteller ist daher erklärlich, ebenso sind auch die Schwierigkeiten, die dem Hersteller von Verzahnwerkzeugen im besonderen Fall der Kettenräder hierdurch entstehen, offenbar.

Da eine allgemeingültige und allgemein anerkannte Norm noch nicht besteht, haben wir uns daher auch Gedanken über die richtige Zahnform von Rollenkettenrädern machen müssen, um brauchbare Werkzeuge für kinematisch und dynamisch richtige Kettenräder anbieten zu können.

Der vorliegende Beitrag behandelt die spezielle Frage des zweckmäßigen Flankenwinkels, welcher hier (im Gegensatz zum Fräser-Flankenwinkel) als der Winkel definiert wird, den die Tangente an dem Flanken-Berührungspunkt der Rolle mit der Zahn-Mittellinie bildet (siehe *Bild 2)*. Gleichzeitig werden wesentliche Gesichtspunkte für die Gestaltung der Wälzwerkzeuge aufgezeigt, welch letztere im Kfz-Getriebebau und in der Ersatzteilfertigung fast ausschließlich zur Herstellung von Kettenrädern verwendet werden. Hierbei erlaube ich mir gewisse Idealisierungen in der Erkenntnis, daß auch im vorliegenden Fall eine gründliche Forschung zunächst von vereinfachenden Annahmen ausgehen muß, um erst dann die Einflußfaktoren des praktischen Betriebes zu untersuchen.

1. Innere und äußere Kräfte

Ich beschränke mich auf die durch die statischen Kräfte bestimmten Merkmale der Zahnform und wähle als Beispiel das einzelne angetriebene Kettenrad.

1.1. Grenzfälle

Bild 1 zeigt den zunächst uninteressant erscheinenden Fall, daß eine Rollenkette auf ein Kettenrad ohne Zähne, also auf eine glatte Walze aufgelegt und durch

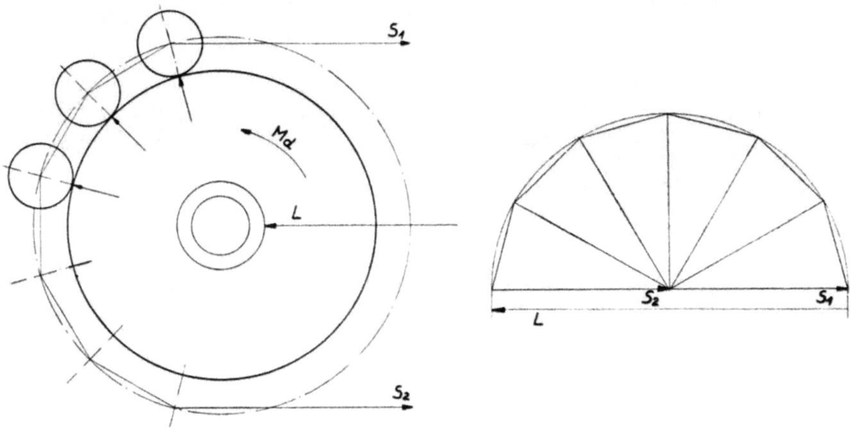

Bild 1. Kettentrieb unter statischer Last. $\gamma = 90° - 180°/Z$, $S_1 = S_2$, $M_d = 0$

die Kraft S_1 im ziehenden Trum belastet wird. Man erkennt, daß aus den Gleichgewichtsbedingungen für die einzelnen Rollen der freigemachten Kette sich Kräftedreiecke ergeben, die zu einem Kräfteplan aneinandergefügt werden können, aus dem man nunmehr alle inneren und äußeren Kräfte ablesen kann. Die radialen Strahlen bedeuten die Gliederkräfte, die Sehnen die Reaktionskräfte zwischen Kette und Rad, welche in diesem Fall bei Vernachlässigung der Rollreibung alle radial durch den

Radmittelpunkt verlaufen, so daß ihre Resultierende mit der äußeren Reaktionskraft, der Lagerkraft L, kein Moment bilden kann. Daher muß auch die Kraft im losen Kettenraum $S_2 = S_1$ und das Drehmoment $M_d = 0$ werden.
Dies ist der eine Grenzfall, der andere jener, bei welchem die Reaktionskraft zwischen Rolle und Rad am ersten Zahn in die Richtung des ziehenden Trums fällt, so daß hier das volle Drehmoment übertragen wird, alle nachfolgenden Kettenglieder spannungslos werden und natürlich auch die Kraft im losen Trum, die Kettenvorspannung, Null wird.

1.2. Ausgeführte Kettentriebe

1.21. t_k größer t_r

Die ausgeführten Kettentriebe bewegen sich im Verlaufe ihrer Lebensdauer in einem von der Kettenradzahnform abhängigen, mehr oder weniger großen Bereich zwischen diesen beiden Grenzfällen des Kräftebildes.
Wir betrachten ein ausgeführtes Kettenrad und gehen bei der Paarung von Kette und Kettenrad von der natürlichen Vorstellung aus, daß diese Paarung das Einfügen einer Welle vom Kettenradfußkreis-Durchmesser in die von den Rollenfußpunkten gebildete Bohrung verlangt, so daß wir hierfür mit den Bezeichnungen des ISA-Rundpassungssystems eine *H/h*-Passung einer der erreichbaren Herstellungsgenauigkeit von Kettenteilung und Kettenradfußkreis-Durchmesser und den besonderen Be-

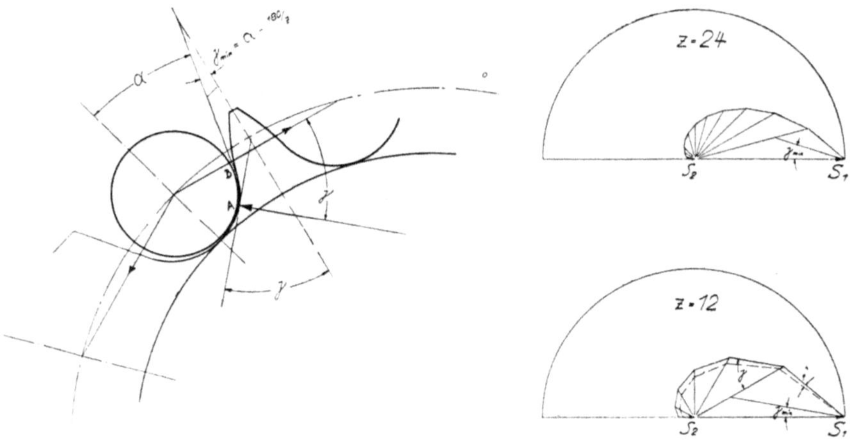

Bild 2. Kräfte am Kettenrad, $t_K > t_R$, gleiches Bezugsprofil (α), Zähnezahl und wirksamer Flankenwinkel (γ) veränderlich

triebsbedingungen angepaßten Qualität nach noch zu ermittelnden Gesichtspunkten auswählen. Außerdem setzen wir voraus, daß Zahnfußradius und Rollenradius mit einer solchen Spielpassung ausgeführt werden, daß bestimmte, noch zu erläuternde Bedingungen erfüllt werden können.
In *Bild 2* sind die Kräfte an Kette und Rad für zwei verschiedene Zähnezahlen dargestellt, wobei wir den idealen Fall genau gleicher Teilungen voraussetzen. Zu-

folge der gewählten Passung ist die Teilung der Kette größer als die des Rades, so daß sich der Rollen-Mittelpunkt auf einen etwas vergrößerten Teilkreis einstellt und die Berührung zwischen Rolle und Rad bei Punkt *A* im Neuzustand erfolgt. Im Verlauf der Kettenlebensdauer bewegt sich dieser Punkt mit zunehmendem Kettenverschleiß von *A* nach *B*, wo an dem Flankenwendepunkt der Kleinstwert des wirksamen Flankenwinkels γ erreicht wird. Der Zahnfußradius hat *dann* die richtige Größe, wenn sich der Berührungspunkt zwischen Rolle und Rad, der Ort der Kraftübertragung, der durch den Verschleiß zunehmenden Längenänderung der Kette bzw. dem zugehörigen vergrößerten Teilkreis anpassen kann und der wirksame Flankenwinkel hierdurch allmählich von einem größeren Wert bei Beginn der Kettenlebensdauer zu dem kleinsten Wert bei Erreichen des größten zulässigen Kettenverschleißes übergehen kann. Zugleich können durch eine solche Ausbildung der Fußkurve offenbar die durch Herstellungsfehler und unterschiedlichen Verschleiß bedingten Teilungsfehler leichter aufgenommen werden, so daß alle Rollen in einem zwar nunmehr unregelmäßigen Sehnenpolygon zur Anlage mit dem Rad gelangen. Aus dem eingezeichneten Bezugsprofil des Wälzwerkzeuges ist der Zusammenhang zwischen dem Fräser-Flankenwinkel bzw. dem Eingriffswinkel des Bezugsprofils einerseits und dem kleinsten Flankenwinkel γ des Kettenrades nach der hier eingeführten Definition andererseits zu entnehmen. Aus dem nach den statischen Gleichgewichtsbedingungen gezeichneten Kräftebild ist die Größe der äußeren und inneren Kräfte abzulesen.

Man erkennt, daß selbst bei dem großen wirksamen Flankenwinkel von 40°, wie er hier gezeichnet ist, eine nur kleine Vorspannung auftritt, deren Vorhandensein in begrenztem Maße für unbedingt zweckmäßig gehalten wird. Bei Berücksichtigung der Rollreibung müßte von diesem Flankenwinkel ein dem Reibungskegel entsprechender Abzug gemacht werden, so daß in Wirklichkeit die Kettenvorspannung noch geringer ausfallen würde. Das Kräftebild für den kleinsten im vorliegenden Fall erreichbaren Flankenwinkel ist ebenfalls eingetragen. Der Vergleich zwischen diesem Kräftebild und dem für die doppelte Zähnezahl gezeichneten vermittelt zwei wesentliche Erkenntnisse:

Bei Voraussetzung der gleichen erwünschten Vorspannung ist bei größerer Zähnezahl ein größerer Flankenwinkel notwendig.

Bei Herstellung von Kettenrädern mit einem Wälzwerkzeug gleichen Bezugsprofils kommt der kleinste wirksame Flankenwinkel gemäß der Beziehung

$$\gamma_{\min} = \alpha - \frac{180}{Z}$$

dieser Forderung nach. Wir erhalten für $\alpha = 25°$ die Kettenrad-Flankenwinkel:

$Z = 12$	$\gamma = 10°$
$Z = 24$	$\gamma = 17{,}5°$
$Z = 50$	$\gamma = 21{,}4°$

1.22. t_k kleiner t_r

In *Bild 3* ist der Kettentrieb nach anderen Gesichtspunkten ausgelegt. Die Kettenteilung ist kleiner als die Radteilung, durch ein angemessenes Zahnlückenspiel ist dafür gesorgt, daß sich die Kette trotzdem zwanglos auflegen läßt. Der Zahnfußradius ist fast gleich dem Rollenradius. Das dargestellte Kräftebild ist zumindest zu Beginn der Kettenlebensdauer möglich.

Besondere Kennzeichen sind, daß das Drehmoment erst durch die letzten Zähne übertragen wird, und daß man deshalb — auch bei großen Kettenradzähnezahlen — möglichst kleine wirksame Flankenwinkel anstreben muß, um die Vorspannung auf ein zulässiges Maß zu beschränken. Aus dem Kräftebild ist zu entnehmen, daß zunächst fast alle Zähne des umschlungenen Bogens eine verhältnismäßig hohe Pressung aufzunehmen haben, und daß zunächst eine Überbelastung der Ketten- und Lager-

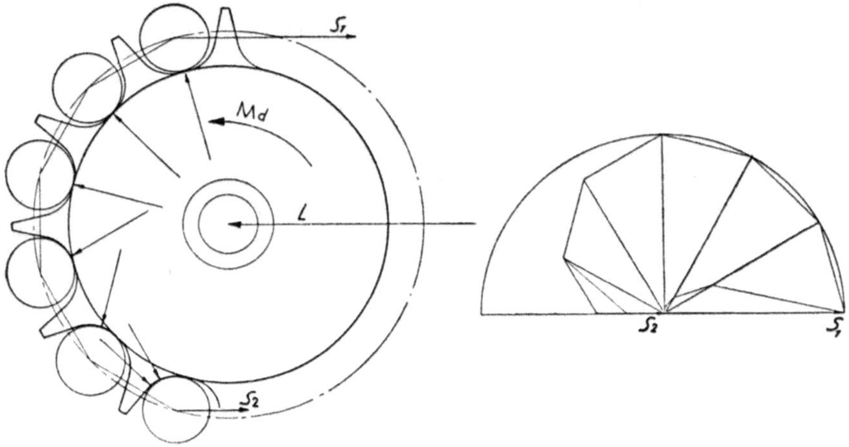

Bild 3. **Kräfte am Kettenrad, $t_K < t_R$, $\gamma_{min} = 12°$**

kräfte zufolge der hohen Vorspannung auftritt, wodurch die Kette gewaltsam schließlich durch Dehnung und Verschleiß auf Teilungsgleichheit gebracht wird. In diesem Augenblick schlägt das Kräftebild infolge des kleinen Flankenwinkels in das entgegengesetzte Extrem um: die Vorspannung wird praktisch Null, alle Kettenglieder außer dem ersten sind fast spannungslos, dem Ablösen der Kette vom Rad ist bei weiter zunehmendem Verschleiß und großen Kettengeschwindigkeiten kein Einhalt mehr geboten. Man möchte nunmehr gern einen größeren Flankenwinkel haben, was aber leider wegen des Anfangskräftezustandes nicht erlaubt werden durfte. Ein Kettenglied wird auf seinem Wege vom losen Trum über den umschlungenen Bogen zum ziehenden Trum nicht allmählich, sondern in wenigen Sprüngen auf volle Spannung gebracht.
Eine solche Auslegung eines Kettentriebes kann daher besonders auch im Hinblick auf dynamische Wirkungen nicht vorteilhaft sein, wenn nicht andere, uns unbekannte Gesichtspunkte eine solche Form in Ausnahmefällen nützlich erscheinen lassen.

2. Allgemeine mathematische Behandlung

Die Ergebnisse einer allgemeinen mathematischen Behandlung für den normalen Fall „Kettenteilung größer Radteilung" sind in *Bild 4* wiedergegeben.
Man erkennt daraus, daß der Flankenwinkel γ mit größerer Zähnezahl und mit größerem Umschlingungswinkel größer werden müßte, wenn die Annahme einer gleichen Vorspannung S_2 für die Wahl des Flankenwinkels γ zugrunde gelegt wird.

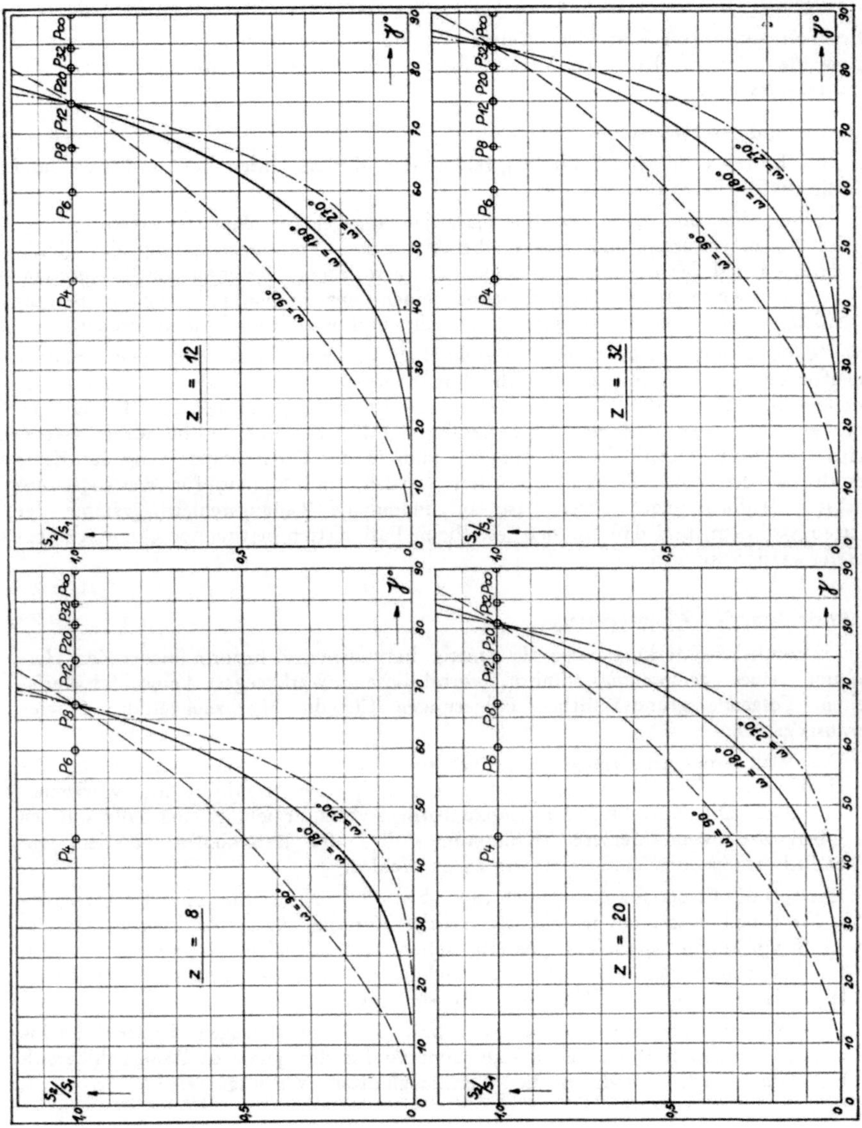

Bild 4. Kettenspannungsverhältnis S_2/S_1 in Abhängigkeit vom Flankenwinkel γ bei verschiedenen Zähnezahlen z und Umschlagswinkeln w

3. Toleranzen

Die Toleranzen von Kette und Kettenrad sind nach vorgenannten Grundsätzen so zu wählen, daß die Kette im Verlauf ihrer Lebensdauer im günstigsten Bereich des Kräftebildes arbeitet.

Hierzu sind zu tolerieren:

1. Die Einzel- und Summenteilungsfehler der Ketten, unter Last gemessen, und die Fußkreis-Durchmesser;
2. Rollenradius und Zahnfußradius nach den angegebenen Gesichtspunkten.
   Es ist zu erwarten, daß hierbei die *Hertz*schen Pressungen infolge der gleichsinnigen und der nur wenig voneinander verschiedenen Krümmungen keine unzulässigen Werte annehmen, was jedoch einer genauen Nachrechnung bei Berücksichtigung der Relativbewegung von Rolle und Rad beim Einlauf bedarf.

Zweifellos ist hierzu eine hohe Teilgenauigkeit der Kette notwendig. Die Genauigkeitsforderungen sollten jedoch nicht höher gestellt werden, als die allgemeinen Betriebsbedingungen des Kettentriebes im jeweiligen Fall rechtfertigen. Es darf jedoch gesagt werden, daß eine Verbesserung der Kettengetriebe nicht nur in zweckmäßigeren Kettenradzahnformen, sondern auch in der Qualitätssteigerung der Kette gesucht werden muß. Es muß gefordert werden, daß künftig für Kettengetriebe höchster Anforderungen unter Last aufgenommene Teilungsfehlerdiagramme der Ketten vorliegen, und daß für den jeweiligen Fall Ketten bestimmter Qualität angeboten werden können.

4. Ausbildung der Wälzwerkzeuge

Die wesentlichen Merkmale der als günstig befundenen Zahnform bieten der Herstellung eines zerspanungstechnisch vorbildlichen Werkzeuges keine Schwierigkeiten. Folgende grundsätzlichen Folgerungen für die Werkzeuggestaltung seien herausgegriffen:

1. Die Wahl eines geradflankigen Bezugsprofils mit konstantem Flankenwinkel für einen großen Zähnezahlbereich ist zweckmäßig und erleichtert die Werkzeugfertigung. Die Korrektur der Flankenform zwecks Erzielung eines allmählichen Überganges vom kleineren Krümmungsradius des Zahnkopfes zu dem unendlich großen der Zahnflanke ist zu empfehlen.
2. Der große Fräser-Flankenwinkel (50° bis 60°) bietet für die Werkzeugherstellung und -verwendung sehr wesentliche Vorteile, da er bei kleinem Hinterschliffwinkel am Zahnkopf bereits einen ausreichenden Freiwinkel an den Flanken sichert und die Arbeitsgenauigkeit während der gesamten Werkzeuglebensdauer in hohem Maße gewährleistet wird.
3. Normale Anforderungen können mit 2 bzw. 3 Wälzwerkzeugen (Fräser, Schneidrad) je Kettenteilung und Rollen-Durchmesser für den gesamten Zähnezahlbereich befriedigt werden, wodurch die Werkzeughaltung verbilligt wird.

5. Zusammenfassung

Die guten Erfolge der nach vorstehenden Grundsätzen ausgebildeten Kettenrad-Wälzwerkzeuge und die dargelegten Zusammenhänge lassen die Einführung eines großen Zahnlückenspieles und kleiner Flankenwinkel im mittleren und oberen Zähnezahlbereich unzweckmäßig erscheinen. Laufversuche müßten durchgeführt werden, um endgültigen Aufschluß über den Zusammenhang zwischen der Zahnform einerseits und Kräfte, Geräusch und Verschleiß andererseits zu erhalten, und um insbesondere den Einfluß der Trägheitskräfte bei schnellaufenden Trieben zu erforschen. Schließlich müssen die Forderungen nach zerspannungstechnisch und wirtschaftlich günstigen Werkzeugen bei der Gestaltung der Kettenradzahnformen berücksichtigt werden.

Dipl.-Ing. *Fichtner*, Wuppertal-Barmen:

Es wurde bereits in der Diskussion „Riementriebe“ verschiedentlich das Problem der Kettengeschwindigkeit gestreift und als bisher erreichte Höchstgeschwindigkeit 38 m/sec angegeben, ohne allerdings näher auf die Gründe einzugehen, die diese Grenze bestimmen. Insbesondere müßte der Zusammenhang zwischen Höchstgeschwindigkeit und Kettenteilung einmal durch Angabe von Zahlenwerten erläutert werden.
Ich möchte weiter noch auf ein Problem hinweisen, das Herr *Pietsch* in seinem Vortrag schon kurz beleuchtet hat. Die Abhängigkeit der Kettengeschwindigkeit von dem Raddurchmesser und der Drehzahl führt zu folgender Überlegung: Es wird in bezug auf Brüche an den Kettenrollen nicht gleich sein, ob man eine vorgegebene Kettengeschwindigkeit dadurch erzielt, daß man bei einem kleinen Raddurchmesser eine hohe Drehzahl wählt, oder umgekehrt bei geringerer Drehzahl einen großen Raddurchmesser.

Ich möchte dies an der nachstehenden Skizze erläutern *(Bild 1)*. Es ist ja bekannt, daß die einzelnen Kettenglieder um einen bestimmten Winkel beim Einlauf in das Kettenrad einschwenken. Dieser Winkel ist abhängig von der Zähnezahl des Rades, und zwar ergibt er sich zu $2\alpha = \frac{360^\circ}{z}$, wobei Z die Anzahl der Zähne bedeutet.

Wenn man sich nun überlegt, daß das gerade in den Zahngrund eingelaufene Kettengelenk B als Momentandrehpol für die Schwenkung des Kettengliedes AB relativ zum Kettenrad aufgefaßt werden kann, so ist die Winkelgeschwindigkeit, mit der diese Schwenkung erfolgt, gleich der Winkelgeschwindigkeit des Kettenrades und damit verhältnisgleich der Raddrehzahl. Die Geschwindigkeit, mit der die nachfolgende Rolle A des Kettengliedes AB auf dem Bogen A-A' in den Zahngrund einschwenkt, ergibt sich also aus der Winkelgeschwindigkeit ω mal Kettenteilung t.
Aus dieser Überlegung geht weiter hervor, daß die relative Geschwindigkeit dieser Schwenkbewegung konstant sein muß, und somit trifft die Rolle das Kettenrad schlagartig mit der Geschwindigkeit $V = \omega \cdot t$ oder $v = \frac{\pi \cdot n}{30} \cdot t$. Es ist wahrscheinlich, daß gerade hierdurch bei Steigerung der Geschwindigkeit Schäden an den Kettenrollen auftreten, wodurch die Kettengeschwindigkeit nach oben hin begrenzt wird. Es wäre allerdings denkbar, daß man bei Vergrößerung der Zähnezahl eine Grenzzähnezahl erreicht, bei der selbst bei Steigerung der Drehzahl keine Vermehrung von Kettenbrüchen auftritt. Der Bogen AA' ist mittlerweile so klein geworden und die zum Einschwenken zur Verfügung stehende Zeit so kurz, daß die Trägheitskräfte das Aufschlagen der Kettenrollen in den Zahngrund verhindern.

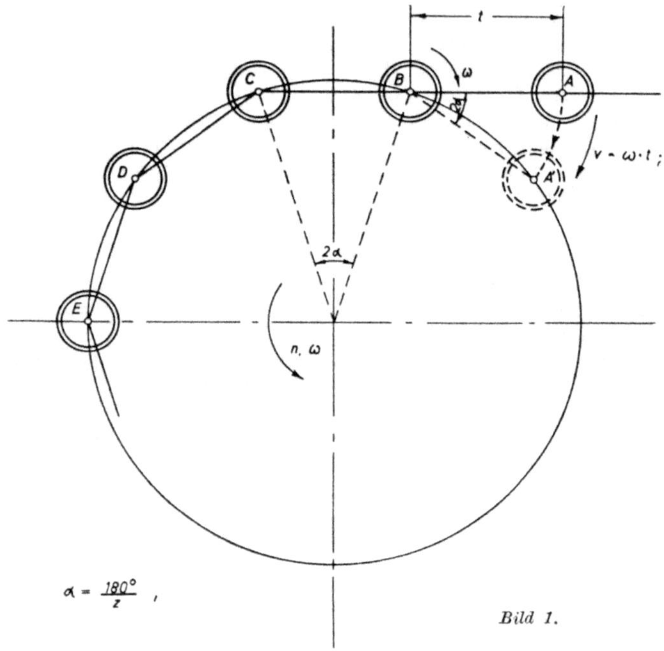

Bild 1.

Obering. *Pietsch*, Einbeck: Wie von mir schon erwähnt, ist die Frage der Flankenwinkel bei der Betrachtung der Verzahnung immer ein Streitpunkt gewesen. Herr *Clarenbach* zeigte uns nur noch ausführlicher die grundsätzlichen Dinge, die ich schon erläutert habe. Wie gesagt, kommen die amerikanischen Verzahnungen zu immer kleineren Flankenwinkeln und zu immer kleineren Zahnfußabrundungen, so daß die Flankenwinkel im Zahnfuß verhältnismäßig klein werden. Es ist mir leider nicht möglich gewesen, eine neuere Arbeit, die sich mit der Änderung der amerikanischen Norm befaßt, ausführlich zu prüfen und durchzusehen. Ich habe jedenfalls festgestellt, daß gegenüber der bisherigen Ausführung der Flankenwinkel bei der amerikanischen Zahnform relativ klein gewählt ist. Ich nannte schon die Zahl 11° bei etwa 12 Zähnen und 15° bei etwa 14 Zähnen, so daß man neuerdings zu einem umgekehrten Verhältnis kommt. Bei großen Zähnezahlen soll also mit dem kleinsten wirksamen Flankenwinkel von etwa 10° und bei kleinen Zähnezahlen mit dem größten wirksamen Flankenwinkel von maximal 16° gearbeitet werden. Das ist von mir schon mehrmals veröffentlicht worden. Es ist leider nicht möglich, wie auch Herr *Clarenbach* bestätigt, die praktischen Auswirkungen theoretisch einwandfrei zu erläutern. In der Praxis zeigt sich jedoch, daß besonders bei hoch beanspruchten Getrieben der Frage des Flankenwinkels eine sehr große Bedeutung zukommt. Mehr kann man dazu im Augenblick nicht sagen.

Prof. *Kollmann:* Demnach ist das Problem der Zahnform der Kettenräder noch nicht eindeutig geklärt.

Filzek, Lünen-Wethmar/Westf.: Herr *Pietsch* hat in seinen Ausführungen — vor allem mit seinem letzten Bild — auf eine evtl. neue Zahnform bei Rollenkettentrieben hingewiesen. Wie Herr Professor *Kollmann* eben bemerkte, ist es z. Z. offenbar noch nicht geklärt, ob sich ein größerer oder kleinerer Flankenwinkel auf die Eingriffsverhältnisse eines Kettentriebes günstiger auswirkt. Ich möchte deshalb auf einige Erfahrungen aus der Praxis hinweisen, die wir an dem Rollenkettentrieb unseres Kohlenhobels, des *Löbbe*-Hobels, machten. An diesem hochbeanspruchten Kettentrieb mit einer Teilung von 76,2 mm und einem Achsabstand von nur 1160 mm besitzt das Rad nur 15 und das Ritzel sogar nur 8 Zähne. Kettenbrüche waren der Anlaß, 1950 versuchsweise den theoretischen Zahnfußkreis von 48 ⌀ auf 50 ⌀ zu vergrößern, wodurch eine Vergrößerung des Flankenwinkels erreicht und eine Verbesserung der Eingriffsverhältnisse erhofft wurde. Diese Maßnahme führte entgegen allen Erwartungen nicht zum Erfolg, da die Ketten noch viel schneller zerstört wurden. Räumliche Beeengtheit verbot eine größere konstruktive Gestaltung des Triebes, und so wurde versucht, Kettenbrüche durch Entwicklung einer Hochleistungskette auszuschließen. Trotz beachtlicher Steigerung der statischen und dynamischen Festigkeitseigenschaften um mehr als das Doppelte waren Kettenrisse nicht immer vermeidbar, wobei die Rollen der Kette Eindrücke aufweisen, die so aussehen, als ob sie vom Zahnkopf herrühren *(Bild 1).*

Bild 1. Zerstörte Rollen einer Rollenkette *R* 81

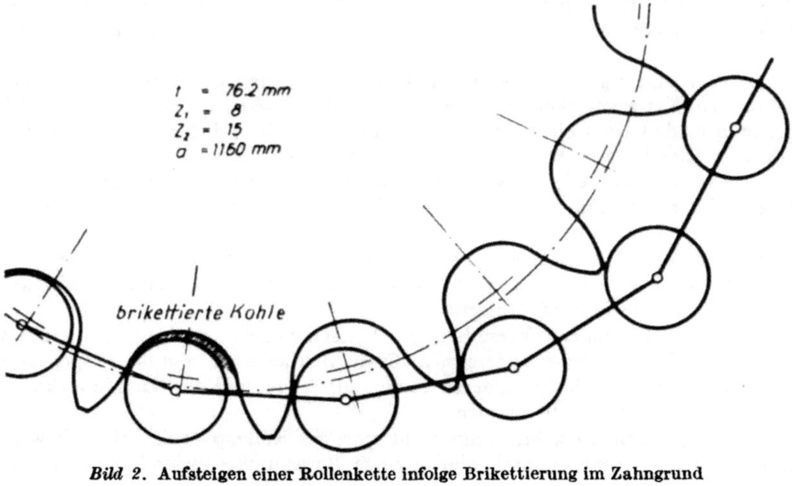

Bild 2. Aufsteigen einer Rollenkette infolge Brikettierung im Zahngrund

Solche zerstörten Rollen treten immer dann auf, wenn sich der nicht öldicht gekapselte Kettentrieb infolge übermäßigen Feinkohlenanfalls zusetzt und sich sowohl im Zahngrund als auch in den Kettengelenken Brikettierungen bilden können.
Es erscheint zunächst unwahrscheinlich, daß es bei diesem kurzen Kettentrieb Möglichkeiten gibt, die zum Aufsetzen einer Rolle auf den Zahnkopf führen.
Nimmt man wie in *Bild 2* an, daß es in einem Zahngrund zu einer Brikettierung gekommen ist, so kann sich die Rolle nicht mehr voll in den Zahngrund legen. Sie

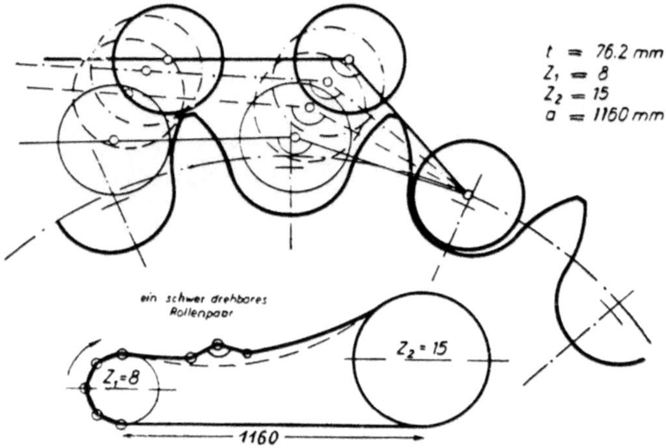

Bild 3. Aufsteigen einer Rollenkette infolge behinderter Beweglichkeit eines Rollenpaares

wird gezwungen, auf einem größeren Kreis als dem Teilkreis zu laufen. Dadurch liegt die nächste Rolle bereits vorzeitig — ohne den Zahngrund zu berühren — auf der Zahnflanke auf und bedingt, daß sich eine der folgenden Rollen auf den Zahnkopf aufsetzen kann.
Ein ähnliches Bild ergibt sich, wenn man voraussetzt, daß die Kette durch Brikettierung in den Kettengelenken in ihrer Beweglichkeit behindert ist. So ist in *Bild 3* angenommen, daß *ein* Gelenkpaar so stark brikettiert hat, daß es seine Abwinkelung durch das Ritzel beim Durchlaufen des Leertrums beibehält und in dieser Lage auf das Rad aufläuft. Die stark ausgezogene Abwinkelung entspricht etwa der Kettenauflage beim Ritzel und zeigt deutlich, daß bereits beim Einlauf der Kette ein Aufsetzen möglich ist.
Ein Aufsteigen und Aufsetzen kann aber auch dann eintreten, wenn *mehrere* Gelenkpaare nicht voll beweglich sind, im Leertrum eine Brücke bilden und auf das Rad auflaufen, wie es *Bild 4* zeigt.
Es wurden keine Mühen, Versuche und Untersuchungen gescheut, um eine Verbesserung des Kettentriebes zu erreichen. Deshalb erlaube ich mir die Frage, ob ähnliche Erscheinungen auch an anderer Stelle auftraten, und welche Maßnahmen zu ihrer Behebung angewandt wurden.
Dieselbe Möglichkeit entsteht, wenn nicht nur ein Rollenpaar in seiner Beweglichkeit behindert ist, sondern noch eine geringe Beweglichkeitsbehinderung in der ge-

samten Kette ist. Dann passiert etwas ähnliches, nur daß dann nicht die dritte Rolle, sondern die fünfte oder sechste Rolle auf den Zahnkopf aufsetzt.

Wenn man annimmt, daß die Kette zwar in allen Rollen beweglich ist, aber in dem Zahngrund sich Kohle oder Schmutz brikettiert, dann kann sich die nächste Rolle nicht mehr voll in den Zahngrund einlegen; und dann muß eine der nachfolgenden Rollen wieder auf den Zahnkopf aufsetzen. Meine Frage geht nun dahin, ob bisher

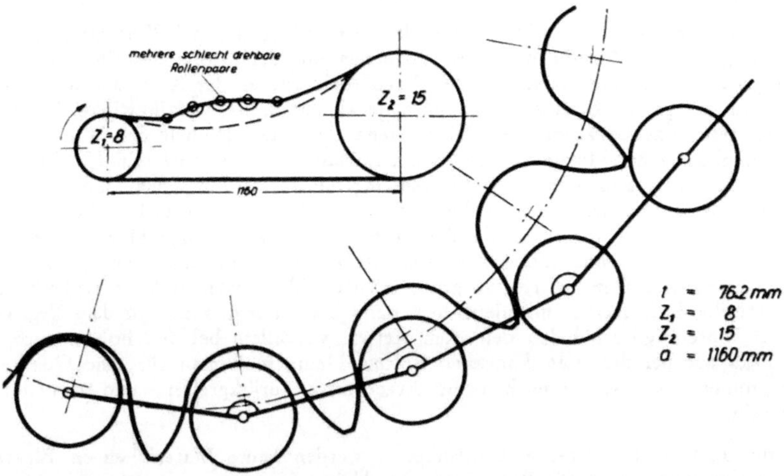

Bild 4. **Aufsteigen einer Rollenkette infolge behinderter Beweglichkeit mehrerer Rollenpaare**

ähnliche Erscheinungen auch bei anderen Rollentrieben aufgetreten sind, und welche Maßnahmen zu ihrer Behebung möglich erscheinen.

Unbekannt: Gegen solche Erscheinungen kann man sich helfen, indem man den Zahngrund des Kettenrades ausfräst, so daß der eindringende Kohlenstaub seitlich ausweichen kann. Die Rolle liegt ja nicht in gleicher Weise im Zahngrund auf wie an der Flanke, so daß es keine Rolle spielt, wenn hier etwas Material abgenommen wird.

Prof. *Kollmann:* Wenn die Rolle im Zahngrund trägt, wird nicht die Flächenpressung auf den Drehzapfen, sondern die *Hertz*sche Pressung zwischen Rolle und Zahngrund für die Lebensdauer einer Kette maßgebend sein?

Prof. *vom Ende,* Lenggries: Gelegentlich der Bearbeitung des Kapitels Ketten für die „Hütte" bin ich auf Schwierigkeiten gestoßen, zunächst die, daß keine einheitliche Berechnung für Kettentriebe vorliegt. Es bestehen bereits Einheitsberechnungen für Riementriebe und für Zahntriebe. Aber wenn man einen Kettentrieb berechnen will, dann muß man sich die Kataloge zusammensuchen, und in jedem Katalog steht eine andere Berechnung. Wenn nun ein Konstrukteur einen Entwurf zu machen hat, dann kann er nach dem einen oder nach dem anderen Katalog arbeiten, in der „Hütte" aber oder in anderen Taschenbüchern steht nichts über Kettentriebe und ihre

Berechnung. Ich möchte doch den Vorschlag machen, daß die Firmen sich zusammenfinden und ihre Berechnungen vereinheitlichen.

Obering. *Arp*, Hamburg-Harburg: Herr *Bensinger* hat in seinem Vortrag über die Eigenschwingungszahl der Kette eine Formel angegeben. Gibt es für die Riemen auch solch eine Formel?

Prof. *Bußmann*, Berlin: Nein, eine solche Formel ist nicht bekannt.

Prof. *Niemann*, München: Die Größe des Geräusches, das bei Kettentrieben auftritt, hängt meiner Ansicht nach eng zusammen mit der Größe des Ein- und Ausschwingens der einzelnen Kettenglieder. Beim Aufklatschen der Kette auf den Grund wird man das größte Geräusch bekommen, je kleiner dieser Schwingwinkel ist, desto geringer wird das Geräusch sein. Seine Grenze hat die Kleinheit des Winkels aber wahrscheinlich in der Herstellungsgenauigkeit. Man muß ja so viel mit dem Flankenkopf zurückgehen, daß man unter Einrechnung der Herstellungsgenauigkeiten immer noch ohne Stoß mit der Kette in die Zähne hineinkommt. Mir fällt außerdem auf, daß bei den deutschen Ketten die Rollen meist eine zu geringe Härte haben. Sie schlagen ja auf die Zähne auf, und meistens ist die Walzenpressung, die zwischen den Zähnen und den Rollen auftritt, so groß, daß man höher härten müßte. Vergleicht man aber amerikanische Ketten mit deutschen, dann kommt man meist zu dem Ergebnis, daß die Materialgüte bei den deutschen Ketten, vor allem bei den Bolzen, nicht so hoch liegt wie bei den amerikanischen Bolzen. Heute muß man für eine Qualitätskette immer noch auf amerikanische Erzeugnisse zurückgreifen, und das dürfte nicht sein.

Obering. *Pietsch:* Für Präzisionsrollenketten werden heute Materialien in Elektrostahlgüte verwandt und für Bolzen von Hochleistungsketten — ich spreche nur von Präzisionsrollenketten — Chromnickelstähle. Für die Buchsen werden meistens Chromstähle verwendet, das gleiche für die Rollen. Von einigen Firmen werden Rollenketten noch aus unlegiertem Material gemacht. Wir haben aber erst vor kurzem eine sehr große Typenzahl von Ketten aus verschiedensten Herkunftsländern analysieren lassen und festgestellt, daß im Durchschnitt die Materialgüte und auch die Warmbehandlung bei den deutschen Ketten am besten ist. Bei den ausländischen Ketten fällt uns sehr häufig noch auf, daß in einem größeren Umfang kalt verfestigte Laschen verwendet werden; daß die Dauerfestigkeit dieser nur kalt verfestigten, also nicht warm behandelten Laschen, aber geringer sein muß, ist selbstverständlich. Die Bolzenabnutzung ist in der Regel auch bei einer gut ausgeführten Kette größer. Bezüglich der Genauigkeit der Ketten möchte ich darauf verweisen, daß Ketten aus Massenteilen bestehen, und ein Kettenglied enhält oftmals vier bis fünf ineinandergeschachtelte Maße. Ich möchte richtigstellen, daß die Toleranz für die Kettenglieder nicht 1,5%, sondern nach DIN 0,15% ist. Bei Ketten von z. B. 50 Gliedern, bei denen diese Toleranz eingehalten wird, kann man wohl mit Recht von Präzisionsketten sprechen.

Dr.-Ing. *Schulze*, Gießen: Sind über Kettentriebe, Rollenketten wie Zahnketten, bereits spannungsoptische Untersuchungen angestellt worden?

Obering. *Pietsch:* Untersuchungen dieser Art sind noch nicht durchgeführt worden. Die Bruchsicherheiten der Ketten liegen bei richtiger Auslegung so hoch, daß normalerweise ein Bruch nicht auftreten kann. Das ist nur bei sehr groben Einlauffehlern, und zwar dann der Fall, wenn die Kette einseitig durch nicht schlupfende Räder oder elastische Verformung des Aufbaus während des Betriebes aufsetzt. Normalerweise werden keine Brüche beobachtet.

Ing. *Meitzner:* Im Zahnkettenbau werden neuerdings — wie ich schon erwähnte — Zuglaschen eingebaut, die verhindern sollen, daß infolge ihrer Konstruktion ein Aufbiegen der Zahnlaschen mit bleibenden Verformungen entsteht. Die Versuche und Ergebnisse auf Lebensdauer sind aber nicht abgeschlossen, weil es sich hier um ein neues Gebiet handelt, das jetzt in Angriff genommen wird. Spannungsoptische Versuche sind aber auch bei ihnen noch nicht durchgeführt.

Dir. *Schübel,* Eiserfeld: Die Fragen der Ketten- und der Kettenradberechnungen liegen nicht einfach. Der Technische Ausschuß der Stahlgelenkkettenindustrie beschäftigt sich schon seit über einem Jahr sehr ernsthaft mit dem Problem, ohne daß man bisher zu einem endgültigen Ergebnis gekommen wäre. Über die Kettenradprofile sind schon sehr häufig in diesem Kreise Diskussionen geführt worden. Die Frage der Kettenradprofile wird aber nicht schnell zu erledigen sein, während die Aussicht besteht, daß das Kettenberechnungsblatt in absehbarer Zeit als DIN-Norm herausgebracht wird.

Prof. *Bußmann:* Herr *Meitzner* hat ein Bild gebracht, in dem das Dehnungsverhalten von nicht korrigierten Zahnketten bei längerem Lauf gezeigt wird. Danach hat bei 16 Millionen Lastspielen ungefähr bei beiden Kettenarten eine erneute Dehnungszunahme eingesetzt, nachdem zunächst die Dehnungszunahme weggeblieben war. Gibt es dafür eine Erklärung?

Ing. *Meitzner:* Ich sehe die Erklärung hierfür eigentlich nur darin, daß im Rollenkettenbau und jetzt auch bei den Zahnketten Einsatzmaterial verwendet wird. Durch die hohe Belastung, mit der in diesem Fall gefahren wurde — sie betrug das Dreifache der normalen Belastung — hat sich ein Eindrücken der Einsatzschicht oder evtl. eine Grübchenbildung gezeigt. Eine einwandfreie Definition kann hierfür im Augenblick noch nicht gegeben werden.

Dipl.-Ing. *Maurer,* Bad Homburg: Ich hatte 1934 bei der *Link Belt* spannungsoptischen Untersuchungen an Zahnkettengliedformen beigewohnt, die darum gingen, ob man bei den Wiegezapfen bleiben soll oder Gleitzapfen verwendet werden sollen. Die spannungsoptischen Untersuchungen haben eine Überlegenheit des Gleitzapfens mit dem runden Loch gebracht, und ich glaube, daß die Firma dann grundsätzlich zu Gleitzapfen übergegangen ist, ähnlich wie PIV, Bad Homburg. PIV hat jedenfalls Ketten laufen, bei denen die Zahl der Lastwechsel etwa 5 Milliarden beträgt, ohne daß die Ketten zu Bruch gegangen sind.

Dipl.-Ing. *Grothus,* Hagen/Westf.: Ich möchte zwei Fragen beantworten, die gestellt worden sind. Die erste von Herrn Prof. *Niemann:* Festigkeit der Rollen deutscher und amerikanischer Herkunft. Die Antwort hierauf ist wahrscheinlich in den unterschiedlichen Werkstoffen zu suchen. Während die meisten amerikanischen Kettenrollen aus Bandmaterial gewickelt werden, werden die deutschen Rollen — zumindest die der kleineren Kettendimensionen — vorwiegend tief gezogen. Selbstverständlich kann man beim Tiefziehen nicht derart legierte Werkstoffe verarbeiten,

wie das beim Wickeln möglich ist. Das ist der Grund, warum sehr viele amerikanische Rollenketten werkstoffmäßig bessere Rollen verwenden.
Die zweite Frage von Herrn Prof. *Kollmann:* Die merkwürdige Krümmung des Kettentrums beim Auflaufen auf dem Kettenrad. Sie könnte nach meiner Ansicht in folgender Überlegung ihre Erklärung finden: Das Kettenglied beschreibt ja auf der Strecke des Umlaufs um das Kettenrad eine kreisförmige Bewegung, und zwar zunächst auf dem Teilkreis, daneben in sich auch eine rotierende Bewegung mit der Winkelgeschwindigkeit des Kettenrades. Nach dem Ablaufen aus dem Kettenrad muß die rotierende Bewegung, die natürlich fortbestehen will, wieder aufgehoben und d. h. in die geradlinige Bewegung im gezogenen Trum übergeführt werden. Die Kräfte, die zu dem Ausrichten oder Gleichrichten der Glieder notwendig sind, finden ihre Reaktion nun wahrscheinlich in dieser merkwürdigen Kettenform. Danach müßte dieses Bild an sich also auch für Zahnketten bestimmend sein.

Prof. Dr.-Ing. E. MARTYRER, Hannover

Arten und Aufgaben der nachgiebigen und schaltbaren Kupplungen

Kupplungen sind Maschinenelemente zur Übertragung von Drehmomenten zwischen fluchtenden oder nahezu fluchtenden Wellen. Ein Blick in die einschlägige Literatur und die maßgeblichen Hand- und Lehrbücher zeigt, daß eine außerordentlich große Mannigfaltigkeit der Bauformen besteht, und daß es deshalb schwer ist, für einen bestimmten Anwendungsfall die geeignete Type auszuwählen. Es sei deshalb nachstehend versucht, ein gewisses Ordnungsprinzip aufzustellen und darin die Bauarten der Kupplungen nach ihren Aufgaben und Eigenschaften einzuordnen (*Bild 1*, siehe Seite 166).

Einem allgemeinen Brauch folgend, können die Kupplungen eingeteilt werden in nichtschaltbare Kupplungen und schaltbare Kupplungen, wobei die Kraftübertragung 1. formschlüssig, 2. kraftschlüssig, im allgemeinen durch Reibung, 3. hydrostatisch, hydrodynamisch oder elektromagnetisch erfolgen kann. Bei den formschlüssigen Kupplungen ist das maximal übertragbare Drehmoment lediglich durch die Festigkeit der Übertragungsorgane bedingt, ein Schlupf zwischen den beiden Kupplungshälften ist nicht möglich. Bei den kraftschlüssigen Kupplungen ist das maximal übertragbare Drehmoment abhängig von der Anpreßkraft der beiden zu kuppelnden Teile und den Reibungsverhältnissen. Ein kurzzeitiger Schlupf zwischen den beiden Kupplungshälften ist beispielsweise beim Einschalten und bei Überlastungen möglich, er ist aber wegen der schnellen örtlichen Erwärmung zeitlich begrenzt. Bei den hydrostatischen, hydrodynamischen und magnetischen Kupplungen ist im Betrieb ständig ein gewisser Schlupf vorhanden, dessen Größe mit dem zu übertragenden Drehmoment ansteigt. Der Schlupf ist nicht mit einem Verschleiß verbunden, und bei den Schaltkupplungen dieser Gruppe ist ein vollkommen verschleißloses Schalten möglich.

Nichtschaltbare Kupplungen

Bei den nichtschaltbaren Kupplungen können wir einerseits *feste* oder *starre Kupplungen* unterscheiden im Gegensatz zu den *Ausgleichskupplungen,* die entweder als *gelenkige Kupplungen* gewisse Wellenverlagerungen aufnehmen können, oder als *drehnachgiebige Kupplungen* Drehmomentstöße und Schwingungen ausgleichen sollen. Meist weisen die drehnachgiebigen Kupplungen gleichzeitig eine gewisse Gelenkigkeit auf, um als vollkommene Ausgleichskupplungen zu wirken.

Es erscheint zweckmäßig, bei den schaltbaren Kupplungen eine Einteilung nach dem Schaltimpuls vorzunehmen. *Fremdgeschaltete Kupplungen* sind eigentliche Schaltkupplungen, wobei der Schaltimpuls von außen kommt und entweder mechanisch, hydraulisch, pneumatisch oder elektromagnetisch ausgelöst werden kann. *Drehzahlgeschaltete Kupplungen* oder *Fliehkraftkupplungen* erhalten ihren Schaltimpuls von der Drehzahl der angetriebenen Welle selbst. *Momentgeschaltete Kupplungen* oder *Sicherheitskupplungen* erhalten ihren Schaltimpuls von der Größe des zu übertragenden Moments. *Richtungsgeschaltete Kupplungen* oder *Freilaufkupplungen* erhalten ihren Schaltimpuls von der relativen Drehrichtung der beiden zu kuppelnden Wellen gegeneinander.

Die schaltbaren Kupplungen mit formschlüssiger Kraftübertragung können sinngemäß nur bei Drehzahlgleichheit geschaltet werden. Die schaltbaren Kupplungen mit kraftschlüssiger, hydrostatischer, hydrodynamischer oder magnetischer Kraftübertragung dagegen können auch bei beliebigen Drehzahldifferenzen geschaltet werden. Bei den hydrostatischen, hydrodynamischen und den elektromagnetischen Kupplungen, sowie auch bei der kraftschlüssigen Magnetpulverkupplung ist außerdem von außen noch eine willkürliche Steuerung des zu übertragenden Moments möglich, sie seien deshalb als *steuerbare Kupplungen* bezeichnet im Gegensatz zu den formschlüssigen und dem größten Teil der kraftschlüssigen Kupplungen, die nicht steuerbar sind. In diesen Übersichtsplan für die Kupplungen sind eine Reihe von Bauarten eingetragen, deren Aufgaben und Eigenschaften nachstehend einzeln besprochen werden sollen. Die Aufstellung erhebt keinen Anspruch auf Vollständigkeit, da in ihr nur einige Beispiele für jede Kupplungsgruppe gezeigt worden sind.

Bild 2 (Seite 167 ff.), bringt eine Auswahl von *starren Kupplungen.* Während die einfache Stiftkupplung und die Plankerbverzahnung (Hirthverzahnung) einwandfrei formschlüssig das Drehmoment übertragen, wirken die Schalenkupplung, die Hülsenkupplung und die Scheibenkupplung teils formschlüssig, teils kraftschlüssig. Die Kraftschlüssigkeit der Verbindung ist dabei insofern von Bedeutung, als bei vorhandenen Schwingungen das Ausschlagen der Verbindungselemente unterbunden wird. Die Stieber-Rollkupplung ist eine reine kraftschlüssige Verbindung.

Für alle diese starren Kupplungen gilt, daß sie nur Verwendung finden dürfen, wenn wirklich eine einwandfrei fluchtende Wellenlage gewährleistet ist. Schon die geringsten Verlagerungen bringen erhebliche Zusatzbeanspruchungen in die Kupplung hinein. Ein solcher Fall liegt beispielsweise vor, wenn eine Maschinenwelle, die in Wälzlagern gelagert ist, mit einer anderen Maschinenwelle, die in Gleitlagern gelagert ist, durch eine Kupplung verbunden werden soll. In diesem Falle ist eine starre Kupplung fehl am Platze, da sie zu Schwierigkeiten führen muß. Sobald mit gewissen Verlagerungen der beiden zu kuppelnden Wellen gerechnet werden muß, und das ist in den meisten Betriebsfällen der Fall, muß eine *gelenkige Kupplung* verwendet werden.

Bei den Wellenverlagerungen unterscheiden wir eine Längsverlagerung — die meistens durch Temperaturdehnungen hervorgerufen wird — eine Winkelverlagerung und eine Querverlagerung, die beide meistens durch Montageungenauigkeiten, Fundamentsenkungen usw. bedingt sind. Für alle diese Verlagerungsfälle liegen gemäß *Bild 3* eine Reihe von Kupplungsbauarten vor. Die Gelenkigkeit wird dabei meist mittels einer der drei folgenden Möglichkeiten erreicht:

1. Durch Spiel in den Verbindungselementen. Solche Kupplungen eignen sich meist nur für sehr geringe Verlagerungen.
2. Durch gleitende Gelenkteile, die einer Schmierung bedürfen.
3. Durch elastische Teile, die keiner Schmierung bedürfen, aber bei der Auslenkung eine Rückstellkraft erzeugen.

Die Klauenkupplung ist besonders geeignet zur Aufnahme von Längsverlagerungen, das Kardan- und Kugelgelenk sowie die Hardyscheibe für die Aufnahme von Winkelverlagerungen. Bei den winkelbeweglichen Kupplungen nach Art des Kardangelenks tritt bei größeren Winkelverlagerungen insofern eine Schwierigkeit auf, als bei gleichförmiger Drehung der antreibenden Kupplungshälfte die Drehung der anderen winkelverlagerten Kupplungshälfte nicht mehr gleichmäßig ist. Befinden sich nun auf dieser Kupplungsseite rotierende Massen, so ist damit die Gefahr der Erzeugung von Drehschwingungen gegeben. Man kann diese Schwierigkeit umgehen, indem man zwei Kardan- oder Kugelgelenke hintereinander anordnet. Die Bogenzahnkupplung gestattet größere Verlagerungen nach allen Richtungen; infolge der auftretenden Gleitungen auf den Zahnflanken ist für gute Schmierung zu sorgen. Die Oldham-Kupplung arbeitet mit einem Gleitstein, der zwei um 90° versetzte Gleitführungen trägt. Sie ist im wesentlichen nur für Längs- und Querverlagerungen geeignet, Winkelverlagerungen verträgt sie kaum. Auch hier ist die gute Schmierung wesentlich.

Bei vielen dieser gelenkigen Kupplungen ist leider festzustellen, daß ihre Fähigkeit, Verlagerungen auszugleichen, sehr beschränkt ist, oder daß sie nur für größere Verlagerungen in gewissen Richtungen geeignet sind, während sie in anderen Richtungen mehr oder weniger versagen. Außerdem muß beachtet werden, daß die Verlagerung bei diesen Kupplungen unter Last nicht kräftefrei geschieht. Sie üben mit der zunehmenden Verlagerung teilweise recht erhebliche Rückdrücke auf die umgebenden Lager aus. Herr Dr.-Ing. *Benz* hat auf der Tagung Antriebselemente 1952 in München bereits auf diesen Umstand hingewiesen und dafür die Begriffe Längssteifigkeit, Winkelsteifigkeit und Quersteifigkeit geprägt. Es wäre zu wünschen, daß in den Kupplungskatalogen der Firmen Angaben nach dieser Richtung zu finden sind, damit der Konstrukteur in die Lage versetzt wird, die Größe der zulässigen Verlagerungen der Wellen und die dabei auftretenden Rückdrücke auf die Maschinenlager abzuschätzen. In allen Fällen ist es aber deshalb gerade bei dieser Kupplungsgruppe wichtig, die allgemeine Grundregel zu befolgen: Die Wellenlager möglichst dicht an die Kupplung heranzurücken, um die zusätzlich auftretenden Biegemomente der Wellen klein zu halten.

Ein sehr weites Feld nehmen die drehnachgiebigen Kupplungen ein, die deshalb auch in außerordentlich zahlreichen Bauformen auf dem Markt vertreten sind. Ihre Aufgaben sind:

1. Drehstöße in der Wellenleitung durch kurzzeitiges Speichern der Stoßenergie abzumildern.
2. Schädliche Resonanzschwingungen in der Wellenleitung zu vermeiden, zu vermindern oder zu dämpfen.

Sie werden dieser Aufgabe meist mehr oder weniger gerecht durch die Zwischenschaltung federnder Elemente aus Gummi oder Stahl zwischen beiden Kupplungshälften.

Ein Stoß kann in einer Maschinenanlage auftreten, wenn zwei rotierende Massen mit einem Drehzahlunterschied plötzlich aneinandergekuppelt werden; er wird dann als Geschwindigkeitsstoß bezeichnet. Ein solcher Vorgang kann außer beim eigentlichen Ankuppeln auch durch Spiele in Zahnrädern, in Gelenken der Wellenleitung usw. auftreten. Die dabei von der Kupplung und der Wellenleitung zusätzlich aufzunehmende Beanspruchung ist einerseits von dem Geschwindigkeitsunterschied und den beiden Massen, andererseits aber von der Nachgiebigkeit der Kupplung abhängig. Die Beanspruchung wird um so kleiner, je nachgiebiger die Kupplung ist.

Bei einem Drehmomentstoß, ausgelöst durch eine kurzzeitige plötzliche Änderung des Drehmoments der Antriebs- oder Arbeitsmaschine, tritt ebenfalls eine Minderung der Stoßbeanspruchung mit größerer Nachgiebigkeit der Kupplung auf, aber nur dann, wenn das Produkt aus Stoßzeit und Eigenfrequenz der Maschinenanlage klein ist. Kleine Eigenfrequenzen der Anlage bedeuten aber wiederum weiche Kupplungen. Andererseits ergibt sich daraus, daß nur kurzzeitige Stoßmomente von einer solchen Kupplung mehr oder weniger aufgenommen werden können; langsamere Drehmomentschwankungen können durch eine nachgiebige Kupplung in keiner Weise vermindert werden. Für Überlastungen dieser Art sind besser Sicherheitskupplungen nach Art der Rutschkupplungen zu empfehlen. Insbesondere muß aber einmal darauf hingewiesen werden, daß der Anlaufstoß, wie er beispielsweise beim Einschalten eines Drehstrom-Kurzschlußmotors auftritt, durch keine noch so elastische Kupplung vermindert werden kann.

Die zweite Aufgabe der drehnachgiebigen Kupplungen ist die Vermeidung von Resonanzdrehschwingungen. Eine Maschinenanlage, bestehend aus einer Antriebsmaschine, einer Arbeitsmaschine und einer dazwischen in einer Wellenleitung befindlichen drehfedernden Kupplung ist ein schwingungsfähiges Gebilde, dessen Eigenschwingungszahl von den Trägheitsmomenten der gekuppelten umlaufenden Massen und der Federungszahl der Kupplung abhängt. Ist die Antriebsmaschine z. B. eine Kolbenmaschine mit periodisch schwankendem Drehmoment, so besteht die Gefahr einer Resonanz mit der erregenden Schwingung, verbunden mit einer starken Aufschaukelung der Drehschwingungen. Im Gebiet kleinerer Erregenden, als der Eigenschwingungszahl des Systems entspricht, ergibt die nachgiebige Kupplung keine Verbesserung gegenüber einer starren Kupplung; erst im Bereich der überkritischen Drehzahlen werden die Schwingungen in der nachgiebigen Kupplung aufgefangen. Es ergibt sich daraus die Forderung, die kritische Eigenschwingungszahl einer gekuppelten Maschinenanlage möglichst tief zu legen, also möglichst weiche Kupplungen zu verwenden, damit die kritischen Bereiche beim Anfahren schnell durchfahren werden. Günstig ist zudem eine gute Dämpfung der Kupplung, um das Aufschaukeln in der Resonanz weitgehend zu verhindern. Die Dämpfungsverlustleistung bei der praktischen Betriebsdrehzahl ist meist so gering, daß von dieser Richtung her keine Einschränkung dieser Forderung befürchtet zu werden braucht; jedenfalls liegen die praktisch ausgeführten Kupplungsbauarten mit ihrer Drehnachgiebigkeit und Dämpfungsfähigkeit meist noch weit unterhalb der Werte, die technisch ein Optimum darstellen.

Ein gutes Bild über das Verhalten der drehnachgiebigen Kupplungen geben die Kennlinien, in denen für eine Verdrehung der beiden Kupplungshälften gegeneinander das Drehmoment *Md* über dem Verdrehungswinkel φ aufgetragen ist. Reine drehfedernde Kupplungen haben eine gerade Kennlinie, eine Dämpfung stellt sich durch eine Dämpfungsschleife in der Kennlinie dar. Von besonderem Interesse sind Kupplungen mit gekrümmter Kennlinie, da sie ein stärkeres Aufschaukeln der Drehschwingungen im Resonanzgebiet verhindern und auch für bestimmte Antriebe, beispielsweise Turbomaschinenantriebe mit einem mit der Drehzahl quadratisch ansteigenden Drehmoment, günstige Anpassungsverhältnisse zeigen *(Bild 4 und 5)*. Bei Antrieben, bei denen die Gefahr besteht, daß die Drehmomentschwankung durch die Nullage pendelt, sind spielfreie Kupplungen erforderlich.

Es sollte angestrebt werden, daß in den technischen Unterlagen der Firmen jeweils die Kennlinie für die einzelnen Bauarten angegeben wird, damit ein Vergleich möglich ist und jeder Konstrukteur in die Lage versetzt wird, für seinen speziellen Fall und auf Grund der notwendigen Nachgiebigkeit und Dämpfungsfähigkeit die geeignetste Kupplung auszuwählen. Erwünscht wäre dabei, daß die Kennlinie nicht nur statisch, sondern auch dynamisch bei höheren Frequenzen aufgenommen wird, da sich gerade bezüglich der Dämpfung in beiden Fällen sehr erhebliche Unterschiede herausstellen können.

Natürlich sind die vorstehenden Gesichtspunkte noch nicht ausreichend, um die geeignete Kupplungstype auszuwählen. Größe, Gewicht und Preis spielen

die gleiche Rolle wie besondere technische Bedingungen: Temperatur, Feuchtigkeit, leichter Ein- und Ausbau, kleine Schwungmomente, elektrische oder thermische Isolation usw.; es würde aber zu weit führen, hierauf im einzelnen einzugehen. Für Kupplungen, die größere Dämpfungsleistungen aufzunehmen haben, ist für ausreichende Kühlung zu sorgen, da ja die in der Dämpfungsschleife vernichtete mechanische Arbeit in Wärme umgesetzt wird. Die drehnachgiebige Kupplung wird meist gleichzeitig mit einer mehr oder weniger großen Gelenkigkeit versehen, sie wirkt dann als vollkommene Ausgleichkupplung.
Eine besondere Gruppe der *drehnachgiebigen Kupplungen* stellen die *hydrostatischen, hydrodynamischen* und *elektromagnetischen* Kupplungen dar. Sie reagieren auf eine Drehmomentveränderung durch eine Veränderung des ständig im Betrieb vorhandenen Schlupfes und können als drehnachgiebige Kupplungen mit sehr großer Dämpfung aufgefaßt werden. Ihre Schwingungsdämpfung ist deshalb auch hervorragend, höherfrequente Schwingungen werden praktisch vollkommen herausgepuffert. Durch geeignete Wahl der Schlupfgröße ist praktisch jede Schwingungs- und Stoßdämpfungsaufgabe zu bewältigen. In *Bild 6* sind Kupplungen dieser Gruppe mit ihrer jeweiligen Kennlinie dargestellt.
Die hydrostatische Kupplung enthält in ihrem Innern ein System von Zahnradpumpen, die durch den Drehzahlunterschied der beiden Kupplungshälften, also durch den Schlupf, angetrieben werden und Öl unter Druck gegen ein Überströmventil fördern. Durch die immer vorhandenen Undichtigkeiten stellt sich auch bei geschlossenem Überströmventil ein geringer Drehzahlschlupf ein, der eine schwingungsdämpfende Wirkung ergibt. Die Kennlinie verläuft aber sehr steil, der Schlupf ändert sich nur sehr wenig mit steigendem Moment.
Bei der hydrodynamischen oder hydraulischen Kupplung geschieht die Momentübertragung durch die dynamischen Wirkungen der umlaufenden Flüssigkeit. Die Schlupfgröße im Betriebspunkt kann durch die Bemessung der Kupplungsgröße weitgehend beeinflußt werden, mit zunehmendem Kupplungsdurchmesser nimmt der Schlupf schnell ab, d. h. die Kupplung wird steifer. Das Übertragungsmoment steigt mit zunehmendem Schlupf stetig an.
Die elektromagnetische Kupplung entspricht in ihrer Wirkungsweise dem Drehstrom-Kurzschlußmotor. Die Momentenkennlinie weist den dabei bekannten Kippunkt auf.
Alle diese Kupplungen sind dadurch gekennzeichnet, daß keine unmittelbare Berührung der beiden Kupplungshälften vorhanden ist und deshalb bei dem betriebsmäßig vorhandenen Schlupf auch kein Verschleiß auftreten kann.

Schaltbare Kupplungen

Gehen wir jetzt zu den schaltbaren Kupplungen über. Die fremdgeschalteten formschlüssigen Schaltkupplungen sind in *Bild 7* dargestellt. Entsprechend ihrer Formschlüssigkeit sind sie nur bei Drehzahlgleichheit der beiden Wellen oder bei ganz geringer Drehzahldifferenz schaltbar, andernfalls müssen besondere Synchronisiervorrichtungen verwendet werden. Ihre weitgehende Verwendung im Fahrzeuggetriebebau hat zu zahlreichen Sonderbauformen, wie beispielsweise der Maybach-Abweisklaue usw., geführt, die hier aber übergangen werden mögen.

Die eigentliche große Gruppe der fremdgeschalteten Kupplungen bilden die kraftschlüssigen Reibungskupplungen *(Bild 8)*, bei denen das maximal übertragbare Drehmoment abhängig von der Anpreßkraft ist. Es ist dabei ganz gleichgültig, ob diese Anpreßkraft und auch der Schaltimpuls mechanisch durch Federn, hydraulisch, pneumatisch oder elektromagnetisch ist, und man sollte es deshalb vermeiden, von einer elektromagnetischen Kupplung zu sprechen, wenn in Wirklichkeit eine elektromagnetisch angepreßte und geschaltete Reibungskupplung gemeint ist. Ihre verschiedene Ausbildung als Scheiben-, Konus-, Lamellen- oder Schraubenbandkupplung wird in erster Linie durch die Aufgabe bestimmt, die Anpreßkraft S im Verhältnis zu der für die Übertragung des Drehmoments notwendigen Umfangskraft U möglichst klein zu halten.

Allen diesen Kupplungen ist gemeinsam, daß sie beim Schaltvorgang durch die Gleitreibung der aufeinandergepreßten Kupplungshälften die eine Welle auf die Drehzahl der anderen Welle beschleunigen und sie dann durch die Haftreibung starr miteinander verkuppeln. Bei dem Schaltvorgang sind

1. die Beschleunigungswiderstände der in Bewegung zu setzenden Massen,
2. die Reibungswiderstände in dem Triebwerk der Maschine, die von der zu kuppelnden Welle angetrieben wird, sowie der Nutzwiderstand der Maschine, zusammen der Arbeitswiderstand,

zu überwinden. Bei einem Schaltvorgang wird nun von der von der Welle 1 aufgewendeten Arbeit zur Überwindung der Beschleunigungswiderstände genau die Hälfte nutzbringend auf die Welle 2 übertragen, die andere Hälfte wird vollkommen in Wärme umgesetzt, und zwar ist dieses Gesetz gültig unabhängig von der Länge der Schaltzeit oder von der Größe oder dem Verlauf der Anpreßkraft. Zur Überwindung des Arbeitswiderstandes an der Welle 2 ist ebenfalls eine Arbeit an der Welle 1 aufzuwenden, und zwar gilt auch hier, daß mindestens die Hälfte der aufgewendeten Arbeit in der Kupplung in Reibungsarbeit und damit in Wärme umgesetzt wird. Bei größeren Arbeitswiderständen und langsam steigender Anpreßkraft bzw. langen Schaltzeiten kann dieser Anteil aber erheblich größer als die Hälfte werden, so daß es für den Einbau der Kupplungen besonders zweckmäßig erscheint, die Arbeitswiderstände so klein wie möglich zu halten. In jedem Falle wird aber bei jedem Schaltvorgang insgesamt mindestens die Hälfte, meist aber mehr, der von der Welle 1 aufgewendeten Arbeit in Wärme umgesetzt, und die

Kupplung muß in der Lage sein, diese Wärme nach außen abzuführen. Dabei ist zu bedenken, daß der Schaltvorgang, also die Wärmeerzeugung, nur sehr kurze Zeit, meist nur Bruchteile von Sekunden, dauert, während die Wärmeabfuhr eine längere Zeit benötigt. Es ist deshalb nicht gleichgültig, wann der nächste Schaltvorgang erfolgt. Kurzzeitig hintereinander folgende Schaltungen gefährden eine Kupplung sehr stark, und es wäre zu überlegen, ob man nicht in Anlehnung an die ähnlich gelagerten Verhältnisse eines Elektromotors für den Kranbetrieb zu einem Begriff der „relativen Einschaltdauer", in diesem Falle wohl besser gesagt, der „relativen Schaltdauer" für hochbeanspruchte Kupplungen kommen könnte.

Herr Dr. *Hasselgruber* hat in einer kürzlich erschienenen Arbeit[1]) die Temperaturverhältnisse an einer Reibungsschaltkupplung rechnerisch untersucht unter der Voraussetzung, daß die Schaltzeiten so kurz sind, daß während des Einschaltvorgangs nur die unmittelbare Umgebung der Reibflächen aufgeheizt wird, aber keine Abstrahlung nach außen erfolgt. Er kommt zu dem bemerkenswerten Ergebnis, daß die bei einem Schaltvorgang auftretende Temperatur an der Reibfläche einen Kleinstwert annimmt, wenn das Kupplungsmoment doppelt so groß ist wie das Schleifmoment. Als Schleifmoment gilt dabei dasjenige Moment, bei dem sich beim Kuppelvorgang dauerndes Schleifen einstellen, die Einrückzeit also unendlich werden würde.

Ein Wort möge auch noch über die Größenbestimmung der Kupplung gesagt werden. Die Größe einer Kupplung wird nach dem zu übertragenden Moment bestimmt. Es sind dafür aber nicht nur die Nenndaten des Antriebes maßgebend, sondern auch das Anzugmoment und die auftretenden Drehmomentschwankungen, die Zahl und Häufigkeit der Schaltungen, der Arbeitswiderstand beim Schalten usw. zu berücksichtigen, so daß insgesamt die Wahl der richtigen Kupplungsgröße viel Erfahrungen voraussetzt. Meist werden für die verschiedenen Antriebe und Maschinen gewisse Sicherheitswerte angegeben. Es ist dabei aber nicht zu vergessen, daß eine überbemessene Schaltkupplung die Maschinenanlage erheblich gefährden kann. Bei einer überbemessenen Schaltkupplung wird das größte in der Maschinenanlage auftretende Drehmoment nicht mehr durch die Maschine, sondern durch die Kupplung bestimmt, und alle in dem Wellenstrang liegenden Teile haben sich in ihrer Festigkeitsbemessung diesem Maximalmoment anzupassen. Es ist also dringend davor zu warnen, Schaltkupplungen aus übertriebener Vorsicht zu stark überzubemessen.

Neben den allgemein an Reibungskupplungen zu stellenden Anforderungen, wie leichter Ein- und Ausbau, kleines Schwungmoment und gute Auswuchtung, sind vor allem noch eine feinfühlige Verschleißnachstellung und ein wirklich einwandfreies Lösen im Leerlauf zu fordern. Der letztere Punkt wird aber von einigen Bauarten, besonders von den unter Öl laufenden Lamellenkupp-

---

[1]) Die Berechnung der Temperaturen an schnellgeschalteten mechanischen Reibungskupplungen. „Konstruktion" 5. Jahrg. (1953) Heft 8, S. 265 bis 269.

lungen, leider nur zum Teil erfüllt, da auch im ausgekuppelten Zustand immer noch gewisse Restmomente verbleiben.

Ein Wunsch, den die heutigen Kupplungsbauarten leider auch nur mehr oder weniger erfüllen, ist die gleichmäßige Kupplungswirkung unabhängig von dem Schlupf, mit anderen Worten, die Gleichmäßigkeit des Reibungsbeiwertes μ. Meist liegt der Haftbeiwert erheblich über dem Gleitbeiwert, was zu einem unangenehmen Haken der Kupplung führt. Erfolgversprechende Fortschritte wurden bereits durch die Verwendung stark graphithaltiger Reibwerkstoffe erzielt. Sehr günstig verhalten sich in dieser Richtung auch die Magnetpulverkupplungen, die zusammen mit den hydrodynamischen und elektromagnetischen als steuerbare Schaltkupplungen im *Bild 9* mit ihren Kennlinien dargestellt sind.

Das von einer Magnetpulverkupplung übertragene Moment wächst in einem großen Bereich linear mit der Erregung und ist fast vollkommen unabhängig von dem vorhandenen Schlupf und von der vorhandenen Drehzahl. Die Kupplung ist also außerordentlich gut steuerfähig, zumal in begrenztem Maße ein Dauerschlupf bis zu 10 %, und, vorübergehend etwa bis zu einer Minute, auch ein 100%iger Schlupf möglich ist. Die gleichen Eigenschaften lassen die Magnetpulverkupplung als Überlastungs- oder Sicherheitskupplung mit von außen genau einstellbarer Drehmomentbegrenzung gut geeignet erscheinen.

Bei den hydrodynamischen Kupplungen bestehen grundsätzlich zwei verschiedene Schaltmöglichkeiten:

1. Da sich das Drehmoment einer hydrodynamischen Kupplung mit dem Quadrat der Antriebsdrehzahl ändert, tritt bei stark verminderter Antriebsdrehzahl (Leerlauf eines Verbrennungsmotors) praktisch ein Lösen der Kupplung ein, die Kupplung wirkt wie eine Fliehkraftkupplung. Von dieser Möglichkeit wird weitgehend im Fahrzeugantrieb Gebrauch gemacht. Die Restmomente, die bei der Leerlaufdrehzahl der Kupplung noch auftreten und die Kriechneigung des Fahrzeugs bewirken, können durch besondere hydraulische Maßnahmen weitgehend beeinflußt und vermindert werden.
2. Da die Drehmomentübertragung durch die dynamischen Wirkungen der umlaufenden Flüssigkeitsmasse bewirkt wird, kann eine Schaltung durch die Drosselung der Umlaufbewegung oder durch teilweises oder gänzliches Entleeren der Kupplung erfolgen.

Vorteilhaft dabei ist, daß dieser Schaltvorgang gänzlich verschleißlos erfolgt und dadurch die betriebssichere Schaltung größter Leistungen bis zu mehreren zehntausend PS möglich wird (Pumpspeicherwerke, Schiffsantrieb). Ein weiterer Vorteil ist der, daß die bei dem Schaltvorgang erzeugte Wärme unmittelbar in dem umlaufenden Betriebsmittel erzeugt wird, deshalb nicht auf einen örtlich begrenzten Materialbereich beschränkt bleibt und außerordentlich leicht nach außen abgeführt werden kann. Beliebig lange Schalt- und Schlupfzeiten sind deshalb ohne Gefahr für die Kupplung möglich.

Bei den elektromagnetischen Kupplungen ist das Übertragungsmoment nur von der Erregung, aber nicht von der Antriebsdrehzahl abhängig, Restmomente im entkuppelten Zustand treten nicht auf. Auch hier ist ein verschleißloses Schalten möglich, die Wärme muß aber durch eine besondere Kühlung, meist Luftkühlung, abgeführt werden.

Die drehzahlgeschalteten Kupplungen *(Bild 10)* können sinngemäß nicht formschlüssig, sondern nur kraftschlüssig wirken. Sie arbeiten entweder als normale Reibungskupplungen mit einer Anpressung durch der Zentrifugalkraft unterliegende Fliehgewichte oder, wie bei der Pulvis-Kupplung, durch eine graphitierte Stahlsand- oder Stahlkugelfüllung, die eine der Fliehkraft ungefähr proportionale Reibungsumfangskraft erzeugt. Im zweiten Falle ist eine Anpassung des Moments durch die Bemessung der Füllungsmenge möglich. In beiden Fällen steigt das übertragene Drehmoment mit dem Quadrat der Antriebsdrehzahl, die Fliehkraftreibungskupplung beginnt infolge ihrer Federvorspannung erst bei einer gewissen Mindestdrehzahl zu greifen, bei der Pulvis-Kupplung ist auch im Stillstand ein Reibungsrestmoment vorhanden.

Daß die hydrodynamische Kupplung ebenfalls zu den Fliehkraftkupplungen zu zählen ist, wurde bereits vorher ausgeführt.

Kupplungen dieser Art werden überall dort mit Vorteil Verwendung finden, wo mit Anlaufschwierigkeiten gerechnet werden muß, also z. B. hinter Verbrennungskraftmaschinen und Drehstromkurzschlußmotoren. Man erreicht damit den Vorteil, daß für das Anfahren einer Arbeitsmaschine nicht mehr das Anfahrmoment des Motors, sondern dessen Kippmoment maßgebend ist. Auch bei plötzlich eintretender Blockierung der Arbeitsmaschine wird der Motor nur auf sein Kippmoment heruntergedrückt und kann nicht außer Tritt fallen, ein Verbrennungsmotor kann nicht abgewürgt werden.

Die in Abhängigkeit von der Größe des übertragenen Drehmoments geschaltete Sicherheitskupplung gewinnt immer größere Bedeutung, um teure und hochwertige Maschinen und Maschinenteile vor Schäden durch Überlastung zu bewahren. Wichtig ist, daß sie wirklich an der Stelle eines Wellenstranges eingebaut wird, wo das Höchstmoment, beispielsweise das Verzögerungsmoment, plötzlich verzögerter Schwungmassen sich in voller Größe auswirkt. Ihre Wirkung kann darin bestehen, daß sie

1. bei Überschreitung des Höchstmomentes die Kupplung überhaupt löst. (Brechbolzenkupplung, Ausklinkorgane), das nachfolgende Wiedereinschalten muß dann willkürlich von außen erfolgen.
2. bei Überschreitung des Höchstmomentes schlupft und sich bei dem nachfolgenden Zurückgehen des Momentes wieder selbsttätig einschaltet.

Wesentlich ist, daß die Kupplung eine genaue Einstellung des Höchstdrehmomentes zuläßt und darauf auch sicher anspricht. In dieser Hinsicht lassen die vorhandenen Konstruktionen noch eine Reihe von Wünschen offen. Bei der Brechbolzenkupplung ist man abhängig von der Festigkeit der Bolzenwerkstoffe, die immer erhebliche Schwankungen aufweisen und sich mit der Zeit durch dynamische Beanspruchungen auch ändern können. Bei der Reibungs-Rutschkupplung macht sich der erhebliche Unterschied zwischen Haftreibung und Gleitreibung unangenehm bemerkbar. Außerdem ist natürlich dabei die Dauer der Rutschzeit durch die dabei auftretende örtliche Erwärmung sehr begrenzt. Am günstigsten schneidet in dieser Hinsicht die Magnetpulverkupplung ab, die einen konstanten Reibungswert aufweist und außerdem noch in der Lage ist, nicht unbeträchtliche Schlupfarbeit aufnehmen zu können. Vielleicht dürften auch in Zukunft die Sicherheitskupplungen mit Ausklinkvorrichtung berufen sein, günstigere Ergebnisse zu zeitigen. Auch die hydrostatische Kupplung dürfte eine genaue Einstellung des Höchstmoments ermöglichen, wobei hier noch der Vorteil hinzukommt, daß der bei Überlastungen auftretende Schlupf beliebig lange ertragen werden kann.

Richtungsgeschaltete Kupplungen können entweder formschlüssig oder kraftschlüssig wirken. Bei den formschlüssigen Zahn- oder Klinkengesperren ergibt sich der Nachteil eines mehr oder weniger großen toten Ganges beim Schaltvorgang bis zum Greifen der Kupplung, sie sind deshalb nur da zu verwenden, wo keine Massenwirkungen zu befürchten sind. Die kraftschlüssigen Klemmrollen- und Klemmklotzfreiläufe vermeiden diesen Nachteil, setzen aber für einen betriebssicheren Leerlauf eine einwandfreie Schmierung voraus.

Eine besondere Bedeutung für die Entwicklung automatisch schaltender Wechselgetriebe hat die Überholkupplung mit axialer Anpressung.

Die von mir gemachten Ausführungen sollten nicht den Zweck haben, die einzelnen Kupplungsbauformen bis in alle Einzelheiten zu erläutern, sondern es sollten ihre wesentlichsten Merkmale und Eigenschaften eingeordnet werden in ein Ordnungssystem (Bild 1), das einen klaren Überblick über das ganze Gebiet vermittelt.

Kupplungen									
Kraftübertragung ↓	Nichtschaltbare Kupplungen			Schaltbare Kupplungen					
	Feste Kupplungen	Ausgleichskupplungen		Fremdgeschaltete Kupplungen	Drehzahlgeschaltete Kupplungen	Momentgeschaltete Kupplungen	Richtungsgesch. Kupplungen	Steuerbarkeit ↓	Schaltbarkeit ↓
	Starre Kupplungen	Gelenkige Kupplungen	Drehnachgiebige Kupplungen	Schalt-kupplungen	Fliehkraft-Kupplungen	Sicherheits-Kupplungen	Freilauf-Kupplungen		
formschlüssig Drehmoment durch Festigkeit bedingt Kein Schlupf möglich	Stift-Kupplung Hirth-Verzahnung	Klauen- oder Bolzenkupplg Kardangelenk Kugelgelenk Hardyscheibe Doppelzahn-Kupplung Oldham-Kupplung	Gummifeder-Kupplung Gummibolzen-Kupplung Gummiklotz-Kupplung Gummiwulst-Kupplung Voith-Maurer-K Bibby-Kuppl. Forst-Kuppl. Elcard-Kuppl.	Klauen-Kupplung Zahn-Kupplung Drehkeil-Kupplung Ziehkeil-Kupplung		Brechbolzen-Kupplung	Zahn- oder Klinken-Ges,perre	Nichtsteuerbare Kupplungen	Schaltbar nur bei Drehzahlgleichheit
	Schalen-Kupplung Hülsen-Kupplung							Nichtsteuerbare Kupplungen	Schaltbar nur bei Drehzahlgleichheit
kraftschlüssig (Reibung) max Drehmoment abhängig von Anpreßkraft. Schlupf kurzzeitig möglich	Scheiben-Kupplung			Scheiben-Kupplung Konuskupplg. Lamellenkuppl. Schraubenband Kupplung Airflex-Kupplung	Fliehkraft-Reibungs-Kupplung Pulvis-Anlauf-Kupplung	Sicherheits-Rutschkuppl. Sicherheits-Kupplung mit Ausklinkorgan	Rollen-Freilauf Klemmklotz-Freilauf Überhol-Kupplung	Nichtsteuerbare Kupplungen	Schaltbar bei Drehzahldifferenz
	Stieber-Roll-Kupplung			Magnetpulver-Kupplung		Magnetpulver-Kupplung		Steuerbare Kupplungen	Schaltbar bei Drehzahldifferenz
Hydrostatisch, hydrodynamisch od. elektromagnetisch (Schlupfkupplungen) Schlupf abhängig v. Drehmoment und betriebsmäßig ständig vorhanden			Hydrostat. Kupplung Hydrodynam. Kupplung Elektromagn. Kupplung	Hydrodynam. Kupplung mit Umlauf- bzw. Füllungssteuerung Elektromagn. Kupplung mit Erregersteuerung	Hydrodynamische Kupplung	Hydrostatische Kupplung		Steuerbare Kupplungen	Schaltbar bei Drehzahldifferenz

Bild 1. Übersichtsplan der Kupplungen

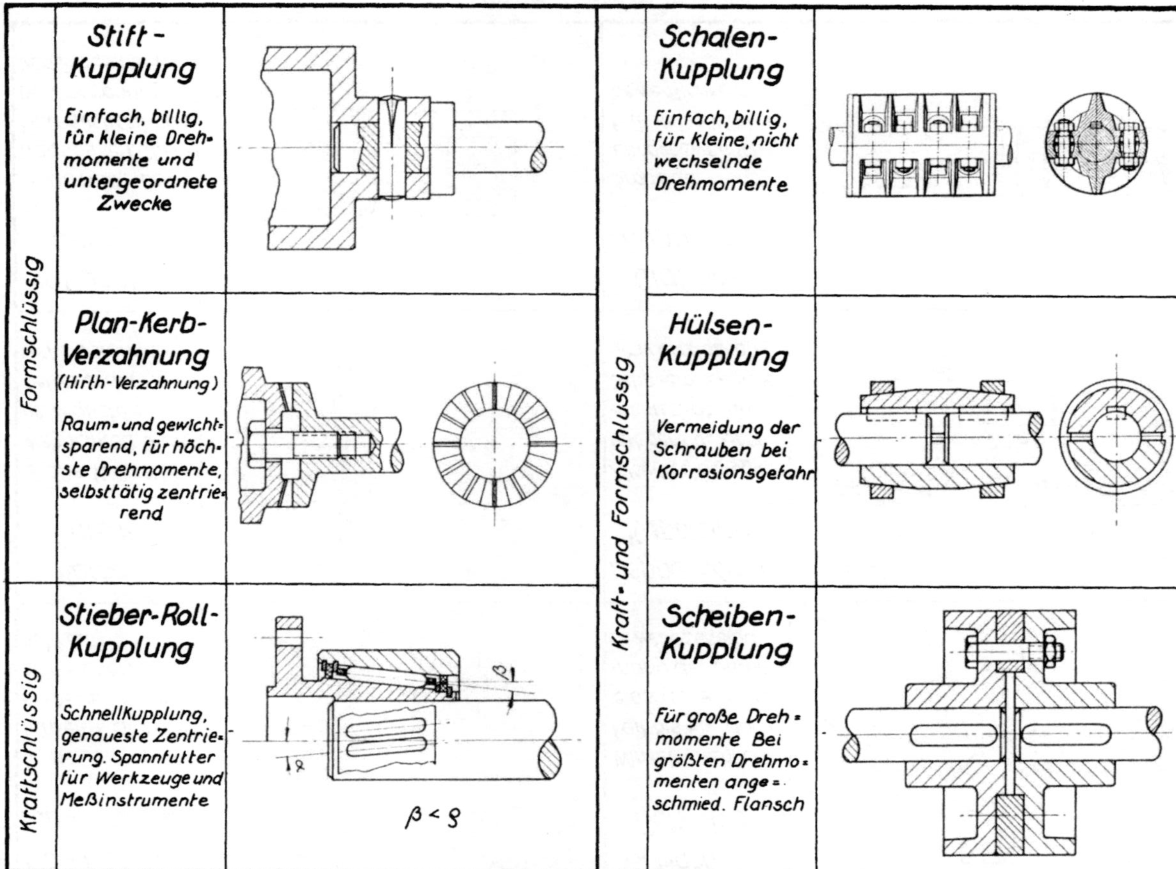

Bild 2. **Starre Kupplungen**

Klauen oder Bolzen-Kupplung Große Längsbeweglichkeit, kleine Winkelbeweglichkeit, keine Querbeweglichkeit	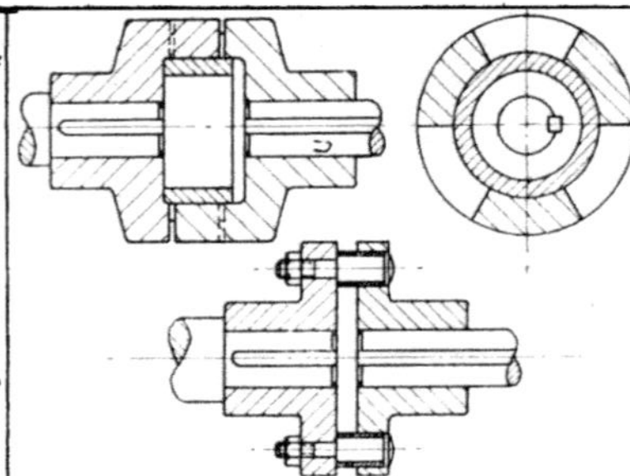	**Hardy-Scheibe** Winkelbeweglichkeit bis ≈5° durch elastische Verformung der Gummigewebescheibe	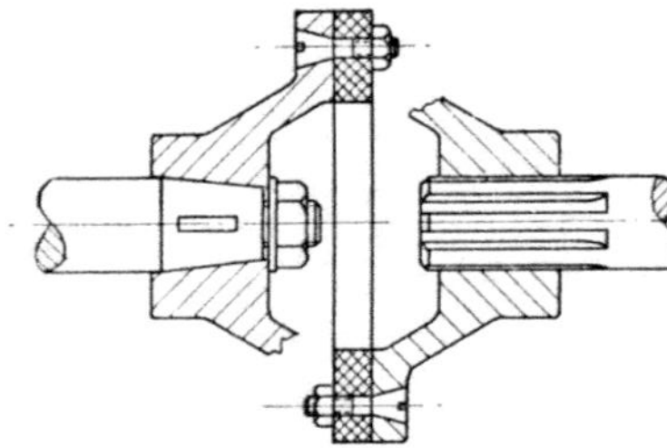
Kardan-Gelenk Große Winkelbeweglichkeit, Querbeweglichkeit nur bei Anordnung von 2 Gelenken	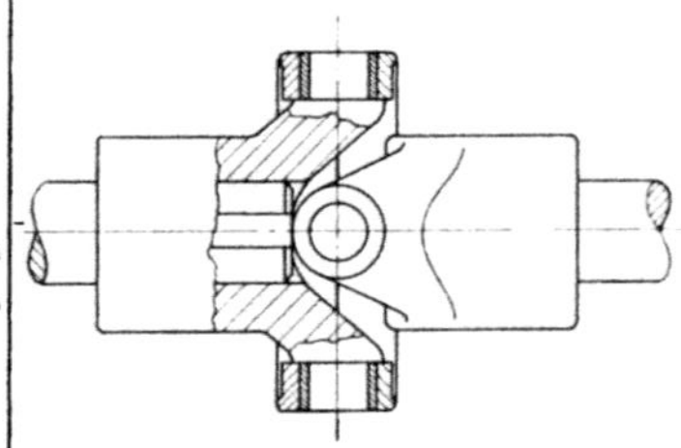	**Doppel-Zahn-Kupplung** Allseitige Beweglichkeit, geringe Drehelastizität durch Schmieröl zwischen den Zahnflanken	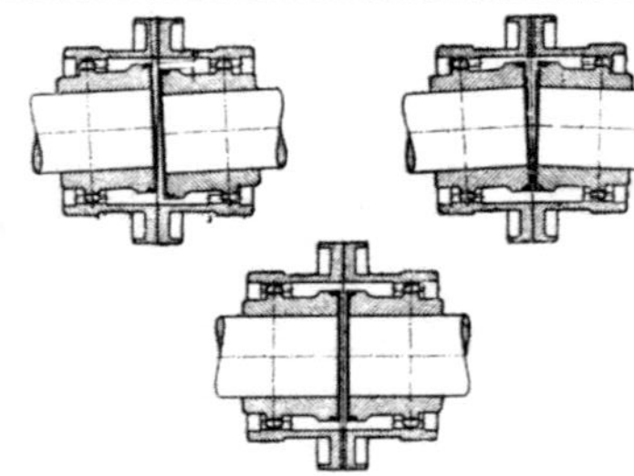
Kugel-Gelenk Große Winkelbeweglichkeit, Querbeweglichkeit nur bei Anordnung von 2 Gelenken	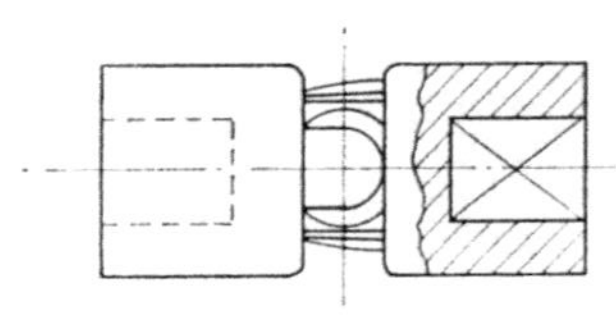	**Oldham-Kupplung** Große Quer- und Längsbeweglichkeit, keine Winkelbeweglichkeit	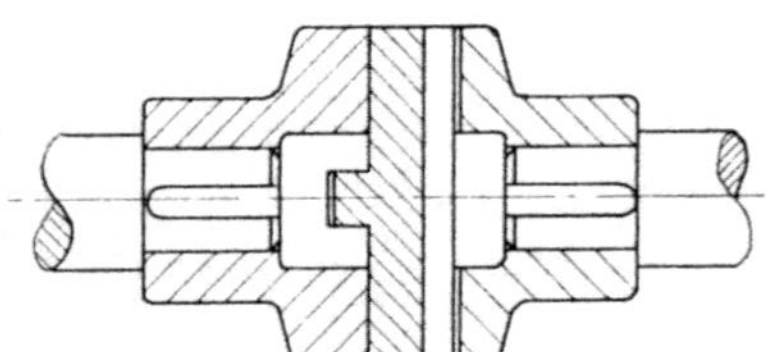

Bild 3. **Gelenkige Kupplungen (Formschlüssig)**

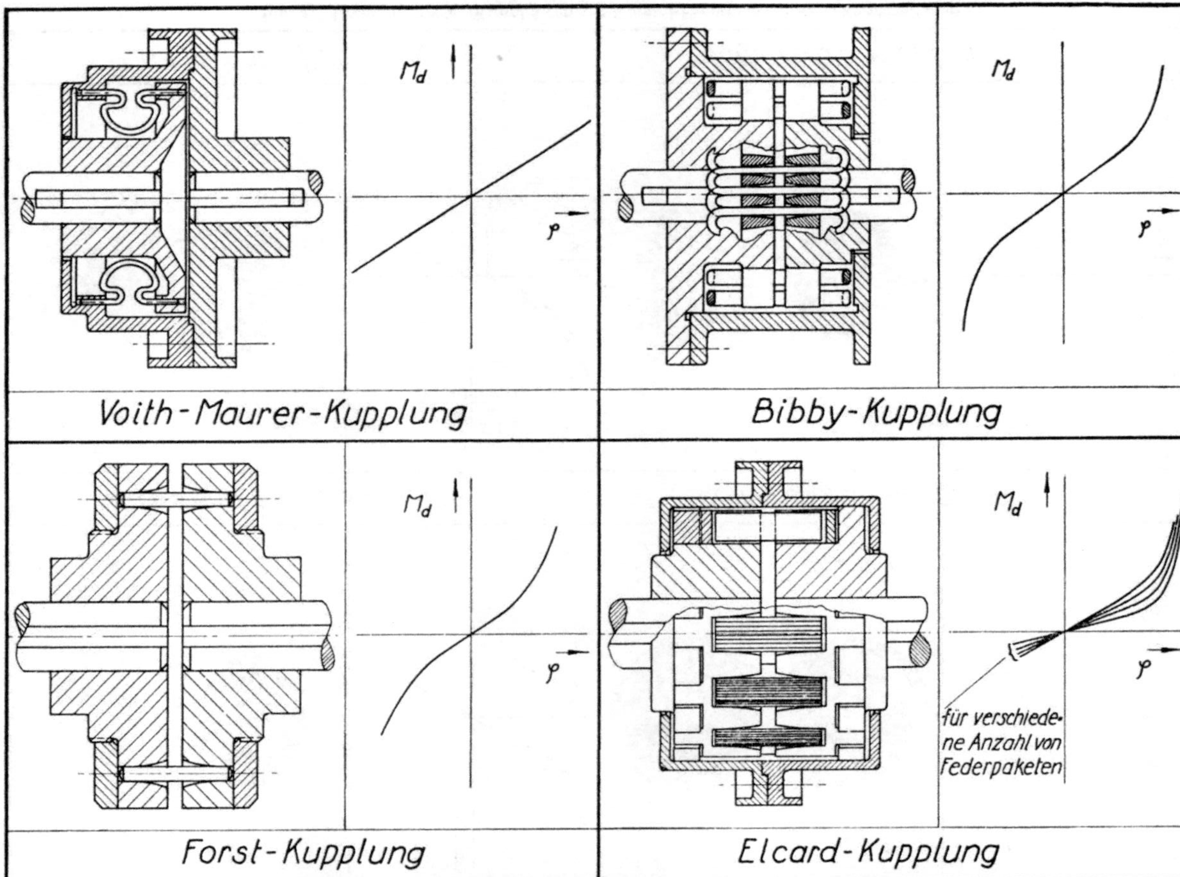

Bild 4. **Drehnachgiebige Kupplungen mit Stahl-Federungskörpern (Formschlüssig)**

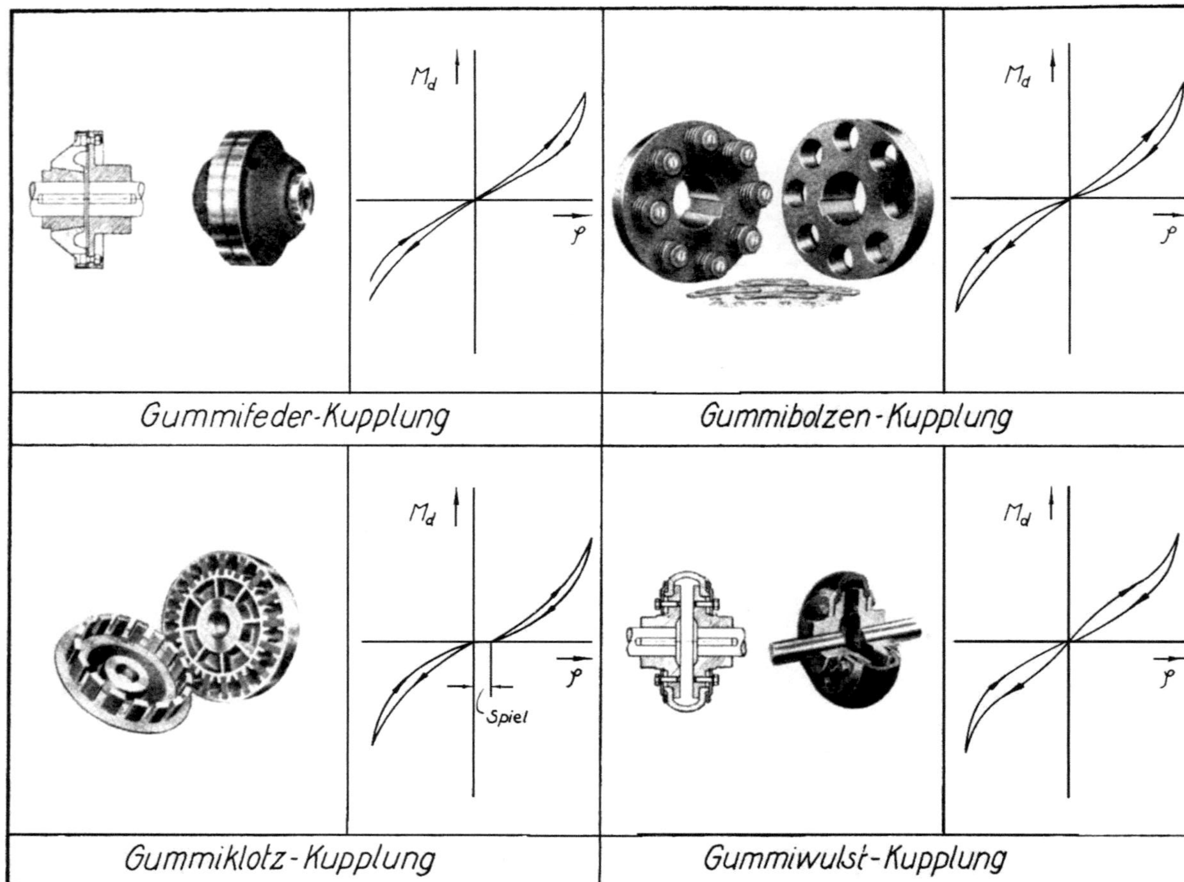

Bild 5. **Drehnachgiebige Kupplungen mit Gummi-Federungskörpern (Formschlüssig)**

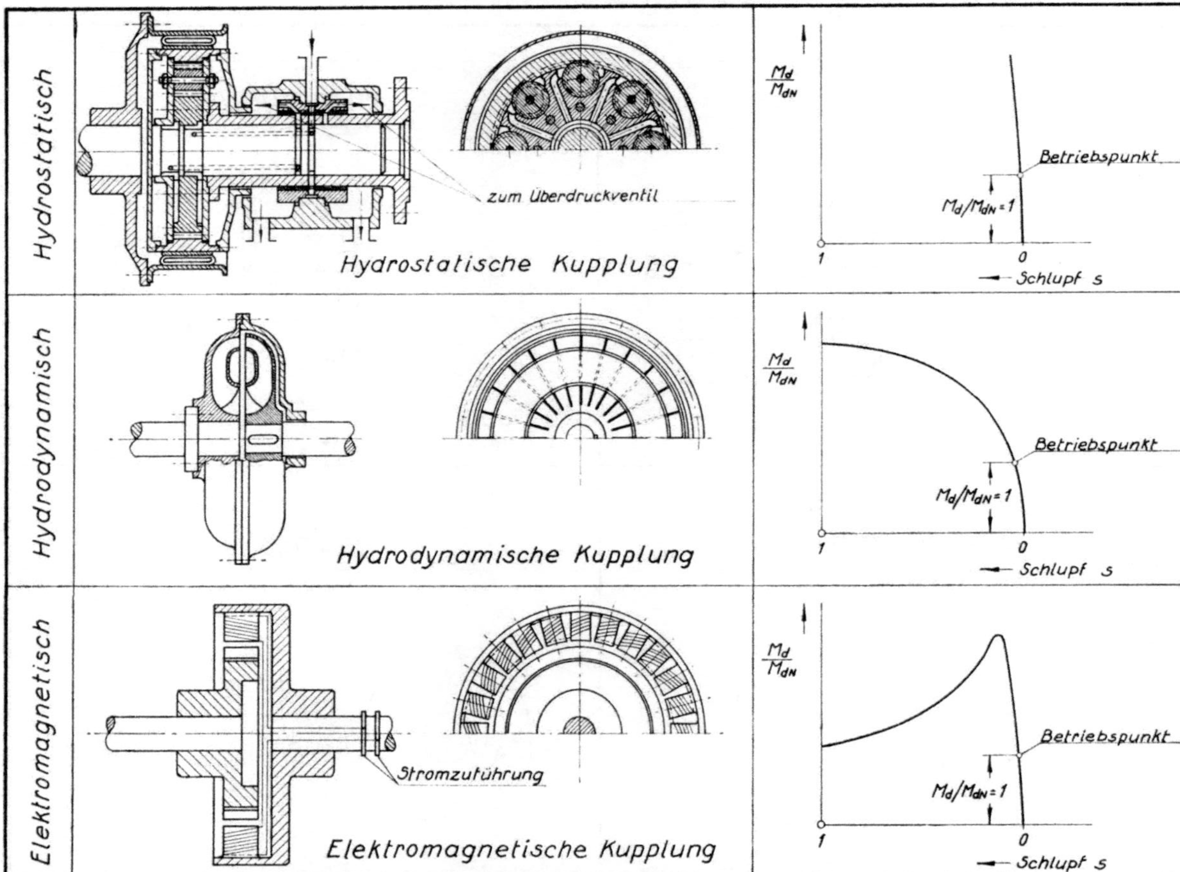

Bild 6. **Drehnachgiebige Kupplungen (Hydrostatisch, Hydrodynamisch, Elektromagnetisch)**

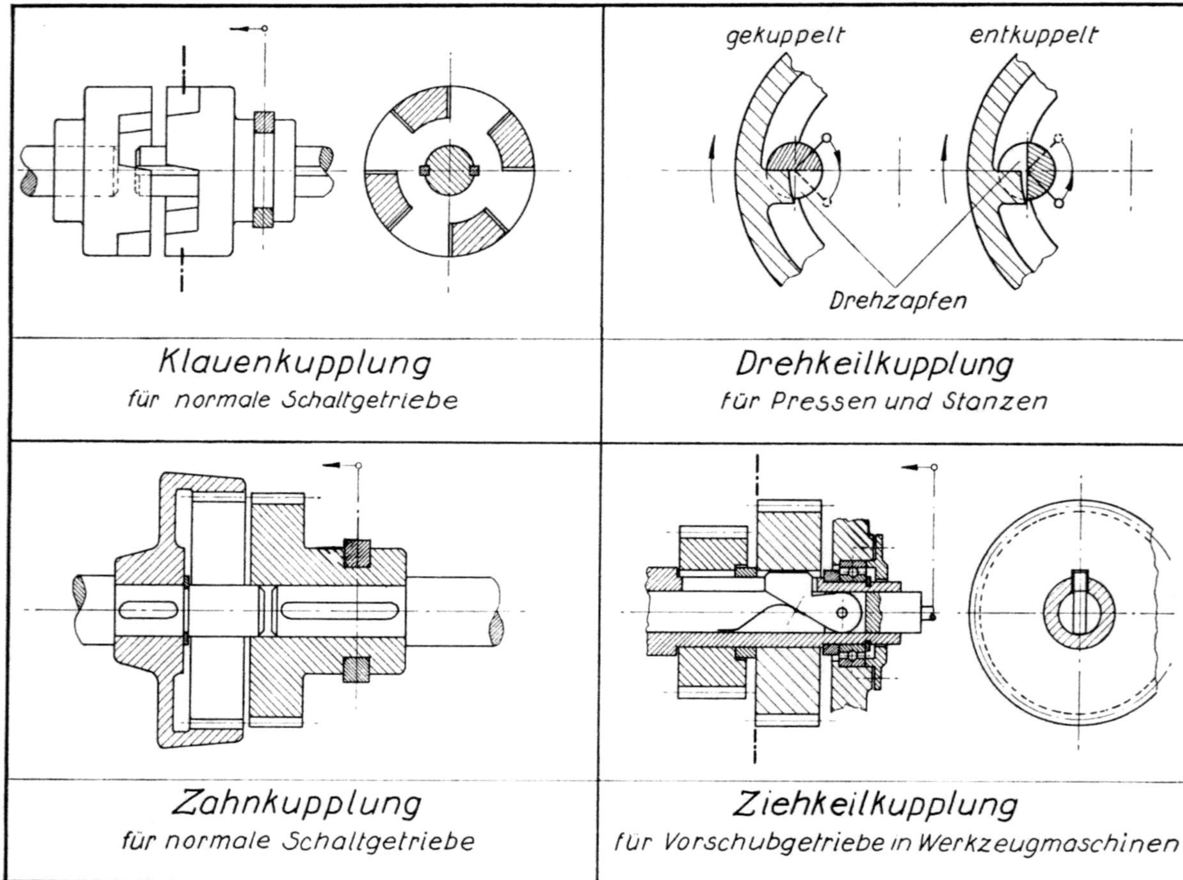

Bild 7. **Schaltkupplungen (Formschlüssig)**

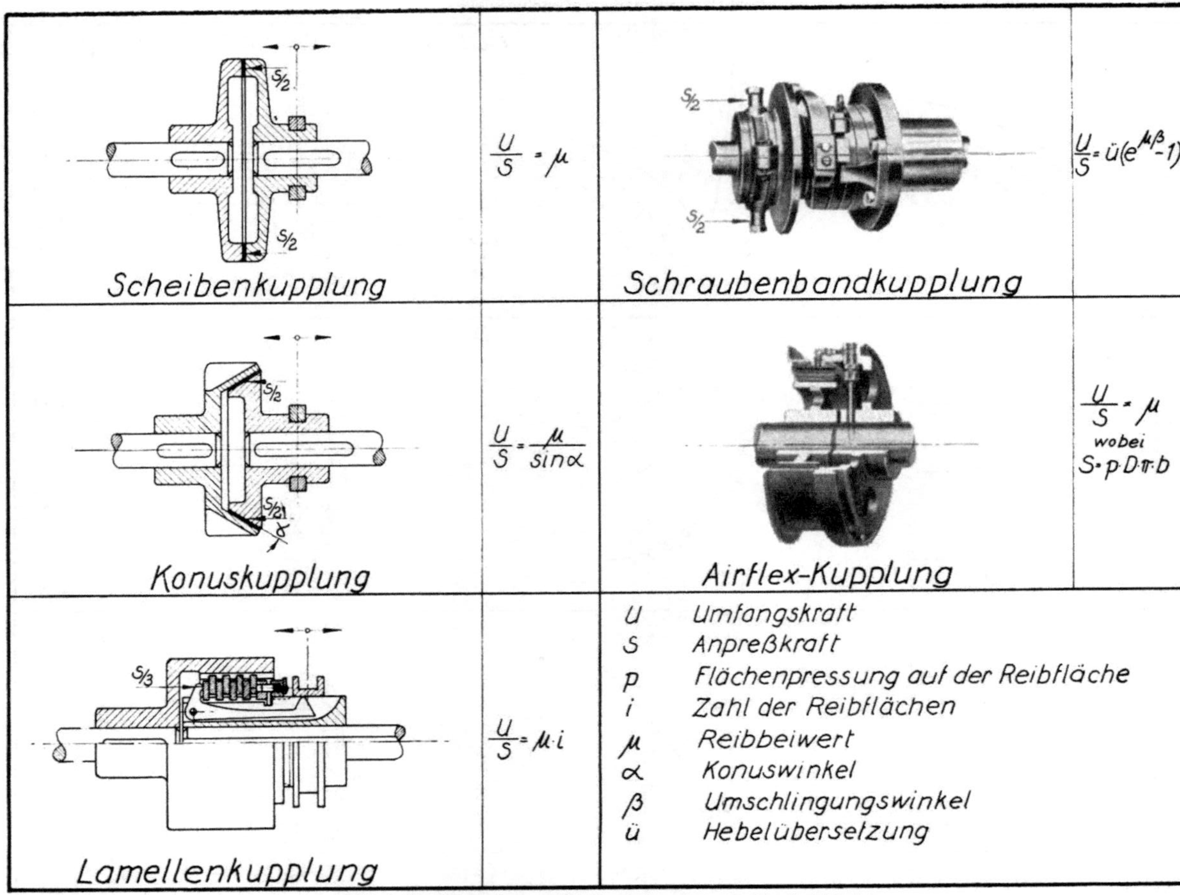

***Bild** 8.* **Schaltkupplungen (Reibungskupplungen, Kraftschlüssig)**

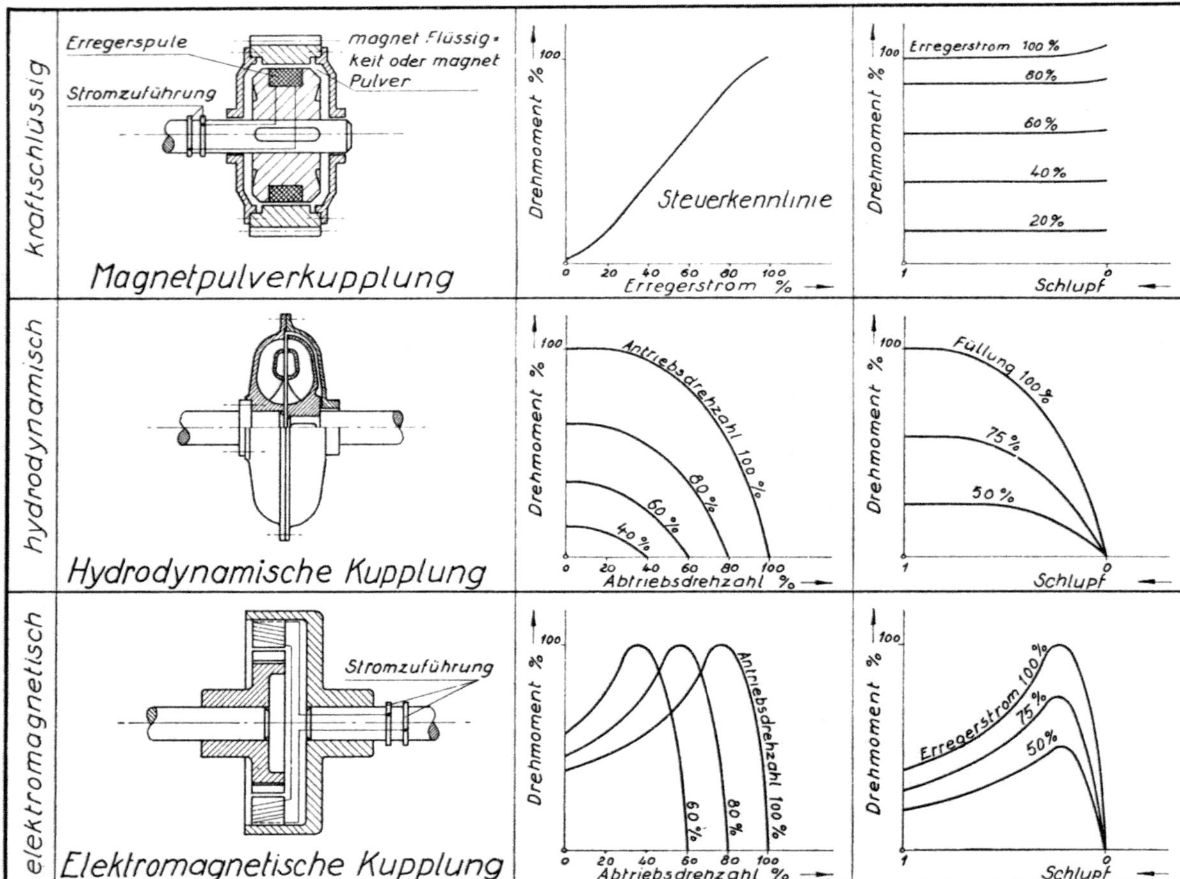

Bild 9. **Schaltkupplungen (Steuerbare Kupplungen)**

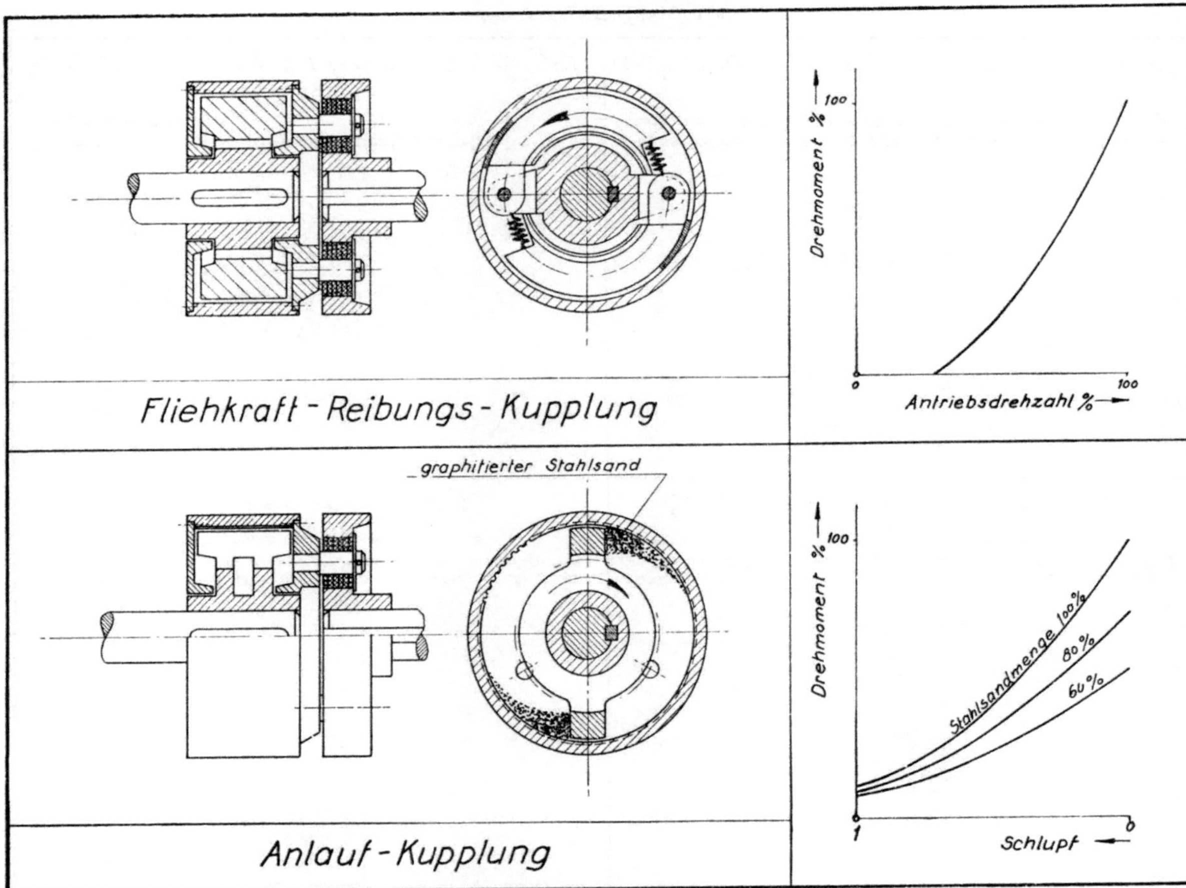

Bild 10. **Fliehkraftkupplungen (Kraftschlüssig)**

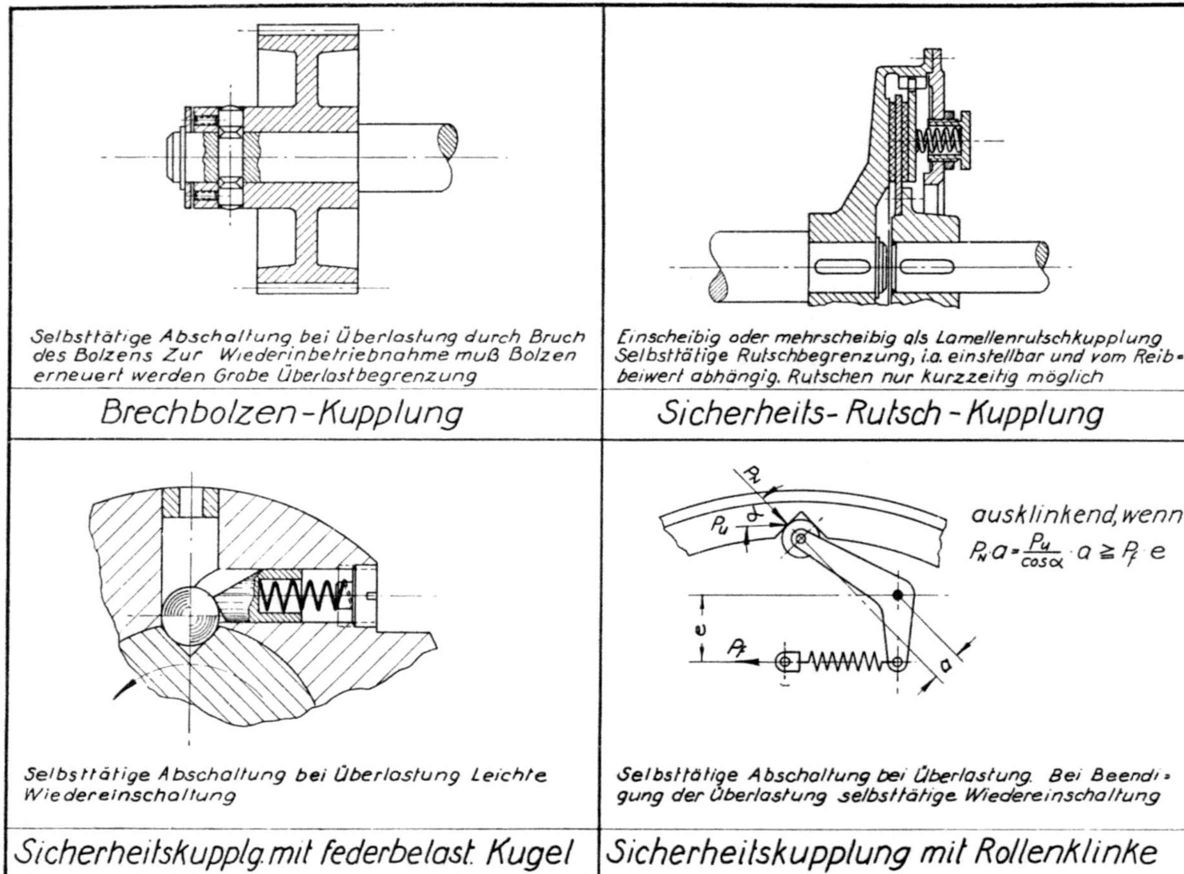

Bild 11. **Sicherheitskupplungen**

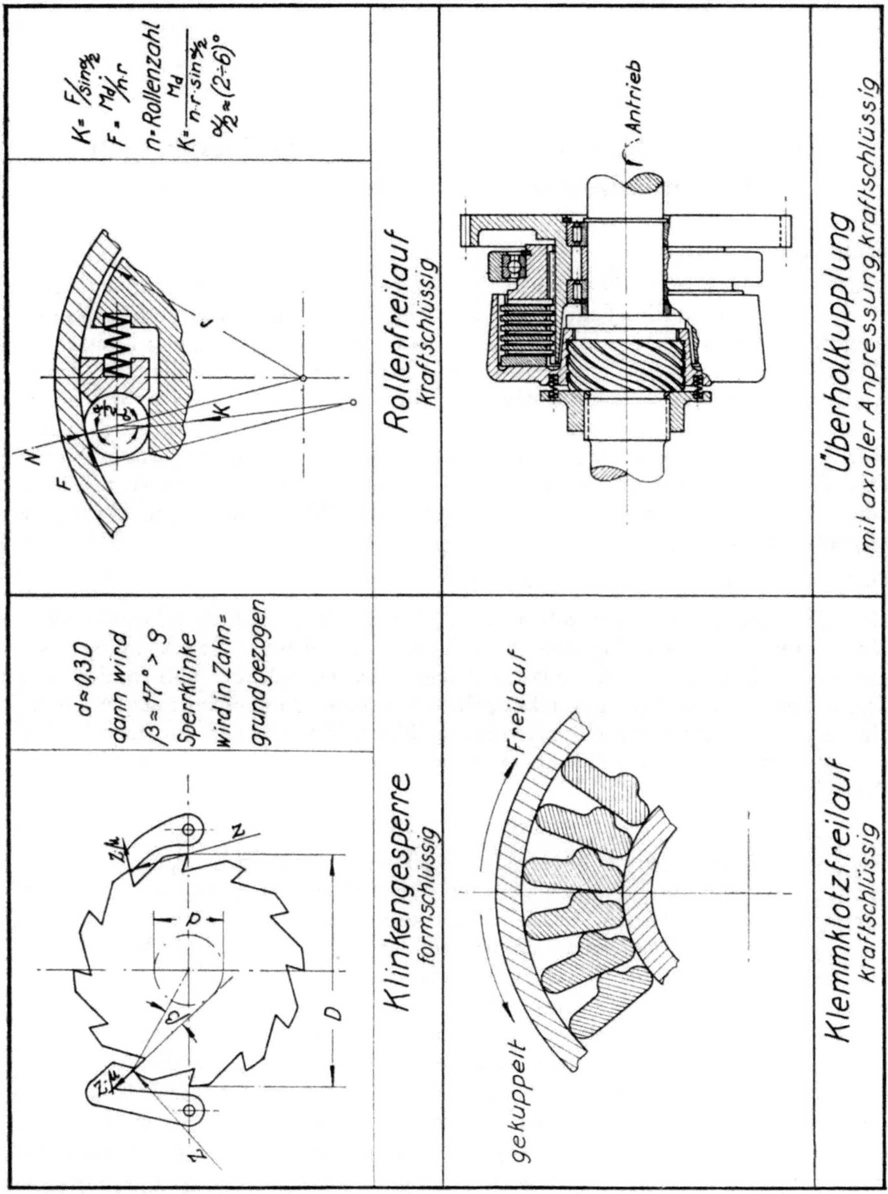

Bild 12. Freilaufkupplungen

Dr.-Ing. W. BENZ, Köln

Drehnachgiebige Kupplungen und Schaltkupplungen bei periodisch schwankendem Drehmoment

Einleitung

Nach meinem Vortrag über elastische Kupplungen im letzten Jahr [1]) möchte ich heute daran anschließend auch auf Schaltkupplungen und andere Kupplungsarten eingehen. Es dürfte bekannt sein, daß die Übertragung konstanter Drehmomente kaum Schwierigkeiten macht, daß aber in Einbaufällen, bei denen wechselnde Drehmomente auftreten, zum Beispiel beim Antrieb von und durch Kolbenmaschinen, Kupplungen hin und wieder nicht zufriedenstellend arbeiten. Aus diesem Grunde soll hier besonders auf die Punkte eingegangen werden, die bei Anlagen mit periodisch schwankendem Drehmoment zu beachten sind. Zunächst noch einmal kurz ein paar Worte über den Wert der Drehelastizität.

Aufgabe der drehelastischen Kupplung

Drehelastische Kupplungen sollen bei Anlagen mit periodisch schwankendem Drehmoment Drehschwingungen verhindern. Zu diesem Zweck müssen sie entsprechend große Drehelastizität haben. Im einfachsten Fall bilden die Drehmassen Θ_1 und Θ_2 der gekuppelten Maschinen zusammen mit der Drehelastizität der Kupplung ein schwingungsfähiges System, das von dem periodischen Wechseldrehmoment der gekuppelten Maschinen — im *Bild 1* von dem Wechseldrehmoment

$$M_i \cdot \sin i\,\omega\,t,$$

das an der Drehmasse Θ_1 angreift — zu Drehschwingungen angeregt werden kann. Diese Drehschwingungen beachtet man viel zu wenig, da man sie wegen der Rotation der Wellen nicht direkt sehen kann. Ich möchte daher die Schwingungen an einem schon einmal gezeigten ganz primitiven Modell, das sich nicht dreht und aus *Bild 2* zu ersehen ist, veranschaulichen.

Meine Hand sei der Antriebsmotor mit der Drehmasse Θ_1, von dem das Wechseldrehmoment ausgeht. Unten hängt die angetriebene Masse Θ_2. Das Gewicht der Masse bewirkt eine Vorspannung der Feder, die dem mittleren zu übertragenden Drehmoment entspricht. Bewege ich nun meine Hand in senkrechter Richtung mit kleiner Wechselzahl hin und her, so machen die beiden Massen keine auffallend großen Relativbewegungen gegeneinander.

---

[1]) „Antriebselemente", VDI-Tagungsheft 2, S. 97. Siehe auch *Benz, W.*, „MTZ 1941", Heft 1.

Wird jedoch die Impulszahl größer, so wachsen die Relativausschläge an, um in Resonanz, wo die Impulszahl gleich der Eigenschwingungszahl ist, sehr große Werte anzunehmen. Selbst bei kleinen Impulsen auf der

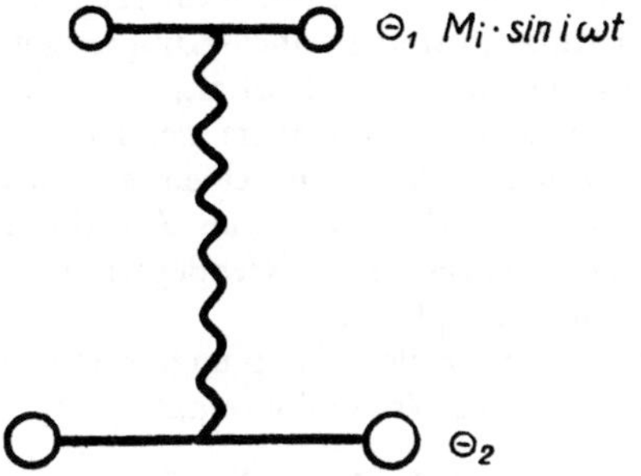

Bild 1. Drehelastisches Zweimassensystem in schematischer Darstellung

Bild 2. Demonstration des Schwingungsverhaltens an einem identischen System, bestehend aus Hand, Feder und Masse

Motorseite, also meiner Hand, ergeben sich sehr große Schwingungsausschläge und Wechselbeanpruchungen. Nun will ich die Impulszahl wesentlich größer als die Eigenschwingungszahl machen. Die angetriebene Masse beruhigt sich. In die Drehbewegung übersetzt heißt das, sie läuft sehr gleichförmig, viel gleichförmiger als der Motor, der sehr große Schwingungsausschläge machen kann, ohne daß Θ_2 davon betroffen wird. So muß eine Anlage abgestimmt sein, daß diese letztgezeigten Verhältnisse vorhanden sind. Die Eigenschwingungszahl des Systems muß wesentlich kleiner als die vom Motor ausgehende Impulszahl sein.

Anwendungsbeispiele für drehelastische Kupplungen

Schiffsmotor — Getriebe — Propeller

Ich greife dieses Beispiel noch einmal auf, weil in letzter Zeit verschiedene Veröffentlichungen darüber erschienen sind[1]). Bei solchen Anlagen ergibt sich häufig der Fall, daß eine propellerkritische Drehzahl, bei der der Propeller,

[1]) *Zülighoven, W.*, „Hansa-Schiffahrt-Schiffbau-Hafen", S. 536 und *Schacht, W.*, S. 1557. *Polemann, G.*, „Schiffsbautechnik", S. 265.

angeregt durch den Motor, über die Elastizität der Wellenleitung gegenüber dem Motor schwingt, mitten im Betriebsdrehzahlbereich liegt. Getriebeklappern und Überbeanspruchungen sind die Folge. Durch eine zusätzliche hochdrehelastische Kupplung kann man die Drehelastizität soweit vergrößern, daß diese kritische Drehzahl unter die niederste Betriebsdrehzahl, die etwa $^1/_4$ bis $^1/_5$ der Volldrehzahl ist, zu liegen kommt und dann nicht mehr stört. Bei den (in Fußnote S. 179) beschriebenen Anlagen sind Periflex-Kupplungen verwendet worden. Als weitere Schiffsanlagen mittlerer Leistung mit drehelastischer Kupplung kann ich eine neue belgische Schiffsanlage nennen, bei der zwei Motoren über ein mehrstufiges Wendegetriebe auf einen gemeinsamen Propeller arbeiten. Letztes Jahr erwähnte ich schon eine Anzahl Schaufelradschiffe, die ebenfalls durch zwei Motoren über Wendegetriebe angetrieben werden. Beide Anlagen besitzen Deli-Kupplungen.
Bei Kleinanlagen hat sich eine Gummirollen-Kupplung, deren Prinzip ich letztes Jahr gezeigt habe, sehr gut bewährt (s. Fußnote auf S. 178).

Drehmomentabnahme am vorderen Kurbelwellenende

Häufig wird verlangt, daß am vorderen Kurbelwellenende von Motoren Hilfsmaschinen, zum Beispiel Generatoren, angetrieben werden. Auch in diesem Fall sind oft drehelastische Kupplungen notwendig. Es ist bekannt, daß auch die Kurbelwelle Drehschwingungen ausführt und Viel-Zylinder-Motoren selbst kritische Drehzahlen haben. Die Kurbelwellen dieser Motoren sind nun meist so ausgelegt, daß starke kritische Drehzahlen gemieden bleiben und über der höchst vorgesehenen Drehzahl liegen. Kuppelt man nun am vorderen Wellenende eine Drehmasse starr an, so wird dadurch die Eigenschwingungszahl des Motors erniedrigt, und die seither gemiedene kritische Drehzahl rückt in den Betriebsdrehzahlbereich. Durch elastische Ankupplung der angetriebenen Maschine kann man dieses Tieferrücken der motorkritischen Drehzahl vermeiden. Es kommt allerdings noch eine weitere kritische Drehzahl hinzu, bei der die angetriebene Maschine über die Kupplung gegenüber dem Motor schwingt. Durch entsprechende Bemessung der Drehelastizität kann jedoch diese kritische Drehzahl genügend tief nach kleiner Drehzahl hin gelegt werden. Man darf nun nicht übersehen, daß der Primärteil der elastischen Kupplung ebenfalls starr mit der Kurbelwelle verbunden werden muß. Durch die Drehmasse dieses Primärteils wird die motorkritische Drehzahl ebenfalls gedrückt. Aus dieser Überlegung heraus ergibt sich die Forderung nach drehelastischen Kupplungen, deren Primärteil ein möglichst kleines Schwungmoment hat.

Riementrieb

Auch ein Riementrieb stellt eine elastische Kupplung zwischen einer treibenden und getriebenen Maschine dar. Dieses Übertragungsmittel besitzt eine verhältnismäßig gute Dämpfung und kann bei geeigneter Auslegung des Triebes

wie eine Rutschkupplung wirken. Im Prinzip haben wir wiederum das elastische, schwingungsfähige System des *Bildes 1*, das bei ungünstigen Verhältnissen in Resonanz kommen kann. Starkes Schwingen der gekuppelten Maschinen gegeneinander über die Elastizität des Riemens kommt zustande. Derartige Drehschwingungen machen sich meist durch ein starkes Flattern der Riemen bemerkbar. Wenn Lastwechsel auftritt, so wird vorübergehend das ziehende Trum zum losen Trum und umgekehrt. Der Riemen wird dadurch zum Indikator für auftretende Drehschwingungen. Es bleibt darauf hinzuweisen, daß noch andersartiges Riemenflattern auftreten kann, nämlich ein Flattern, an dem der Riemen mehr allein beteiligt ist und mehr nach Art einer Seite schwingt. Bezüglich der Drehschwingungen ist folgendes Beispiel lehrreich:
In einem Bagger wurde von einem Dieselmotor die Vorgelegewelle mit den verschiedenen Kupplungen zum Antrieb des Baggers angetrieben. Die Kupplungen haben sich in den Nutungen ausgeschlagen. Wie eine Drehschwingungsmessung zeigte, traten im Betriebsdrehzahlbereich sehr heftige Drehschwingungen auf. Das vom Keilriementrieb an die Vorgelegewelle übertragene Wechseldrehmoment betrug rund das ±4fache des mittleren Leistungsdrehmomentes. Zur Abhilfe wurde eine zusätzliche elastische Kupplung zwischen Motor und erster Keilriemenscheibe eingebaut.
Also auch ein Keilriementrieb kann, obwohl ihm im allgemeinen gute schwingungsdämpfende Eigenschaften zugesprochen werden, zu Schwingungen führen.

Gesichtspunkte für Schaltkupplungen

Wenn zwei Maschinen über eine schaltbare Kupplung miteinander verbunden werden, ergibt sich ebenfalls ein schwingungsfähiges System. Die Elastizitäten sind die natürlichen Elastizitäten der Verbindungswellen. Aufgabe der Drehschwingungsberechnungen ist es, auch hier das System so hinzutrimmen, daß möglichst geringe Verdrehwechselbeanspruchungen auftreten. Überlagerte Drehschwingungen sind besonders dann unangenehm, wenn die mittlere Belastung klein ist. Dann kommt es zu negativen Drehmomenten in den Übertragungsgliedern; Lastrichtungswechsel tritt auf, und Schaltkupplungen mit Spiel klappern. Während des Durchlaufens des Spielwinkels bilden sich relative Geschwindigkeiten aus, die zu heftigen Stoßbeanspruchungen in den spielbesitzenden Teilen führen. Abnutzung und fortschreitende Zerstörung sind die Folge. Man braucht Kupplungen ohne Spiel. Zur Beseitigung des Spiels sind schon verschiedene Mittel angewandt worden.

Conax-Kupplung

Die im *Bild 3* gezeigte Conax-Kupplung zum Beispiel ist in den dargestellten beiden Ausführungen erhältlich. Beim Einrücken werden durch die beiden Außenscheiben Reibklötze an die Außentrommel gedrückt. Der Kraftverlauf geht von der Außentrommel über die Reibklötze und die Scheiben zur Nabe. Die beiden Scheiben der Kupplung links sitzen über Nuten auf der Nabe. Die rechte Scheibe macht die Schaltbewegung, die linke Scheibe ist für das Einstellen der Kupplung mit Hilfe der gezeichneten Mutter ebenfalls in Achsrichtung beweglich. Um eine sichere Beweglichkeit zu haben, ist nun

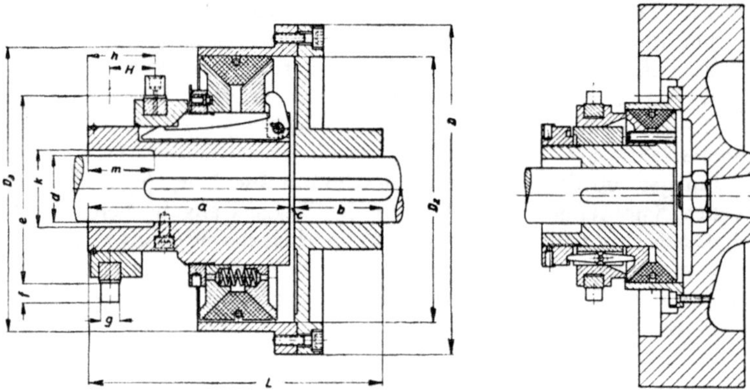

Bild 3. Bauformen der Conax-Kupplung

leider etwas Spiel in Umfangsrichtung zwischen den beiden Scheiben und der Nutung der Nabe notwendig. Die Kupplung kann also bei wechselndem Drehmoment in der Nutung klappern, und die Nuten können sich ausschlagen. Für die Übertragung von wechselnden Drehmomenten ist die rechts gezeichnete Ausführung geschaffen worden. Dort ist die rechte Übertragungsscheibe fest mit der Nabe verbunden und nur die schaltbare Scheibe über Nuten geführt. Es kann daher das halbe Reibungsmoment der Kupplung spiellos übertragen werden, ehe es zu einem Schlagen in der Nutung der schaltbaren Scheibe kommt. Aus einem Prospektblatt über diese Kupplung, in der die Verbindung eines 3-Zylinder-Dieselmotors mit einem schwungradlosen 2-Zylinder-Kompressor gezeigt ist, zitiere ich folgenden Satz: „Diese Kupplung arbeitet nunmehr dort, wo zuvor zwei Kupplungen normaler Bauart auf Grund des sehr großen Ungleichförmigkeitsgrades versagten, ohne jede Beanstandung fast ein Jahr; Betriebszeit täglich 16 Stunden.“
Man erkennt also, daß die Vermeidung von Spiel eine wirksame Abhilfe gegen fortschreitendes Ausschlagen ist.

KBM-Kupplung

Im *Bild 4* ist die sogenannte KBM-Kupplung gezeigt. Die linke Reibscheibe ist mittels einer drehsteifen, jedoch längsbeweglichen Membrane mit der Kupplungsnabe verbunden. Dadurch wird der gleiche Effekt wie vorher geschildert erzielt.

Rückenverzahnte Lamellenkupplung

Bei einer anderen Kupplung, die rechts in *Bild 4* dargestellt ist, werden sogenannte rückenverzahnte Lamellen verwendet. In der Zusammenstellungszeichnung der Kupplung ist die Rückenverzahnung schlecht zu erkennen;

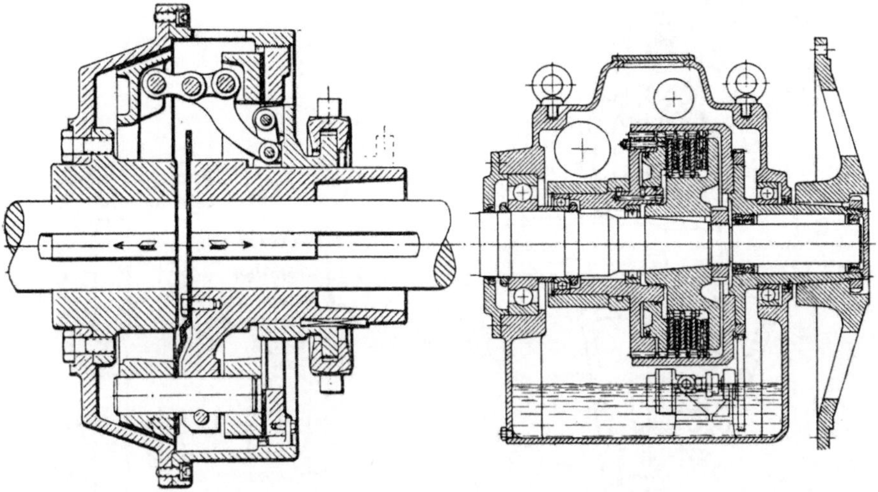

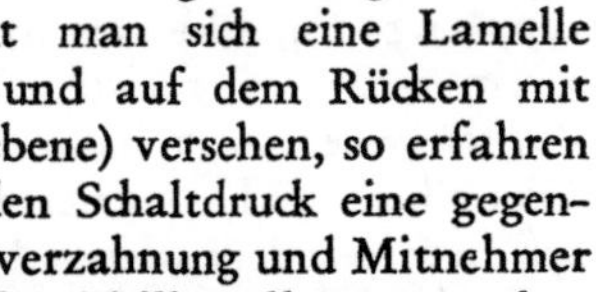

Bild 4.
Links KBM-Kupplung, rechts Kupplung mit rückenverzahnten Lamellen, unten Ausschnitt aus einer rückenverzahnten Lamelle

unten ist daher ein Ausschnitt wiedergegeben. Die Umfangsrichtung der Lamellen verläuft in diesem Bild senkrecht. Denkt man sich eine Lamelle zwischen den beiden Pfeilen in der Mitte geteilt und auf dem Rücken mit radial verlaufenden Zähnen (senkrecht zur Zeichenebene) versehen, so erfahren diese Teillamellen beim Zusammendrücken durch den Schaltdruck eine gegenseitige Verdrehung in Umfangsrichtung. Die Rückenverzahnung und Mitnehmer sind nun so gegeneinander versetzt, daß die linke Teillamelle unter dem Schaltdruck unten, die rechte, nicht schraffierte Teillamelle oben an den Lamellenträger angedrückt wird. Dadurch wird ebenfalls eine spiellose Kraftübertragung gesichert. Um Einschlagen der Lamellen in die Lamellenträger zu vermeiden, werden vielfach auch gehärtete Lamellenträger verwendet.

Zusätzliche elastische Kupplung

Bei der elastischen Kupplung kann man durch geeignete Bemessung der Drehelastizität die überlagerten Wechseldrehmomente weitgehend herabsetzen. Um Klappern in Schaltkupplungen zu vermeiden, kann man daher auch eine Schaltkupplung und eine elastische Kupplung kombinieren. Dies führt aber, wenn man getrennte Kupplungen nimmt, wie das *Bild 5* unten rechts zeigt,

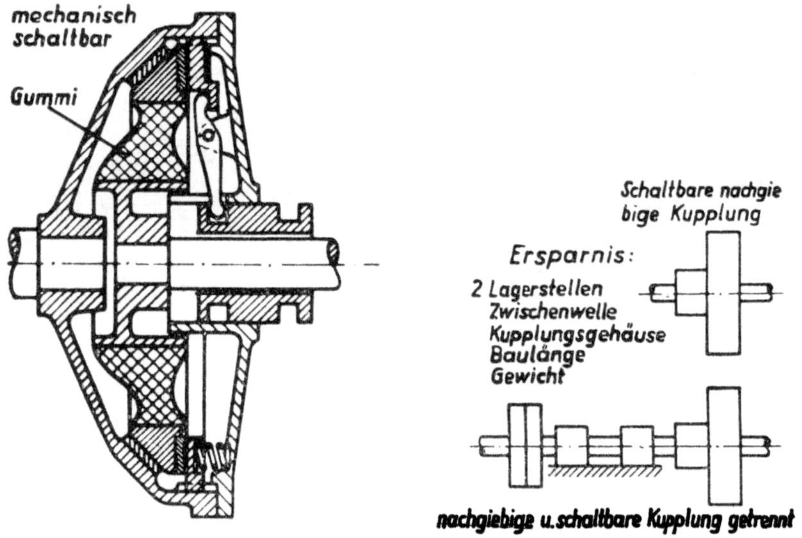

Bild 5. Kombination einer Schaltkupplung mit einer elastischen Kupplung

zu einer verhältnismäßig großen Baulänge. Zur Abstützung des Sekundärteils der Schaltkupplung und des Primärteils der elastischen Kupplung braucht man zwei Lager und eine Zwischenwelle. Zu kürzerer Baulänge kommt man, wenn der Sekundärteil der Schaltkupplung drehbar auf der verlängerten Primärwelle abgestützt wird. Alsdann kann die elastische Kupplung direkt an die Schaltkupplung angeschlossen werden. Derartige Kombinationskonstruktionen sind bereits von den meisten Kupplungsfirmen durchgeführt worden.

Vor längerer Zeit habe ich gelegentlich eines Vortrages die im Bild oben links schematisch skizzierte Kupplungsform gezeigt und wollte damit anregen, daß man auf irgendeine Art und Weise zu noch kürzerer Baulänge kommt. Man muß elastische Kupplung und Reibungskupplung in radialer Richtung hintereinander bauen. Ich weiß, daß es konstruktiv nicht ganz einfach ist, das Schema in Wirklichkeit umzusetzen, und möchte zu diesem Bild nur feststellen, daß eine derartige Kombination bis jetzt im Handel noch nicht erschienen ist.

Das Einstellen von Schaltkupplungen

Damit Reibungskupplungen das verlangte Drehmoment übertragen, müssen die Reibungsteile mit genügender Kraft gegeneinander gepreßt werden. Für die Betätigung der Kupplung gibt es nun Hunderte von Hebelkonstruktionen. Wären alle Teile einer Kupplung vollkommen unelastisch, so wäre eine Einstellung der Kupplung überhaupt nicht möglich; denn schon kleinste Wege,

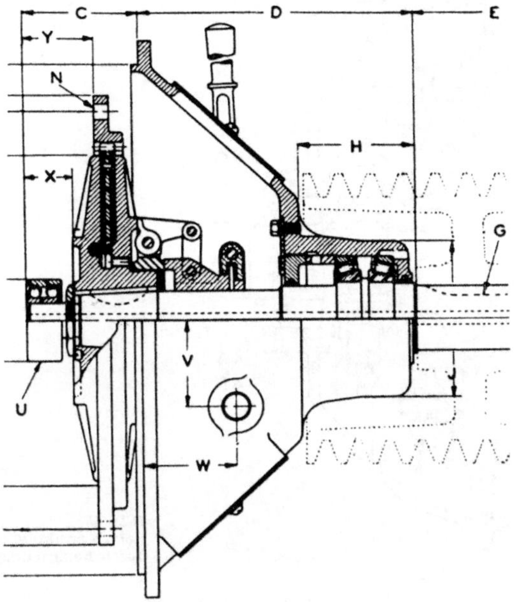

Bild 6a. **Rockford-Kupplung**

zum Beispiel an der Einstellmutter, würden den Anpreßdruck von Null auf unendlich anwachsen lassen. Um eindeutig ein Drehmoment und einen Schaltdruck einstellen zu können, sind also elastische Nachgiebigkeiten in den Anpreßteilen erforderlich. Bei vielen Kupplungen liegt diese Elastizität in den Betätigungshebeln, wie zum Beispiel bei der im *Bild 6a* gezeigten Rockford-Kupplung. Bei Abnutzung der Reibbeläge ist ein Nachstellen erforderlich. Dieses Nachstellen ist nicht immer ganz einfach auszuführen, und brauchbare Vorschriften, um zu dem notwendigen Reibungsmoment zu kommen, sind verhältnismäßig schwer zu geben. In dieser Beziehung sind Schaltkupplungen, bei denen der Schaltdruck eindeutig durch Federn vorgegeben ist, günstiger. Bei der Rela-Kupplung (Reibungslamellen-Kupplung) im *Bild 6b* werden die Reibscheiben durch Federn angepreßt. Durch geeignete Bemessung der Feder kann man dafür sorgen, daß bei Abnutzung die Federkraft nur wenig abnimmt und praktisch der volle Reibungsschluß bestehen bleibt. Ein Nachstellen ist daher weniger häufig erforderlich; es kann sogar bei entsprechend ausgelegten Federn ganz vermieden werden. Kupplungen, deren Reibungsmoment eindeutig eingestellt werden kann, sind nicht allein

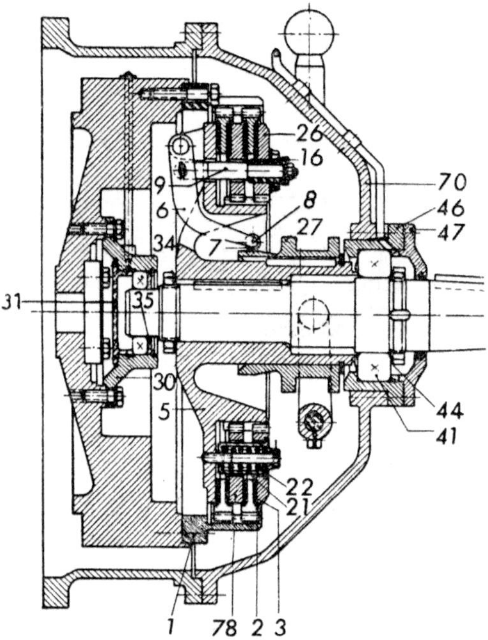

Bild 6b.
Rela-Kupplung, der Anpreßdruck wird durch Federn erzeugt

geeignet, die Spitzenspannungen beim Schalten klein zu halten, sondern auch Beanspruchungsspitzen beim Durchfahren von kritischen Drehzahlen zu begrenzen. Wie im *Bild 7* schematisch dargestellt, kann die Anpressung durch Federkraft grundsätzlich auf zweierlei Weise erfolgen:

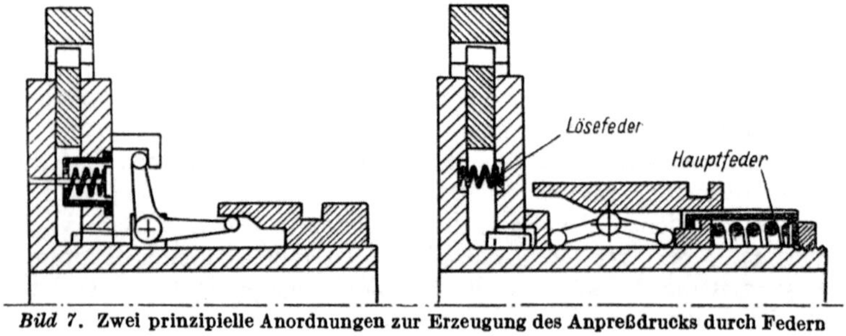

Bild 7. **Zwei prinzipielle Anordnungen zur Erzeugung des Anpreßdrucks durch Federn**

1. Die Reibbeläge werden durch Federn zusammengedrückt; Lösen erfolgt, indem die Reibscheiben entgegen der Federkraft abgehoben werden. Diese Kupplungen sind sehr leicht einzuschalten, die Ausrückung erfordert eine höhere Schaltkraft.
2. Es wird eine möglichst schon vorgespannte Feder in das Schaltgestänge gelegt. Beim Einrücken wird die Vorspannung überwunden, und der gewünschte, durch die Federkraft gegebene Schaltdruck kommt zustande. Selbstverständlich kann die Feder auch an einer anderen Stelle des Übertragungsmechanismus liegen. Das Einrücken geht mit größerer Kraft vor sich, das Ausrücken nach Überwindung des Totpunktes leicht. Welcher Art man den Vorzug geben soll, hängt vom einzelnen Anwendungsfall ab.

Vergleich der Kupplungen für Schiffsanlagen, bei denen mehrere Motoren über Getriebe auf einen Propeller arbeiten

Am Beispiel einer Zweimotoren-Schiffsanlage mit gemeinsamem Getriebe und Propeller sollen nun die verschiedenen angewandten Kupplungsarten besprochen und verglichen werden. Es sind dies: Drehsteife Kupplung, Turbo-Kupplung, elektromagnetische Kupplung, Hydroflex-Kupplung und elastische Kupplung. Im *Bild 8* ist links oben das Schema einer solchen Anlage gezeichnet. Man erkennt Motor, Schwungrad, Getriebe und Propeller.
Etwa folgende Forderungen werden an derartige Anlagen gestellt: Die Anlage soll im ganzen Betriebsdrehzahlbereich möglichst frei von Schwingungen sein, damit ein ruhiger Getriebelauf zustande kommt. Dabei muß berücksichtigt werden, daß der verlangte Drehzahlbereich meist sehr groß ist und die geforderte niederste Drehzahl etwa $^1/_4$ bis $^1/_5$ der Voll-Drehzahl ist. Die Motoren sollen mindestens bei Stillstand abkuppelbar sein, so daß man auch mit einem Motor allein fahren kann. Besser ist es, wenn die Motoren während des Laufes zu- und abgekuppelt werden können, besonders dann, wenn manövriert wird. Dann läuft zweckmäßig ein Motor voraus, der andere zurück. Je nach Bedarf wird die eine oder andere Kupplung ein- bzw. ausgerückt. Daß außerdem die Kupplungen möglichst wenig kosten sollen, sei nebenbei erwähnt.
Bei derartigen Anlagen ist nun eine ganze Reihe von Schwingungsmöglichkeiten gegeben. Im *Bild 8* ist rechts das elastische System gezeichnet, unten die möglichen Schwingungsformen. Aus den eingezeichneten Verdrillungslinien kann man die Schwingungsausschläge, die die einzelnen Massen bei den verschiedenen Schwingungsformen ausführen, entnehmen. Die Schwingungsform A, bei der nur die Motoren gegeneinander schwingen, wird dann am stärksten erregt, wenn beide Motoren gegenphasig laufen; das ist der Fall, wenn die Zündungen der Motoren abwechselnd erfolgen, also die Zündungen des Motors 1 zwischen den Zündungen des Motors 2 liegen. Die Propellerseite bleibt bei dieser Schwingungsform von Schwingungen unberührt. Im Fall B schwingen

beide Motoren gleichphasig. Diese Schwingungsform wird erregt, wenn beide Motoren gleichzeitig zünden. Für die schwingungstechnische Betrachtung kann man die beiden Motoren durch einen einzigen Motor mit dem doppelten Hubvolumen, der doppelten Erregung und den doppelten Drehmassen

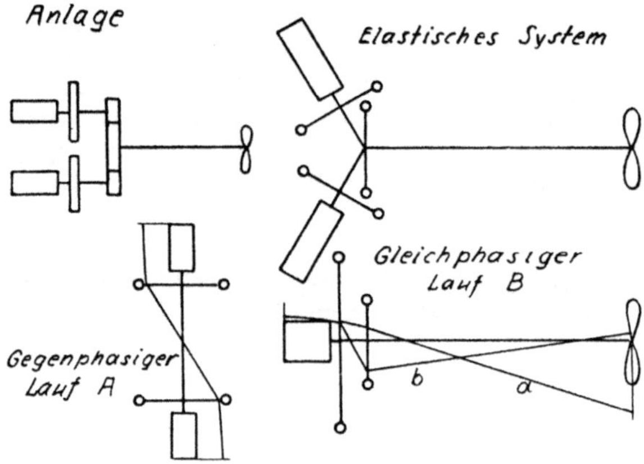

Bild 8. **Schema und Schwingungsverhältnisse einer Zweimotoren-Schiffsanlage**

zusammenfassen. Zwei Schwingungsformen sind auf der angetriebenen Seite möglich: die Form a, bei der insbesondere der Propeller gegenüber dem Motor schwingt, und die Form b, bei der insbesondere das Getriebe gegenüber Motor und Propeller Ausschläge macht. Nicht eingezeichnet ist die Motorschwingung, bei der die Kurbelwelle gegenüber dem Schwungrad Drehschwingungen ausführt. Diese Schwingungen brauchen aber hier nicht beachtet zu werden. Aufgabe des Motorenbauers ist es, solche Schwingungen durch eigene Maßnahmen, zum Beispiel Schwingungsdämpfer am vorderen Kurbelwellenende, zu unterdrücken.

Drehsteife Kupplungen

Bei den Schiffen der Monte-Klasse und anderen wurde die Verbindung der Motoren mit dem Getriebe starr über einrückbare Mitnehmerbolzen ausgeführt. Kuppeln und Lösen ist nur im Stillstand möglich. Die gefährlichen Schwingungen der Form A hat man dadurch umgangen, daß man die Motoren synchron zünden ließ. Man muß also die Kupplung nach dem Ausrücken auch wieder in der richtigen Stellung einrücken. Selbst das Anlassen erfolgt synchron. Beide Motoren bekommen gleichzeitig Anlaßluft und werden gleichzeitig auf Betrieb geschaltet. Von dieser Anordnung ist nichts Nachteiliges bekannt.

Turbo-Kupplung

In den letzten Jahren haben immer mehr Föttinger-Kupplungen, also Turbo-Flüssigkeitskupplungen, Anwendung gefunden. Diese können während des Laufens durch Füllen beziehungsweise Entleeren ein- und ausgeschaltet werden. Die Füllzeit und damit die Einschaltzeit ist zum Teil verhältnismäßig groß. Die Kupplungen arbeiten mit einem dauernden Schlupf und bringen Leistungsverluste. Die durch den Schlupf erzeugte Wärme muß abgeführt werden, wozu bei großen Anlagen besondere Kühler notwendig sind. Die Kupplungen können praktisch für beliebig große Drehmomente gebaut werden. Zufolge des Schlupfes vermögen die Kupplungen Schwingungen zu unterdrücken. Turbo-Kupplungen sind aus anderen Vorträgen bekannt, so daß auf ein Bild verzichtet werden kann.

Elektromagnetische Kupplung

Eine größere Anzahl von Schiffen, besonders im Ausland, ist mit elektromagnetischen Kupplungen, wie sie im *Bild 9* im Prinzip gezeigt sind, aus-

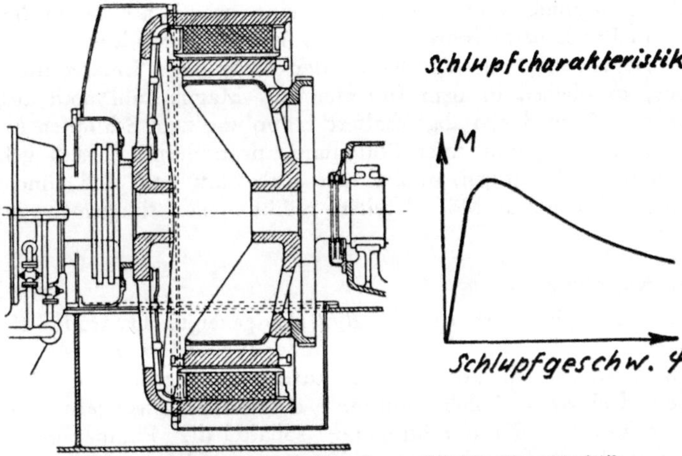

Bild 9. **Elektromagnetische Kupplung mit Schlupfcharakteristik**

gerüstet. Auch diese Kupplungen arbeiten mit Schlupf. Die Erregerwicklung der Kupplung wird mit Gleichstrom gespeist. Infolge der beim Schlupf auftretenden Wirbelströme wird der Sekundärteil mitgenommen. Die Kupplung ist mit Hilfe der Erregung ein- und ausschaltbar und der Schlupf und das übertragbare Drehmoment mit der Stärke der Erregung regelbar. Die Schaltzeiten sind kurz.

Sonderform Hysterese-Kupplung

Im Zusammenhang mit dieser Kupplung sei eine kurze Abschweifung erlaubt und noch eine andere Kupplung erwähnt, die *Jaeschke*, der Verfasser einer

kleinen Notiz in der VDI-Zeitschrift 1942, S. 219, „Hysterese-Kupplung“ genannt hat. Von dieser Kupplung hat man seither nichts mehr gehört. Man kann sie aus der gezeigten dadurch entstanden denken, daß der Innenkörper aus Magnetstahl großer Remanenz hergestellt wird. Bei der Erregung ergeben sich dann im Innenteil ausgeprägte Pole. Da der Magnetstahl dem Ummagnetisieren großen Widerstand entgegensetzt, erfolgt die Mitnahme und Drehmomentübertragung ohne Schlupf. Durch Änderung der Erregung kann ein- und ausgeschaltet werden. Man hat also hier eine Schaltkupplung, deren Primär- und Sekundärteile sich nicht berühren, die — wie die elektromagnetische Kupplung — schlupfen kann, die jedoch auch ohne Schlupf ein Drehmoment übertragen kann, und die auch eine gewisse Elastizität besitzt, da ja zwei ausgeprägte Magnete einander gegenüberstehen, die bei gegenseitiger Entfernung voneinander eine Rückstellwirkung aufeinander ausüben. Die Erwähnung dieser Kupplung sollte Fachleute auf diesem Gebiet anregen, einmal die Grenzen dieser Kupplung abzustecken. Der damalige Konstrukteur hatte noch nicht die hochwertigen Magnetwerkstoffe zur Verfügung, wie wir sie heute haben. Die Kupplung wäre, wenn man eine brauchbare technische Lösung zu tragbarem Preise herbeiführen könnte, für viele Fälle ideal.
Noch eine Bemerkung zum Abschalten der Kupplung: Schaltet man die Erregung aus, so bleiben in dem Innenteil aus Magnetstahl noch ausgeprägte Pole bestehen. Wenn die so abgeschaltete Kupplung zum Schlupfen kommt, so wird dies sprunghaft von einer Polteilung zur andern vor sich gehen. Um diesen Mangel zu beseitigen, müßte man also auch noch den Innenteil entmagnetisieren. Bekannte Möglichkeiten müßten hier sinngemäß angewandt werden.

Hydroflex-Kupplung

Eine neuere Kupplung ist die im *Bild 10* gezeigte Hydroflex-Kupplung; auch sie arbeitet mit Schlupf, der von außen verändert werden kann. Von dem Motor wird der Innenteil mit den acht darin angeordneten Zahnrädern, die in den drehbaren Außenzahnkranz eingreifen, angetrieben. Beide zusammen wirken als Zahnradölpumpe; sobald die Pumpe gegen Druck fördert, wird der Außenzahnkranz mitgenommen. Das geförderte Öl fließt durch die unvermeidlichen und auch gewollten Spalte von der Druckseite zur Saugseite. Entsprechend dem Öldurchtritt tritt ein Schlupf auf. Außerdem ist ein von außen einstellbares Druckventil vorhanden, das bei zu großen Drücken, also zu großen Drehmomenten, öffnet und den Schlupf im günstigen Sinn vergrößert. Die Kupplung ist mit Hilfe der außen angeordneten Gummireifen schaltbar; durch Füllen mit Drucköl oder Druckluft werden die Reibbeläge an den Zahnkranz gedrückt. Derartige Reifenkupplungen werden in Amerika schon seit längerem angewandt; sie haben sich im Bohrfeld gut bewährt und werden jetzt auch hier unter dem Namen „Fawick Airflex-Schaltkupplungen“ hergestellt.

Drehnachgiebige Kupplungen

Wie die eingangs erwähnten Beispiele gezeigt haben, kann man derartige Anlagen auch durch drehnachgiebige, drehelastische Kupplungen schwingungs-

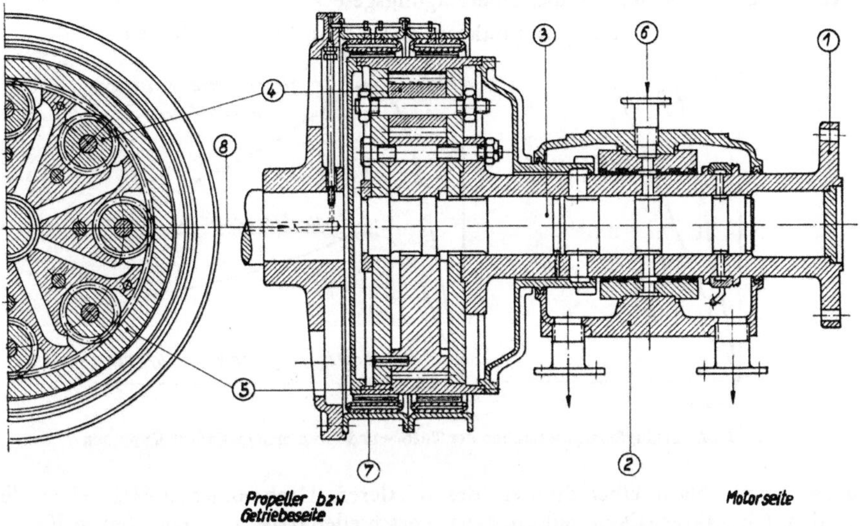

Bild 10. **Hydroflex-Kupplung, eine schaltbare Dämpfungskupplung**

arm bekommen. Man braucht allerdings dazu Kupplungen von sehr großer Drehelastizität.

Vergleich der verschiedenen Kupplungsarten

Es sollen nun die verschiedenen Kupplungen in ihrer Wirkungsweise miteinander verglichen werden. Dazu muß man erst die Gesetzmäßigkeiten für die Drehmomentübertragung kennenlernen. Während sich bei der drehelastischen Kupplung entsprechend dem zu übertragenden Drehmoment ein relativer Verdrehungswinkel φ einstellt, ergibt sich bei der Turbo- und elektromagnetischen Kupplung ein dauernder Schlupf, der um so größer ist, je größer das zu übertragende Drehmoment ist. Im *Bild 11* ist das übertragene Drehmoment M_K abhängig von der Schlupfgeschwindigkeit $\dot{\varphi}$ aufgetragen. Da der Schlupf unter dem mittleren zu übertragenden Drehmoment einen dauernden Arbeitsverlust bedeutet — dies ist der Hauptnachteil der Schlupf-Kupplungen —, wählt man die Schlupfgeschwindigkeit $\Delta\,\omega$ möglichst klein und arbeitet bei der Übertragung des Vollastmomentes M_0 mit einem verhältnismäßigen Schlupf

$$s_0 = \frac{\Delta\,\omega_0}{\omega_0} = 1 \text{ bis } 3\%.$$

$\Delta\omega_0$ ist die Schlupfgeschwindigkeit und ω_0 die Drehgeschwindigkeit bei M_0. Bei gleicher Drehgeschwindigkeit ω_0 arbeiten beide Kupplungen auf dem steil ansteigenden Ast der Arbeitscharakteristik, also praktisch gleichartig; man kann in erster Näherung das Übertragungsgesetz

$$M = k \cdot \dot{\varphi} = \text{Kopplungsfaktor mal Schlupfgeschwindigkeit}$$

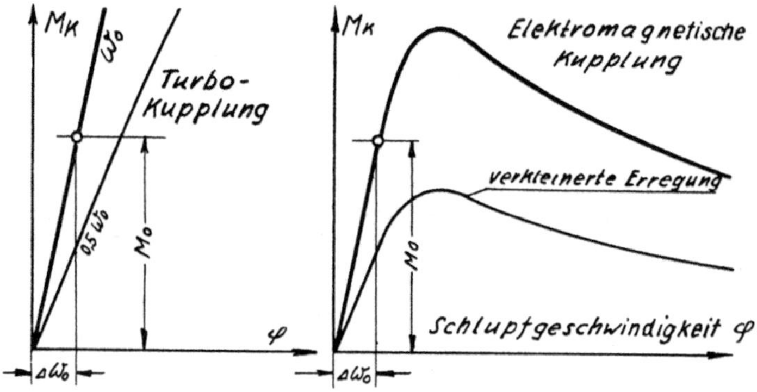

Bild 11. **Schlupfcharakteristiken der Turbo- und elektromagnetischen Kupplung**

anschreiben. Nach Überschreiten des mittleren Drehmomentes M_0 sehen die beiden Charakteristiken jedoch ganz verschiedenartig aus. Die Turbo-Kupplung hat bei wachsendem Schlupf ein weiter anwachsendes Drehmoment, während bei der elektromagnetischen Kupplung das Drehmoment nach Erreichen eines Kippunktes wieder abnimmt. Das Drehmoment der elektromagnetischen Kupplung ist bei konstanter Erregung nur abhängig von der Schlupfgeschwindigkeit, das der Turbo-Kupplung bei konstanter Füllung auch von der Drehzahl, und zwar ändert sich das Drehmoment in erster Näherung proportional dem verhältnismäßigen Schlupf und dem Quadrat der Drehzahl. Eine Änderung der Schlupfcharakteristik kann bei der elektromagnetischen Kupplung durch Änderung der Erregung, bei der Flüssigkeitskupplung durch Änderung der Füllung erreicht werden.

Die gezeichneten Charakteristiken ergeben sich beim Durchmessen der Kupplungen unter konstanten stationären Verhältnissen. Wenn man die Auswirkung von überlagerten Schwingungen betrachtet, kann man die gefundenen Gesetzmäßigkeiten nicht einfach übernehmen. Bei der Turbo-Kupplung zum Beispiel wird der Flüssigkeitsumlauf innerhalb der Schaufeln raschen Schwingungen nicht folgen. Der Faktor k, der die Steilheit der Charakteristik im Arbeitspunkt ausdrückt, wird daher für die Betrachtung von raschen Schwingungen kleiner sein, oder anders ausgedrückt: Der dynamische Schlupf wird größer sein als der statische. Es soll hier nur diese Tatsache festgestellt werden; Messungen darüber sind nicht bekanntgeworden. Daß der dynamische Schlupf größer ist, als sich auf Grund statistischer Messungen ergibt, ist nur günstig; denn je größer der dynamische Schlupf ist, desto loser ist, schwingungsmäßig gesehen, die Verbindung zwischen den beiden gekuppelten Massen. Für die Betrachtung von Schwingungen kann man dieses Verhalten näherungsweise durch einen Faktor a berücksichtigen und in erster Näherung annehmen, daß der Kopplungsfaktor bei Schwingungen nur a mal so groß ist, wie man stationär findet.

Im *Bild 12* ist nun die Wirkung der verschiedenen Kupplungen an einem einfachen Zweimassesystem untersucht. An der Drehmasse Θ_1 greift das Wechsel-

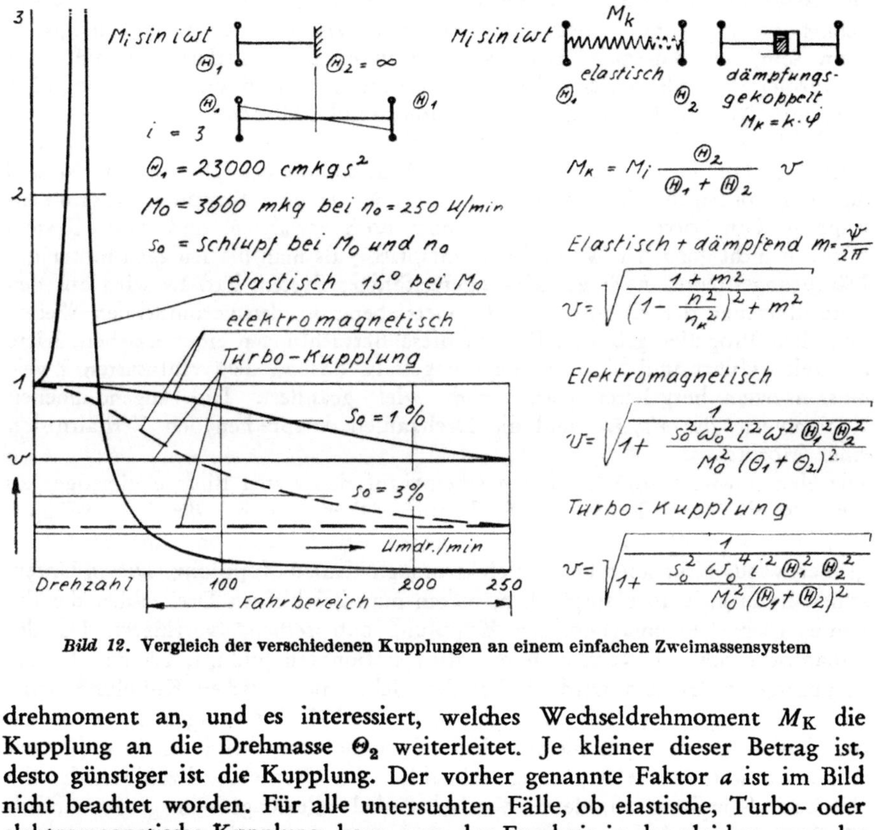

Bild 12. **Vergleich der verschiedenen Kupplungen an einem einfachen Zweimassensystem**

drehmoment an, und es interessiert, welches Wechseldrehmoment M_K die Kupplung an die Drehmasse Θ_2 weiterleitet. Je kleiner dieser Betrag ist, desto günstiger ist die Kupplung. Der vorher genannte Faktor a ist im Bild nicht beachtet worden. Für alle untersuchten Fälle, ob elastische, Turbo- oder elektromagnetische Kupplung, kann man das Ergebnis in der gleichen, von der elastischen Kupplung her schon bekannten Form anschreiben, nämlich

$$M_K = M_i \cdot \frac{\Theta_2}{\Theta_1 + \Theta_2} \cdot v.$$

Der erste Teil $M_i \cdot \frac{\Theta_2}{\Theta_1 + \Theta_2}$

ist das Wechseldrehmoment, das bei vollkommen drehsteifer Kupplung vorhanden wäre. v ist also eine Vergleichszahl, die bei der elastischen Kupplung [1]) als Resonanzfaktor bezeichnet wurde. Dort kann v größer oder kleiner als 1 sein. Bei der Dämpfungsankopplung ist v immer kleiner als 1. Dem einfachen Zweimassensystem ist durch die Dämpfungsankopplung jede Aufschaukelungsmöglichkeit genommen. In der Formel für v steht der Schlupf unten im Nenner. Schlupf $s_0 = 0$ hieße starre Kupplung; v wird gleich 1. Je größer nun der Schlupf gemacht wird, desto kleiner wird v. Dieses Ergebnis ist nicht gerade angenehm; denn einerseits soll der Schlupf möglichst klein sein, um dauernde Arbeitsverluste unter dem mittleren Drehmoment zu vermeiden, andererseits soll er zur Verhütung von Schwingungen möglichst groß sein. Man muß hier also einen Kompromiß schließen.

Im Bild 12 ist links nun v für den Fall $\Theta_2 = \infty$ aufgetragen. Der gleiche Fall liegt vor, wenn man zwei gleiche Motoren mit den Drehmassen Θ_1 und mit gegenphasigem Wechseldrehmoment über je eine Kupplung zusammenkuppelt. Um korrekt zu sein, muß man noch erwähnen, daß dieses System insofern nicht ganz der Wirklichkeit entspricht, als man bei Anlagen hinter der Dämpfungsstrecke noch ein schwingungsfähiges System hat. Es wird aus den Sekundärteilen der Kupplungen, der Getriebemasse, den verbindenden Wellen und dem Propeller gebildet. Dies in diese Betrachtungen einzubeziehen, hätte zu weit geführt und hätte an dem Ergebnis, das an dem einfachsten Zweimassensystem hergeleitet wurde, nicht viel geändert. Die angenommenen Zahlenwerte für M_0, Θ_1 und die Drehzahlen entsprechen den Verhältnissen eines Motors.

Die elektromagnetische Kupplung scheint auf den ersten Blick ungünstiger zu sein als die Turbo-Kupplung. Es kommt daher, daß bei der Turbo-Kupplung mit sinkender Drehzahl automatisch der Schlupf im günstigen Sinne größer wird, nicht aber bei der elektromagnetischen Kupplung. Diesen Unterschied kann man aber ausgleichen, indem man bei kleinen Drehzahlen die Erregung der elektromagnetischen Kupplung entsprechend verringert. Da der dynamische Schlupf, verglichen mit dem stationären Schlupf, bei der Turbo-Kupplung größer sein wird als bei der elektromagnetischen Kupplung, wird die Turbo-Kupplung noch etwas günstigere Verhältnisse bringen. Zu wünschen ist, daß über den dynamischen Schlupf einmal eingehende Untersuchungen angestellt werden. Sehr günstig schneidet im Betriebsdrehzahlbereich die elastische Kupplung ab, deren Verdrehwinkel allerdings sehr groß, nämlich 15 Grad bei mittlerem Drehmoment M_0 angenommen ist. Auch in anderer Beziehung ist die elastische Kupplung günstig: Sie hat keinen dauernden Schlupf, sie braucht keine Hilfseinrichtungen für den Ölumlauf, die Ölküh-

---

[1]) siehe Fußnote S. 178

lung oder die elektrische Erregung. Um schaltbar zu sein, müßte die Kupplung allerdings mit einer schaltbaren Kupplung kombiniert werden. Als Mangel würde dann bleiben, daß das Schalten nicht in der gleichen schönen Weise erfolgen kann wie bei den elektromagnetischen und Turbo-Kupplungen, die beim Manövrieren längere Zeit durchschlupfen können, bis die Propeller- und Motordrehzahl sich angeglichen hat. Die Schaltkupplung selbst dient gleichzeitig auch zur Unterdrückung der Resonanzspitze beim Anfahren.

Ähnlichkeitsbetrachtung

Dieses sehr günstige Ergebnis für die elastische Kupplung müßte eigentlich den Anreiz bringen, mehr derartige Kupplungen einzubauen; leider gibt es Kupplungen für sehr große Drehmomente mit den geforderten großen Verdrehwinkeln nicht; sie sind noch zu schaffen. Hier soll eine kleine Ähnlichkeitsbetrachtung, die im *Bild 13* skizziert ist, eingeflochten werden. Für kleine

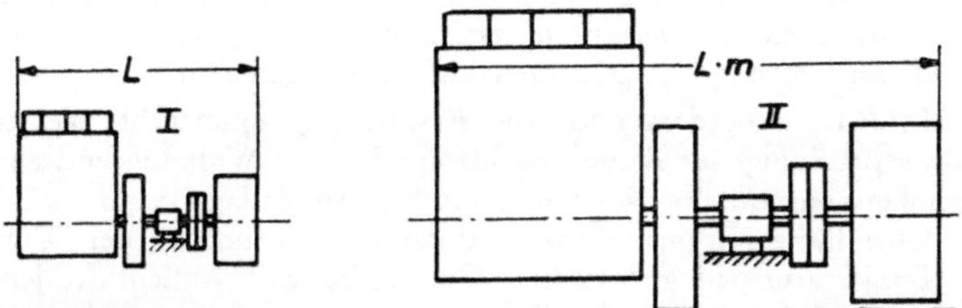

Anlage	I	II
Mittlere Kolbengeschwindigkeit	V	V
Drehzahl	n	$n \cdot m^{-1}$
Drehmomente (Mo, Mi, Mmax)	M	$M \cdot m^3$
Beanspruchung der Kupplung	k	k
Verdrehsteifigkeit	C	$C \cdot m^3$
Eigenschwingungszahl	n_e	$n_e \cdot m^{-1}$
Verdrehwinkel der Kupplung	φ_k	φ_k
Wärmeentwicklung in der Zeiteinheit	Q	$Q \cdot m^2$
Wärme abführende Fläche	F	$F \cdot m^2$
Wärmeentwicklung/cm³ Gummi	q	$q \cdot m^{-1}$
Wärmeübergangszahl an Außenluft (gleiche Geschwindigkeit)	α	α
Temperaturdifferenz für den Wärmeübergang	Δ_{t1}	Δ_{t1}
Wanderungsweg der Wärme	L	$L\,m$
Temperaturdifferenz für Wärmewanderung	Δ_t	$\Delta_t \cdot m$

Bild 13. **Ähnlichkeitsbetrachtung an zwei linear ähnlich gebauten Anlagen**

Drehmomente stehen Kupplungen mit genügender Drehelastizität zur Verfügung. Man müßte nun eigentlich annehmen, daß man große Kupplungen einfach durch ähnliche Vergrößerung kleiner bewährter Kupplungen erhalten kann. Dem sind leider Grenzen gesetzt. Hat man eine Anlage II, deren lineare Abmessungen sowohl des Motors als auch der Kupplung *m* mal

13*

größer sind als die Abmessungen der Anlage I, so wächst das Drehmoment des Motors mit m^3. Die ebenfalls in sämtlichen Abmessungen m-fach vergrößerte Kupplung erfährt unter dem Leistungsdrehmoment genau die gleiche Beanspruchung in kg/cm² wie die kleine Kupplung; sie besitzt auch den gleichen Verdrehwinkel unter dem mittleren Drehmoment. Damit gehen die beiden Anlagen schwingungsmäßig in Ordnung, und die gleichartigen kritischen Drehzahlen erscheinen bei der gleichen Kolbengeschwindigkeit.

Nehmen wir nun an, die Kupplung I habe 20 mkg zu übertragen und besitze Gummikörper von 60 mm Stärke, dann müßte eine Kupplung für 2500 mkg

$$m = \sqrt[3]{\frac{2500}{20}} = 5 \text{ mal größere Abmessungen bekommen.}$$

Die Gummikörper müßten $60 \times 5 = 300$ mm dick sein. Herstellungsmäßig wird man hier auf größte Schwierigkeiten stoßen. Man kommt zwangsläufig darauf, daß man nicht beliebig vergrößern kann, sondern für große Kupplungen neue Formen ersinnen muß. Der Federwerkstoff muß aufgeteilt, die Kupplung aus kleinen Elementen zusammengesetzt werden. Zwangsläufig ergeben sich andere Kupplungsformen als seither gewohnt.

Im *Bild 13* ist außerdem noch die Erwärmung untersucht, die durch die Wechselbeanspruchung der Kupplung infolge innerer Walkung entsteht. Die in der Zeiteinheit entwickelte Wärme steigt bei der Anlage II mit m^2. Da aber auch die Oberfläche mit m^2 wächst, ist der zur Abführung der Wärme notwendige Temperatursprung zwischen Oberfläche und Außenluft der gleiche. Die Temperaturdifferenz für die Wärmeleitung von innen nach außen wird aber bei der Anlage II m mal größer, obwohl die Drehzahl und damit die Wechselzahl des Wechseldrehmomentes m mal kleiner ist als bei der Anlage I. Die große Kupplung wird also innen wärmer.

Im übrigen kann man die hergeleiteten Beziehungen auch für die Erwärmung von Keilriemen infolge der inneren Walkarbeit beim Laufen über die Scheiben übernehmen. Hat man zwei bezüglich der Riemendicke, der Riemenlänge und des Durchmessers der Scheibe vollkommen ähnliche Triebe und laufen beide Triebe mit der gleichen Umfangsgeschwindigkeit, so ist die infolge der Walkung für einen Quadratmeter Oberfläche entwickelte Wärme bei beiden Trieben die gleiche. Wegen des größeren Wärmeleitweges wird jedoch der große Riemen im Innern wärmer werden. In erster Annäherung ist die Walkarbeit und die für einen Quadratmeter Oberfläche entstehende Wärme proportional

$$\frac{s^2}{d^2} \cdot \frac{s}{l} \cdot v.$$

Dabei sind s die Riemendicke, l die Riemenlänge, d der Scheibendurchmesser und v die Riemengeschwindigkeit. Am entscheidensten wirkt nach dieser Beziehung die Riemendicke s bei der Erwärmung infolge innerer Walkung mit.

Zusammenfassung

Zum Schluß sollen stichwortartig noch ein paar Punkte herausgegriffen werden.

Zum Abtrieb vom vorderen Wellenende von Kolbenmotoren braucht man drehnachgiebige Kupplungen mit kleinem primärseitigen Schwungmoment. Für Schiffsanlagen großer Leistung fehlen nachgiebige Kupplungen mit großer Drehelastizität. Schaltkupplungen müssen in Anlagen, bei denen Wechseldrehmomente auftreten, spielfrei sein. Dementsprechend sollen vorhandene Getriebe ein möglichst kleines Zahnspiel haben. Bei Dämpfungskupplungen — das sind Kupplungen, die mit Dauerschlupf arbeiten — ist großer dynamischer Schlupf günstig. Angaben über den dynamischen Schlupf fehlen noch. Seine Kenntnis ist für die schwingungstechnische Berechnung von Anlagen in gleicher Weise notwendig wie die Drehelastizität von elastischen Kupplungen. Die Herren Fachingenieure werden somit aufgerufen, die noch fehlenden Unterlagen zu schaffen und auch die Grenzen der Hysterese-Kupplung abzustecken.

Aussprache

Prof. *Martyrer*, Hannover: Wir haben damit ein erschöpfendes und ergiebiges Programm über die drehnachgiebigen und schaltbaren Kupplungen gehört, ich glaube, daß aber doch noch eine Reihe von Fragen auftauchen werden. Darf ich gleich eine Antwort geben auf eine Frage, die Herr Dr. *Benz* gestellt hat. Der dynamische Kupplungsfaktor ist m. W. noch nicht gemessen und nicht bekannt, aber ich bin Herrn Dr. *Benz* für diese Anregung dankbar. Ich möchte glauben, daß sich bei der elektro-magnetischen Schlupfkupplung der dynamische Kupplungsfaktor von dem statischen Kupplungsfaktor nicht sehr unterscheiden wird, da der elektrische Strom trägheitslos ist, so daß die Zeit keine Rolle spielt. Bei den Flüssigkeitskupplungen ist das grundsätzlich anders, denn dabei tritt als Umlaufende und als übertragendes Element die Masse der Flüssigkeit auf, und dort treten bei den kurzzeitigen Schwankungen nicht stationäre Strömungen mit Ablösungserscheinungen an Schaufelspitzen, also Erscheinungen auf, die rechnerisch kaum zu erfassen, ja vielleicht theoretisch gar nicht zu erklären sind, und hier muß man eben Versuche machen. Mir ist der Wert des Kupplungsfaktors nicht bekannt, obgleich ich die Situation auf dem Gebiete der hydraulischen Kupplungen gut übersehe, aber ich möchte Ihnen versprechen, daß es nicht sehr lange dauert, bis Versuche hierzu gemacht werden.

Prof. *Niemann*, München: Mir fällt auf, daß die Brechbolzenkupplungen, die eine äußerst robuste Sicherung darstellen, weiter entwickelt werden könnten, wenn es gelingt, einen Werkstoff zu schaffen oder dem Brechbolzen eine Form zu geben, bei der die statische Gewaltbruchfestigkeit und die wiederholte Belastungsfestigkeit, also die dynamische, nicht so weit auseinanderfallen. Bisher ist es so, daß die Bolzen im Laufe der Zeit einfach so brechen, weil sie mit der dynamischen Festigkeit belastet sind. Es dürfen also die Gewaltbruchfestigkeit und die dynamische nicht so weit auseinanderfallen. Das ist eine Werkstofffrage und eine Formgebungsfrage. Das war noch zu ergänzen.

Prof. *Martyrer:* Ich glaube, daß damit eine Entwicklungsrichtung angegeben ist, wenn ich auch etwas Bedenken habe. Erstens ist ja das Ersetzen eines Brechbolzens immer doch mit einer gewissen Arbeit verbunden, und zweitens könnte man, glaube ich, etwas tun nach der Richtung, daß man die Brechbolzenkupplung, wie ich eingangs sagte, an der richtigen Stelle einbaut. Wenn noch abzubremsende Massen vor der Brechbolzenkupplung liegen, dann nützt — z. B. bei einem Brecher, in den ein Vorschlaghammer fällt — die ganze Brechbolzenkupplung nichts mehr. Die Kupplung muß natürlich möglichst dicht an der gefährdeten Stelle angeordnet werden, damit die Auswirkung der Massen, die plötzlich abgebremst werden, auf die Kupplung und nicht auf die Maschine kommt.

Dr.-Ing. *Hiersig*, Düsseldorf: Wenn die Drehelastizität nicht erforderlich oder unerwünscht ist, werden Wellenkupplungen verwendet, die drehstarr, jedoch winkel- oder querbeweglich sind. Diese Kupplungen gleichen Fluchtfehler aus, ohne den Synchronlauf der gekuppelten Maschine zu stören, so wie es z. B. bei dem Antrieb von Tachodynamos erforderlich ist.

Die hierfür bekannten Lösungen (Kardanwellen und Kardan-Doppelgelenke, *Oldhams*che Kupplungen und Zahnkupplungen) erfüllen zwar diese Aufgaben, jedoch nicht immer befriedigend. Eine drehstarre Kupplung, die querelastisch ist, kurze Baulänge aufweist, spielfrei ist und bleibt und keiner Wartung bedarf, stellt eine Ergänzung der bekannten Kupplungsbauformen für diesen Zweck dar. Sie findet sich in den Antrieben der Straßen- und Vollbahnen, die mit Hohlwellenmotoren arbeiten. Hierbei ist der Motor am Drehgestell befestigt, und die durch die Federung gegebenen Bewegungen der Achsen werden mit Hilfe einer kardanähnlichen Verbindung zwischen dem Motor und dem Antriebsritzel des Getriebes ermöglicht. Bei einer dieser Bauformen werden als elastische Elemente Lamellen verwendet, die eine wohl ausgedachte Form aufweisen. Sie ist dadurch bedingt, daß man einen gleichmäßigen Spannungsverlauf über der gesamten Lamelle anstrebt. Von diesen Antrieben laufen seit vielen Jahren genügend Ausführungen im rauhen Bahnbetrieb, und es lag nichts näher, als diese Anordnung auch auf den Maschinenbau zu übertragen. Auf Grund einer von der Firma Sécheron, Genf, erteilten Lizenz auf die Art und Form der Lamellen wurde deshalb die FWH-Wellenkupplung Rigiflex entwickelt *(Bild 1)*.

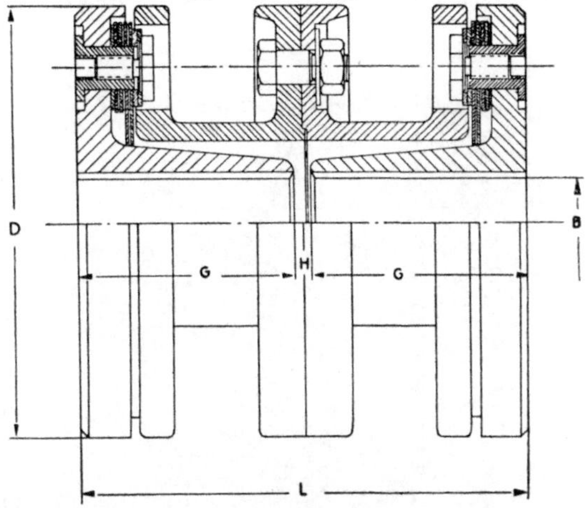

Bild 1.

Die Kupplung besteht aus den beiden auf den Wellen sitzenden Kupplungshälften und einer Hohlwelle, die zum Zwecke der leichteren Montage in der Mitte geteilt ist. Die drei Hauptteile der Kupplung sind über ein Lamellenviereck miteinander verbunden *(Bild 2)*, und zwar sind je zwei Endpunkte des Quadrats mit dem auf der Welle sitzenden Teil der Kupplung und die anderen beiden mit der Hohlwelle verbunden. Auf diese Weise bildet sich ein Kardangelenk, dessen Winkelbeweglichkeit wie bei einem Federgelenk durch die Federung der Lamellen ermöglicht wird. Da die Lamellen auf der flachen Seite ein geringes Widerstandsmoment haben,

Bild 2.

sind ihre Durchbiegekräfte gering. Es ergibt sich z. B., daß bei einer axialen Ausdehnung nur eine Kraft von 10 bis 20 kg/mm nötig ist. Jedem dieser Federgelenke, von denen wie bei einer Kardanwelle zwei vorgesehen sind, kann eine Winkelausweichung von 2° zugemutet werden *(Bild 3)*. Für die gesamte Kupplung bedeutet das je nach Größe eine Achsversetzung von 2,5 bis 10 mm im Bereich von 100 bis 2500 mkg.

Bild 3.

Prof. *Martyrer:* Ich danke für diesen Hinweis. Ich wäre dankbar, wenn man mir eine Kupplung nennen könnte, die in diesem System nicht unterzubringen ist. Ich habe sorgfältig nachgedacht und gegliedert und m. E. alle bekannten Kupplungen einzuordnen versucht. Und es ist offenbar keine Lücke geblieben.

Dr.-Ing. *Benz,* Köln-Deutz: Ich glaube, die Hysteresis-Kupplung paßt in die Gliederung nicht ganz hinein.

Prof. *Martyrer:* Zweifelsohne paßt sie hinein. Wir haben ja eine ähnliche Kupplung, die mit Drehstrom gespeist wird. Eine drehstromgespeiste elektromagnetische Kupplung läuft wie ein Drehstrom-Synchronmotor. Diese Kupplung würde drehelastisch sein im Rahmen der Poldifferenz. Weiter darf man dabei allerdings nicht ausweichen, denn dann käme sie ja außer Tritt, genau so wie ein Synchronmotor außer Tritt kommt. Aber innerhalb des Feldes ist diese Kupplung vollkommen drehelastisch, und die Übertragung ist einwandfrei elektro-magnetisch.

Dr. *Falderbaum,* Olpe/Westf..: Herr Prof. *Martyrer* hat eine systematische Einteilung der Kupplungen gegeben, und Herr Dr. *Benz* hat einige bemerkenswerte Anwendungen von Kupplungen beschrieben. Mir ist dabei folgendes aufgefallen: Wir haben Klauenkupplungen, elastische Kupplungen, hydrauliche Kupplungen, alle sind in ein Schema eingeordnet. Das ist, meiner Auffassung nach, nicht ganz richtig. Wenn bei der Straßenbahn die Wagenverbindung ineinandergesteckt wird, bezeichnet man das mit *Kupplung*. Betriebsleute und Konstrukteure haben mir erklärt, eine Kupplung sei ein Stück Welle und nicht mehr, man wundere sich manchmal über den Aufwand, der getrieben werde, um eine Kupplung zu bauen. Ich darf für mich bemerken, daß ich selbst dabei bin, eine Magnetpulverkupplung zu entwickeln und zu bauen, und ich habe auf diesem Gebiet schon manches mit den Fragen der Kupplungen erlebt. Wäre es also nicht besser, zunächst die Kupplungen, die Relativbewegungen zueinander ausführen können, also die elektro-magnetischen, die hydraulischen und die Magnetpulverkupplungen auch, zu unterscheiden von Kupplungen, die wie Klauenkupplungen oder elastische Kupplungen arbeiten? Die Amerikaner machen m. W. einen Unterschied; sie bezeichnen die Kupplungen, die wir als *Klauenkupplungen* oder *elastische Kupplungen* kennen, mit *coupling* und die anderen, die sich bewegen können, mit *clutch*. Ich kann den rein gefühlsmäßigen Unterschied nicht deuten, aber diese zwei Wörter unterscheiden zwei völlig unterschiedliche Bauelemente. Und das ist bei uns nicht der Fall.

Herr Dr. *Benz* hat Schwingungserscheinungen untersucht und die beweglichen, die hydraulischen und elektro-magnetischen Kupplungen miteinander und mit den elastischen Kupplungen verglichen. Dabei kam er an einer Stelle zu dem Schluß, die beste Kupplung sei die elastische Kupplung. Das ist im Grunde ein negatives Urteil über beispielsweise die hydraulischen oder elektro-magnetischen Kupplungen. Denn es ist völlig außer acht gelassen, daß hydraulische und elektromagnetische Kupplungen ja viel mehr können als beispielsweise elastische Kupplungen. Sie können Anlaßkupplungen oder Steuerkupplungen usw. sein. Hier ist meiner Meinung nach eine strenge Unterscheidung, und zwar eine wesentlich strengere als die in *schaltbare* und *nicht schaltbare* Kupplungen notwendig.

Die Magnetpulverkupplung ist zu vergleichen mit den hydraulischen und elektromagnetischen schaltbaren Kupplungen, also mit den *clutches*, um das amerikanische Wort wieder zu gebrauchen. Die Amerikaner sprechen beispielsweise von der *magnet clutch*.

Prof. *Martyrer:* Die Amerikaner bezeichnen das, was fest miteinander verbunden ist, also die starren Kupplungen usw., als *clutches* und alle anderen Konstruktionen als *couplings*. Sie sprechen aber von einer *hydraulic coupling*. Demnach ist also auch im amerikanischen Sprachgebrauch diese Sache nicht ganz einfach. Das war ein Grund mehr zu dieser Systematik, die ich Ihnen gab. Ich hatte allerdings nicht den Mut, das Wort *Kupplungen* in meinem Referat zu vermeiden. Ich bin der Meinung, dieser Begriff ist nun einmal in der Technik eingeführt, und ihn nun herauszubringen, weil z. B. die Eisenbahn auch eine Kupplung hat, geht mir persönlich zu weit. Schließlich muß man ja davon ausgehen, daß das Wort *Kupplung* eben ein Begriff geworden ist.

Dr. *Benz:* Ich habe nicht beabsichtigt, die elastische Kupplung anderen Kupplungen besonders voranzustellen. Ich habe gesagt, daß die elastische Kupplung bezüglich der Schwingungen am günstigsten sei und ihr gegenüber bei Wechseldrehmomenten auch die Pulverkupplung nicht mitkäme. Weiter habe ich gesagt, daß sie kombiniert werden müsse mit einer Schaltkupplung. Wenn man sie aber so kombinierte, dann wäre sie immer noch nicht gleichwertig einer Flüssigkeitskupplung, die ich langsam einschalten kann.

Prof. *Martyrer:* Ich möchte grundsätzlich warnen vor diesem Begriff *besser* und *schlechter* in diesem Kreise. Es kann sein, daß die von mir gezeigte Stiftkupplung in einem besonderen Falle die beste Kupplung ist, weil sie nämlich nur 10 Pfennig kostet. Wenn ich aber in diesem Falle eine Flüssigkeitskupplung verwenden wollte, dann würde man das als Torheit bezeichnen. Ich glaube, die beste Kupplung ist die, die für einen gegebenen technischen Zweck die notwendigen Bedingungen bei dem geringsten Preis erfüllt, und nichts anderes. Und deshalb bitte ich auch, doch auf solche Werturteile hier zu verzichten, vor allen Dingen weil auch die Gefahr besteht, dadurch eine Type gegen eine andere auszuspielen. Jede Konstruktion hat ihre Bedeutung. Nur muß man erkennen, wo man z. B. die besonderen Eigenschaften der elektro-magnetischen Kupplungen oder evtl. die der Flüssigkeitskupplungen braucht. Es gibt Tausende von Fällen, wo es Unsinn wäre, eine hochwertige und teure Kupplung zu verwenden, und es gibt andere Fälle, wo sie unbedingt am Platze ist. In diesem Sinne muß man sich immer wieder gegen die allgemeinen Werturteile wenden. Jeder Fall ist speziell gelagert, und ich glaube, wenn Herr Dr. *Benz* gerade über das Schwingungsverhalten gesprochen hat, dann war es nicht seine Absicht, die damit zusammenhängenden Fragen auf dem Gebiet der Kupplungen zu verallgemeinern.

Dipl.-Ing. *Polchau,* Unna/Westf.: Um die Begriffe zu klären: Wir haben im deutschen Sprachgebrauch nur das Wort *Kupplung*, aber wir unterscheiden zwischen *schaltbar* und *starr* bzw. *fest.* Die Unterscheidung *schaltbar* und *starr* wird im englischen und amerikanischen Gebrauch durch *couplings* (für starre Kupplungen, nicht schaltbare Kupplungen) und *clutches* (für schaltbare Kupplungen) angewendet. Wir rubrizieren die automatischen Kupplungen, beispielsweise Fliehkraftkupplungen, in die schaltbaren Kupplungen. Das tun die Amerikaner nicht, sondern am allgemeinen nennen sie automatisch schaltbare Kupplungen — also z. B. Fliehkraftkupplungen — *couplings.* Sie beziehen sie also noch in die Rubrik der *starren* Kupplungen ein.

Prof. *Martyrer:* Das ist eine Überlegung, die noch einmal zu prüfen wäre. Eine Ordnung wie in diesem Schema ist immer sehr schwierig. Ich bin z. B. schon in folgende Überlegung gekommen, die im Vortrag unausgesprochen bleiben sollte: eigentlich ist die hydraulische und die elektro-magnetische Kupplung kraftschlüssig, und die Reibungskupplung ist reibungsschlüssig. Wenn ich aber nun noch die Kraftschlüssigkeit den elektro-magnetischen Kupplungen zugebilligt und sie so bezeichnet hätte, wogegen wir bisher doch gewohnt sind, die Reibungskupplungen als kraftschlüssig zu bezeichnen, dann hätte ich die Gefahr heraufbeschworen, daß wir uns schließlich überhaupt nicht mehr zurechtfinden. Man muß manchmal Konzessionen an gewachsene Begriffe machen.

Dipl.-Ing. A. MAURER, Bad Homburg v. d. H.

Drehmomentbegrenzungskupplungen

in deutschen und amerikanischen Konstruktionen

Es gibt viele Ingenieure, bei denen das Wort *Drehmomentbegrenzungskupplung* Unbehagen auslöst. Sie haben die Empfindung, daß man doch grundsätzlich die Maschinen am besten so stark machen sollte, daß die altbewährten und sowieso vorhandenen Schutzeinrichtungen gegen Überlastung wie die elektrische Sicherung und Schutzschalter mit thermischer und Überstromauslösung genügen.

Bei solchen Gedankengängen wird meist übersehen, in welchem Umfange wir in der Technik schon von Hilfsmitteln zur Begrenzung der Kräfte Gebrauch machen: Denken Sie an die Federung bei Straßen- und Schienenfahrzeugen,

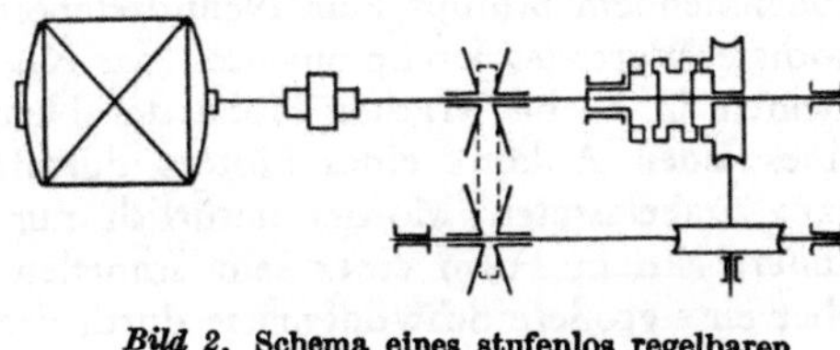

Bild 2. Schema eines stufenlos regelbaren Vorschubantriebs mit Schnellgang

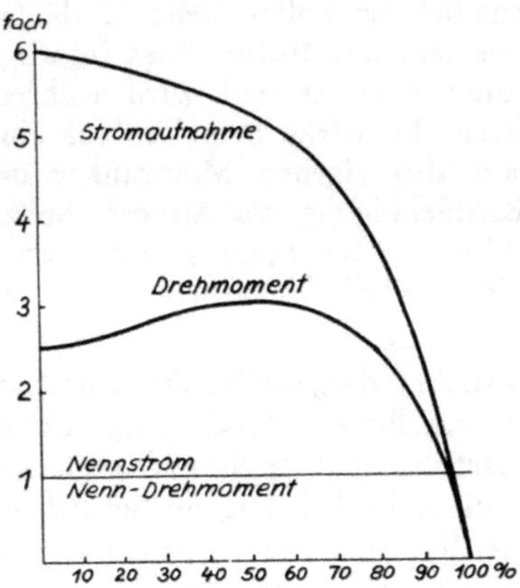

Bild 1. Stromaufnahme und Drehmoment bei Drehstrom-Kurzschlußläufer-Motoren

denken Sie an die Luftbereifung, denken Sie an elastische oder bewegliche Kupplungen. Ist nicht bei all diesen heute als unentbehrlich betrachteten Mitteln der eigentliche Zweck die Ausschaltung unnötiger Überbeanspruchungen? Ja, die nähere Überlegung wird zu der Erkenntnis führen, daß höchste Maschinenleistung in Verbindung mit Leichtbau bei allen stoßgefährdeten Maschinen und Fahrzeugen nur möglich ist, wenn unnötige Überbeanspruchungen und Stoßkräfte unschädlich gemacht werden.

Die Entwicklung der DMBK (Drehmomentbegrenzungskupplungen) kann als ein Übertragen dieser allgemeingültigen Erkenntnis auf das Gebiet der rotierenden Antriebe bzw. der Drehkräfte angesehen werden.

Bei der Überlegung, ob und wo DMBK verwendet werden sollten, ist natürlich die Grundfrage: Sind denn Überlastungen und Drehmomentstöße bei den üblichen Maschinenantrieben in nennenswertem Maße überhaupt vorhanden? Oder kommen für einen vernünftigen Einsatz drehmomentbegrenzender Kupplungen nur wenige, besonders stoßgefährdete Maschinenarten in Betracht?

Bild 1 zeigt die Anlaufcharakteristik der heute verbreitetsten Kraftquelle, des Drehstrommotors mit Kurzschlußläufer. Über der Drehzahl in Prozent der Synchrondrehzahl aufgetragen sehen wir die Kurve der Stromaufnahme. Sie beginnt, je nach Größe des Motors, beim Anfahren mit dem 5- bis 7fachen Wert des Nennstromes, und sinkt zuerst langsamer, dann immer steiler bis zur Vollast-Drehzahl zum Nennstrom ab. Diesem entspricht das Nenndrehmoment des Motors. Es wird im Durchschnitt bei etwa 94% der Synchrondrehzahl erreicht. Die mittlere Kurve zeigt den zugehörigen Drehmomentverlauf. Das Drehmoment steigt im allgemeinen von dem Anfahrdrehmoment, das beim 2- bis 3fachen des Normalmomentes liegt, zunächst an auf einen Höchstwert bei etwa 50 bis 60% der Synchrondrehzahl und fällt dann mit abnehmendem Schlupf zum Nenndrehmoment bei der Vollastdrehzahl ab. Der höchste Wert des Drehmomentes, das *Kippmoment des Motors*, liegt im allgemeinen in 3- bis 4facher Höhe des Nenndrehmomentes und wird während eines jeden Anlaufs eines Motors durchfahren. Es wirkt beim Anlauf eines ganz unbelasteten Motors natürlich nur auf den eigenen Motoranker und äußert sich in Form einer sehr schnellen Beschleunigung des Motors. Sobald aber eine größere Schwungmasse durch den Motor in Bewegung gesetzt werden muß, kommt das Kippmoment des Motors im Kraftfluß zwischen Motor und Maschine voll zur Geltung. Die Erfahrung bestätigt das.

Im *Bild 2* ist das Schema eines Vorschubantriebes dargestellt, der eine Umschaltung zwischen Schnellgang und stufenlos regelbarem Arbeitsgang erlaubt. Der Antriebsmotor dieses in der Praxis ausgeführten Antriebes ist gegenüber dem stufenlosen Getriebe mit Rücksicht auf die hohe Leistung im Schnellgang mehrfach überdimensioniert. Bei diesem Antrieb waren zur Überraschung der Konstrukteure nach ganz kurzer Betriebszeit die Keile der Antriebsscheiben des stufenlosen Getriebes vollkommen ausgeschlagen. Dabei hatte das Getriebe keine nennenswerte Leistung zu übertragen. Was war die Ursache? Der starke Antriebsmotor hatte bei jedem Einschalten des Schnellganges und des normalen Vorschubes beim Anlauf sein Kippmoment auf das stufenlos regelbare Getriebe ausgeübt, und der Widerstand für dieses Kippmoment lag lediglich in der Schwungmasse der Antriebsscheiben und der Kette des stufenlosen Getriebes. So hatten die Antriebskeile bei jedem Einschalten ein Vielfaches des Momentes auszuhalten, für das sie berechnet waren. Die aufgetretenen

Schwierigkeiten wurden durch eine DMBK, die das Getriebe gegen das Kippmoment des Motors abschirmte, beseitigt. Hier war das Getriebe der notleidende Teil.

Bild 3 zeigt nun die Motorseite, und zwar ist darin die Stromaufnahme eines Antriebsmotors dargestellt: links für den Fall, daß dem Anlauf des Motors keine angekuppelten Schwungmassen entgegenstehen; rechts ist die Stromkurve dargestellt, die beim Beschleunigen einer schweren Maschine entsteht.

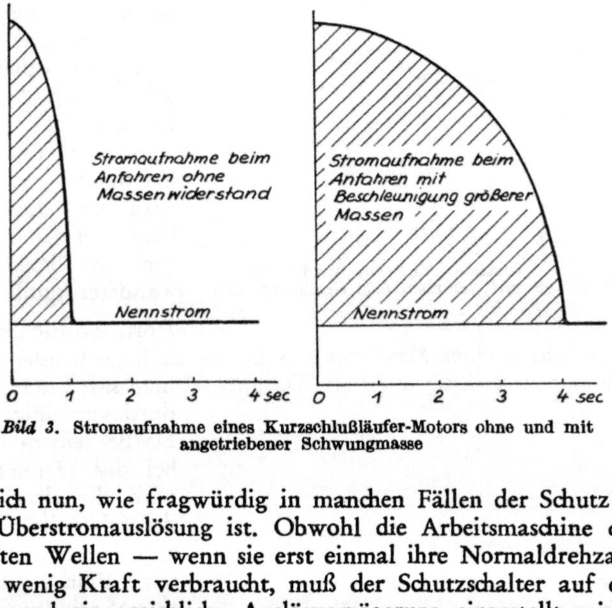

Bild 3. **Stromaufnahme eines Kurzschlußläufer-Motors ohne und mit angetriebener Schwungmasse**

Hier zeigt sich nun, wie fragwürdig in manchen Fällen der Schutz einer Anlage durch Überstromauslösung ist. Obwohl die Arbeitsmaschine dank ihrer kugelgelagerten Wellen — wenn sie erst einmal ihre Normaldrehzahl erreicht hat — nur wenig Kraft verbraucht, muß der Schutzschalter auf den vollen Anlaufstrom und eine reichliche Auslösverzögerung eingestellt sein, um den Anlauf der Maschine bis zum Ende ohne Ausschaltung durchzuhalten. Kann ein solcher Schutzschalter noch als wirksamer Schutz bei plötzlichen Hemmungen angesehen werden? Gewiß nicht. Und nun stellen Sie sich bitte zu der Stromkurve noch die vorhin gezeigte Drehmomentkurve vor, dann wissen Sie, welche Überbeanspruchung so ein ganz normaler Maschinenantrieb beim Anlaufen ohne DMBK auszuhalten hat.

Eine ähnliche Wirkung wie beim Einschalten einer Maschine entsteht bei manchen Antrieben durch Einzelbelastungsstöße, die mit dem Arbeitsgang zusammenhängen, oder aber auch durch periodische Stöße, wie sie, um ein Beispiel zu nennen, bei Platinenscheren oder sehr schweren Stanzen auftreten. Ich erinnere mich an einen Fall, wo eine Platinenschere infolge des großen Drehzahlabfalles beim Schnitt ursprünglich durch einen Schleifringmotor mit ständig eingeschaltetem Widerstand angetrieben werden mußte. Das bedeutete ständigen Stromverlust und machte einen stark überdimensionierten Elektromotor notwendig. Der Antrieb wurde seinerzeit mit einer PIV-Sicherheitskupplung umgebaut. Daraufhin konnte ein Elektromotor mit Kurzschlußläufer von ⅔ der Nennleistung des ursprünglichen Motors verwendet werden. Die Kupplung zwischen Motor und Antriebsschwungrad der Maschine kam dann zwar bei jedem Schnitt kurz zum Schlüpfen, aber insgesamt arbeitete die Anlage wesentlich günstiger, man brauchte weniger Strom, der Motor lief mit besserem Wirkungsgrad, und auch die Kupplung hielt den Beanspruchungen im Dauerbetrieb einwandfrei stand.

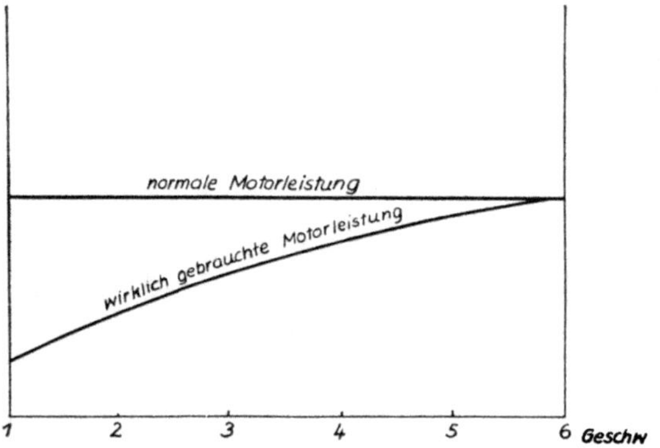

Bild 4. Verfügbare und wirklich gebrauchte Antriebsleistung bei einer Förderanlage mit veränderlicher Geschwindigkeit

Dort, wo die Gefahr besteht, daß beim Anfahren eines Maschinenteils in der Endlage Brüche eintreten, ist eine DMBK der zuverlässigste Schutz. Darüber ist man sich heute in der Praxis durchweg einig. Hier ist die DMBK einem Element, das bei der Hemmung zerstört wird, deshalb überlegen, weil der Scherstift oder das sonstige Bruchglied, nachdem es seine Pflicht getan hat, erst einmal geholt und womöglich durch einen Monteur eingebaut werden muß, während die Sicherheitskupplung beim Umkehren der Drehrichtung sofort wieder in ausreichendem Maße mitnimmt.

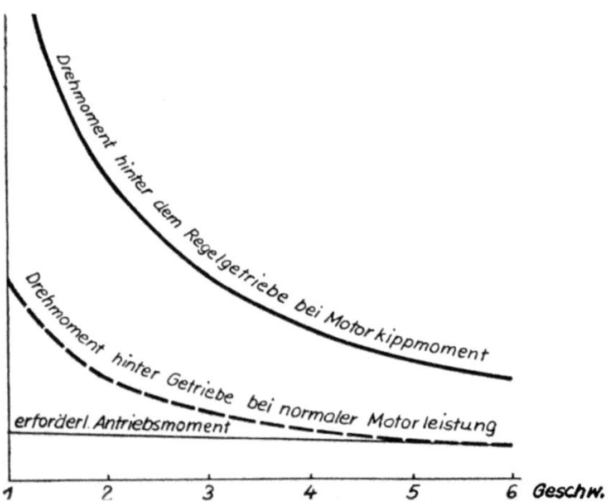

Bild 5. Verfügbares und wirklich gebrauchtes Antriebs-Drehmoment bei einer Förder-Anlage mit veränderlicher Geschwindigkeit

Weniger klar sind sich aber die Konstrukteure über die Notwendigkeit einer DMBK bei Antrieben, die mit wechselnder Drehzahl arbeiten. Ich denke hier an Förderanlagen aller Art, Transportketten, Montagebänder, aber auch Papiermaschinen, Textilmaschinen und

Kunststoff-Erzeugungsmaschinen. All das sind Anlagen, bei denen das Antriebsdrehmoment bei den niedrigen Geschwindigkeiten gleich oder nur wenig höher sein muß als bei den hohen Geschwindigkeiten. Ich erfuhr kürzlich von einem Fall, wo in einer großen Fahrzeugfabrik in kurzen Abständen hintereinander bei drei Montagebändern die Füße der kombinierten Geschwindigkeitswechsel- und Reduktionsgetriebe abgerissen wurden. Es entstand zunächst der Eindruck, die Getriebe seien zu schwach dimensioniert; die Untersuchung ergab aber, daß in allen drei Fällen ein Werkzeug in die Förderketten gefallen war und sie plötzlich blockiert hatte. Die Bilder auf Seite 206 erläutern den Fall. *Bild 4* zeigt zunächst ein Diagramm, das in Abhängigkeit von der Geschwindigkeit den Unterschied zwischen der wirklich gebrauchten und der vorhandenen Motorleistung zeigt. Sie sehen, daß der Motor bei der Kleinstdrehzahl der im Verhältnis 1 : 6 regelbaren Anlage etwa 4- bis 5mal mehr Leistung hat, als gebraucht wird. Was das für das hinter dem Geschwindigkeitswechselgetriebe vorhandene Drehmoment bedeutet, wird in *Bild 5* gezeigt. Hier ist noch deutlicher das Mißverhältnis zu erkennen zwischen dem erforderlichen Drehmoment und dem, das der Motor bei seinem Kippmoment hergibt. Wie man sieht, ist bei der niedrigsten Geschwindigkeit eine 12- bis 16fache Überlastung möglich, ehe der Motorschutzschalter „etwas merkt". Daß man die Anlage für solche Kräfte nicht bauen darf, ist klar, und ich glaube, es ist hier keine Frage mehr, ob in derartigen Fällen eine DMBK angebracht ist oder nicht: Wenn man halbwegs vernünftig dimensionieren und trotzdem vor Schäden sicher sein will, ist die DMBK unentbehrlich.

Aus den vorgenannten Beispielen lassen sich die Aufgaben drehmomentbegrenzender Kupplungen folgendermaßen gliedern:

1. Schutz des elektrischen Leitungsnetzes gegen gefährliche oder unangenehme Stromstöße.
2. Schutz des Antriebsmotors gegen Beschädigungen durch die eigene Masse des Ankers bei plötzlichen Hemmungen.
3. Schutz des Geschwindigkeitswechsel-Getriebes gegen stoßweise Überlastung.
4. Schutz der Arbeitsmaschine gegen Brüche und Verbiegungen bei Störungen. Selbsttätiges Abkuppeln der Motorschwungmasse bei plötzlichem Bremsen (z. B. bei Druckmaschinen).
5. Schutz des zu verarbeitenden Gutes gegen Schäden durch stoßweise Beschleunigung beim Einschalten.
6. Schutz des Bedienungspersonals gegen Unfälle.

Auf zwei der angeführten Punkte darf ich noch einmal kurz zurückkommen. Eine DMBK unmittelbar hinter dem Antriebsmotor gestattet, daß der Motor nach einem ganz kurzen Stromstoß lediglich gegen die Masse des eigenen Ankers und gegen das Drehmoment der Kupplung anläuft. Dies bedeutet gegenüber einer formschlüssigen Kupplung in jedem Falle eine schwächere Sicherung, oft auch einen kleineren Motor und damit einen besseren Wirkungsgrad. Schließlich noch eine geringere Belastung der Zuleitung durch Stromstöße. Es können mit einer DMBK einfache Kurzschlußläufer-Motoren vielfach an Stellen verwendet werden, wo in Verbindung mit einer formschlüssigen Kupplung, Sterndreieckschalter, Statoranlasser oder Schleifringmotore erforderlich waren. Zum letzten Punkt: Schutz des Bedienungspersonals, ist es vielleicht interessant, daß man bei Maschinen mit vielen Walzenantrieben schon dazu übergegangen ist, jedes einzelne Walzenpaar über eine DMBK anzutreiben, die gerade noch das betriebsnotwendige Drehmoment überträgt. Das hat den Vorteil, daß, wenn beim Einführen der Ware ein Arbeiter die Hand zwischen die Walzen bringt, das Walzenpaar stehenbleibt, ehe schwere Verletzungen eingetreten sind.

Die nächste Frage ist nun die, welcher Kupplungstyp eignet sich am besten zur Drehmomentbegrenzung? Das *Bild 6* zeigt die Anlaufkennlinien von vier

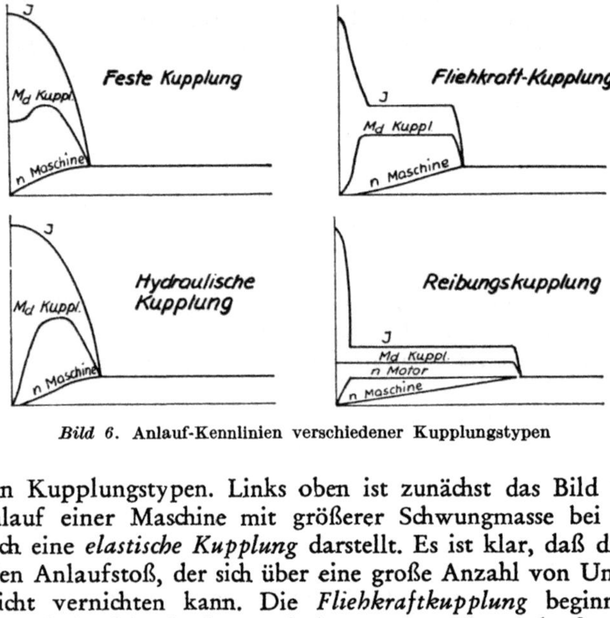

Bild 6. Anlauf-Kennlinien verschiedener Kupplungstypen

verschiedenen Kupplungstypen. Links oben ist zunächst das Bild wiederholt, das den Anlauf einer Maschine mit größerer Schwungmasse bei Kraftübertragung durch eine *elastische Kupplung* darstellt. Es ist klar, daß die elastische Kupplung den Anlaufstoß, der sich über eine große Anzahl von Umdrehungen erstreckt, nicht vernichten kann. Die *Fliehkraftkupplung* beginnt erst bei größerer Motordrehzahl mit der Kraftübertragung. Der Anlaufstromstoß des Motors ist zunächst kurz. Aber dann schlüpft die Kupplung unter Ausübung eines Momentes, das meist weit über dem Normalen liegt, denn man will doch unter allen Umständen eine gewisse Sicherheit gegen Schlupf haben, und das Drehmoment nimmt ja mit dem Quadrat der Drehzahl ab. Damit ist die Fliehkraftkupplung die gegebene Bauart für Schwerlast-Anlauf. Die einfache *hydrauliche Kupplung* ohne Einrichtung zum teilweisen Entleeren, beginnt mit der Kraftübertragung ähnlich wie eine Fliehkraft-Kupplung. Wie Herr Obering. *Kugel* von Voith Heidenheim bei der letztjährigen Tagung ausgeführt hat, ist ihr Drehmoment im Quadrat abhängig von der Antriebsdrehzahl und etwa linear von dem Schlupf. Diese Kupplung wird deshalb während des Anlaufes ein Übermoment hergeben, und erst beim Erreichen der Solldrehzahl der Maschine wird das Moment auf das normale Maß abfallen. Als Anlaufkupplung werden somit derartige Kupplungen nur in Verbindung mit den Vorrichtungen für die teilweise Entleerung von kraftübertragender Flüssigkeit in Frage kommen. Als präzis wirkende DMBK wird man aber Flüssigkeitskupplungen nie betrachten können.

Es bleiben somit als eigentlich geeignete Kupplungstypen für die Drehmomentbegrenzung nur die richtig erregte Magnetpulver-Kupplung und die auf das genaue Drehmoment abgestellte Reibungs-Kupplung übrig. Nur bei diesen Kupplungen tritt bei der Verzögerung des Secundärteiles der Kupplung

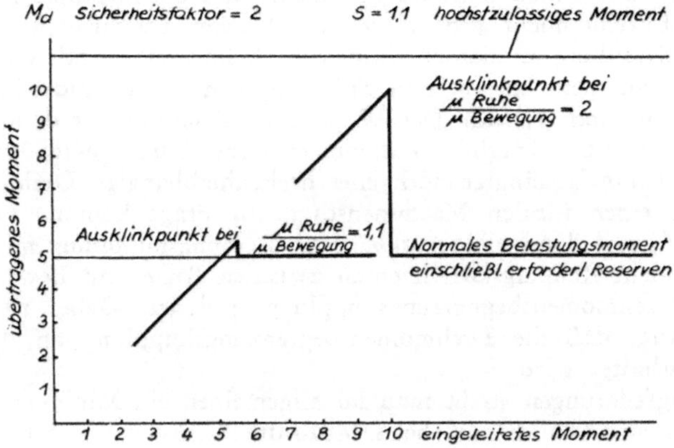

Bild 7. **Abhängigkeit des Sicherheitsfaktors vom Reibungsbeiwert (Reibungskoeffizient)**

keine Drehmomentsteigerung auf. Wie das Schemabild zeigt, ist bei ihnen der Anlaufvorgang folgender. Der Motor läuft gegen das Schlupfmoment der Kupplung und gegen die Masse seines Läufers schnell auf die Vollastdrehzahl hoch. Dann klingt der Stromstoß ab. Die Maschine wird über die gleitende Rutschkupplung gleichmäßig auf die Nenndrehzahl beschleunigt. Die Dauer des Anlaufvorganges ist dabei durch das Schlupfdrehmoment der Kupplung einstellbar. Bei diesem Vorgang spielt der Reibungskoeffizient der Kupplung, genauer gesagt, der Unterschied der Reibungskoeffizienten der ruhenden und der gleitenden Reibung eine bestimmte Rolle.

Bild 7 zeigt schematisch das Verhalten zweier Kupplungen mit gleichem Rutschdrehmoment, aber verschiedenen Reibungskoeffizienten der Ruhe (Haftreibung). Es ist angenommen, daß die angetriebene Maschine max. 5 mkg Drehmoment brauche, und daß dieses Drehmoment bei der gleitenden Kupplung zur Verfügung stehen soll. Wie verhalten sich nun die beiden Kupplungen, wenn durch irgendeinen zusätzlichen Widerstand in der Maschine das Drehmoment anzusteigen beginnt?

Die linke Kurve gehört zu der Kupplung, bei der sich der Reibungskoeffizient der Ruhe (Haftreibung) zum Reibungskoeffizienten der Bewegung wie 1,1 : 1 verhält (Gleitreibungs-Beiwert). Beim Ansteigen des Maschinenwiderstandes steigt bei einer solchen Kupplung das Drehmoment zunächst auf das 1,1fache des eingestellten Rutschmomentes an, dann beginnt die Kupplung zu gleiten und das Drehmoment fällt auf das eingestellte Moment ab.

Bei der zweiten Kupplung verhält sich die Reibung der Ruhe (Haftreibungs-Beiwert) zur Reibung der Bewegung (Gleitreibungs-Beiwert) wie 2 : 1. Bei der Klemmung der Maschine erreicht das Antriebsmoment den doppelten Wert des Sollmomentes. Dann erst rutscht die Kupplung durch, und das Drehmoment fällt auf seinen Sollwert ab. Wenn nun die Maschine für das max. 2,2fache Solldrehmoment gebaut ist, so ist beim Durchrutschen der zuerst erwähnten Kupplung an der ungünstigsten Stelle immer noch eine zweifache Sicherheit vorhanden. Im zweiten Falle dagegen ist die Sicherheit im Ausklinkpunkt nur noch 1,1fach. Der Wert dieser Kupplung ist damit für diesen Fall zum mindesten fraglich. Zusammenfassend kann gesagt werden, daß weder eine schlupfabhängige noch eine drehzahlabhängige Drehmomentübertragung für einen idealen Maschinenschutz in Frage kommt. Lediglich die von Schlupf und Drehzahl *unabhängige* Reibungskupplung mit möglichst gleichbleibendem Reibungskoeffizienten zwischen Ruhe und Bewegung ist als vielseitige Drehmomentbegrenzungskupplung geeignet. Dabei ist es grundlegend wichtig, daß die Drehmomentbegrenzungskupplung an der richtigen Stelle eingeschaltet wird.

Bei Fahrzeugfederungen strebt man im allgemeinen ein Minimum an ungefederter Masse an. Ähnlich muß bei DMBK die Wirkung von Schwungmassenstößen ausgeschaltet werden.

1. Zur Beseitigung von Stößen durch die Schwungmasse des Motors wird man also die DMBK unmittelbar hinter den Motor setzen.
2. Zum Schutze der Maschine vor den Schwungmassen des Antriebes (z. B. bei Transportanlagen) muß sie aber unmittelbar auf dem Zapfen der Antriebsmaschine sitzen. So ist es notwendig, bei der Planung die Drehmomentcharakteristik der Maschine zu beachten.

Bild 8 zeigt, wie die Kupplungen bei Antrieben mit einem Geschwindigkeitswechselgetriebe anzuordnen sind. Bei *gleichbleibendem Antriebsmoment an der Maschine* wird die Kupplung zwischen Wechselgetriebe und Maschine angeordnet. So steigt die durch die Kupplung übertragbare Leistung linear mit der Maschinendrehzahl. Für *gleichbleibende Maschinenleistung* bei allen Drehzahlen, also kleinem Drehmoment bei hoher und großem Drehmoment bei niedriger Arbeitsgeschwindigkeit muß die DMBK zwischen Motor und Getriebe liegen. So wird das Drehmoment der Kupplung entsprechend der Übersetzung durch das Getriebe bei hohen Drehzahlen verkleinert, bei kleinen

Drehzahlen vergrößert. Diesen Leistungsverlauf findet man bei vielen Werkzeugmaschinen.

Schließlich gibt es Fälle, wo im Bereich der hohen Drehzahlen an der Maschine gleichbleibende Leistung verlangt wird, während für die langsamsten Dreh-

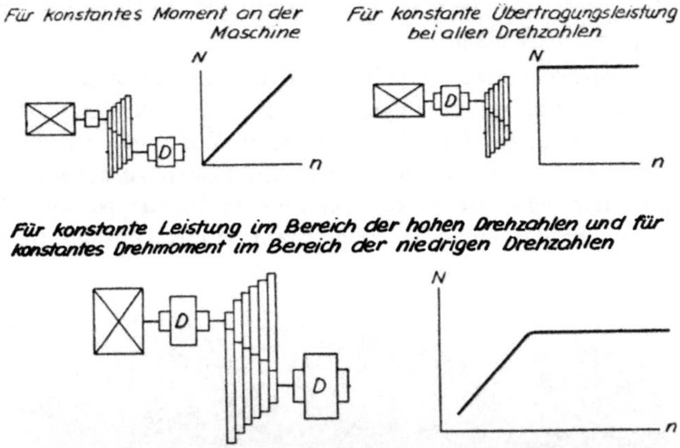

Bild 8. **Die Anordnung der Drehmoment-Begrenzungskupplung (D) in Maschinen-Antrieben**

zahlen das Drehmoment auf einen Höchstwert begrenzt bleiben soll. Hier braucht man zwei Kupplungen, eine kleinere zwischen Motor und Getriebe und eine größere zwischen Getriebe und Maschine.

Ganz besonders muß man auf geringe formschlüssig gekuppelte Massen achten, wenn es sich um den Schutz des Bedienungspersonals handelt, denn nur durch das sofortige Stillsetzen der Maschine kann in solchen Fällen eine Körperbeschädigung verhindert werden.

Die vorhergegangenen grundsätzlichen Betrachtungen erlauben es jetzt, eine Liste der Eigenschaften aufzustellen, die eine vielseitig verwendbare DMBK haben sollte:

1. Sie muß auf ein bestimmtes Drehmoment mit ausreichender Genauigkeit einstellbar sein.
2. Die Einstellung soll nicht umständlich sein.
3. Die Einstellung sollte auch in fertig eingebautem Zustand erfolgen können.
4. Die Kupplung muß längeren Schlupf ohne weiteres aushalten.
5. Die Kupplung soll Verschleißfestigkeit besitzen.
6. Die beim Schlupf entstehende Wärme muß gut und schnell abgeführt werden.

Zu diesen Forderungen kommen manchmal noch folgende:

7. Man verlangt, daß die Kupplung nach einer gewissen Schlupfzeit den Motor stillsetzt. Dafür haben verschiedene Firmen Sondereinrichtungen entwickelt.

8. Man wünscht wahlweise, daß sich die Kupplung nach einer gewissen Schlupfzeit selbst ausrückt, und daß sie dann bei laufendem Motor wieder eingerückt werden kann.
9. Endlich verlangt man in manchen Fällen neben der drehmomentbegrenzenden Wirkung noch eine weitgehende Unempfindlichkeit gegen Verlagerung der zu kuppelnden Wellen.

Im folgenden werden einige eingeführte Kupplungskonstruktionen gezeigt: Wie weit diese den oben zusammengestellten Forderungen entsprechen, möchte ich Ihrem Urteil überlassen. Der Rahmen dieses Vortrages erlaubt nicht, eine Darstellung aller in Frage kommenden Konstruktionen zu geben.
Eine sehr verbreitete und mit Erfolg verwendete Bauart ist die PIV-Sicherheitskupplung. Sie besitzt ein oder zwei Bremsbänder, die im Inneren einer

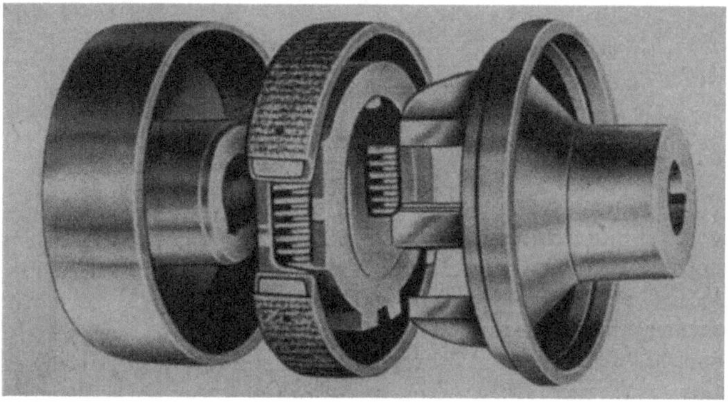

Bild 9. **PIV-Sicherheitskupplung**

zylindrischen Reibfläche sitzen und dort durch eine oder zwei Federn angepreßt werden. Die Reibung des Bremsbandes wird durch die Wirkung der Umschlingung gesteigert. Eine präzise drehmomentbegrenzende Wirkung entsteht dadurch, daß das Drehmoment durch die Anpreßfeder hindurchgeleitet wird. Man erreicht damit, daß die Reibungskraft mit steigendem Übertragungsdrehmoment fällt. Im Schnittpunkt der Linie für das eingeleitete Drehmoment und der für das durch den Reibungsschluß übertragbare Drehmoment beginnt die Kupplung zu schlüpfen. Es ist ein Hauptvorteil der PIV-Sicherheitskupplungen, daß die Schlupfgrenze von dem Reibungskoeffizienten des Belages weitgehend unabhängig ist und sogar bei etwas klebendem Belag eingehalten wird. Dies war besonders früher wichtig, als noch keine Bremsbeläge mit einigermaßen gleichbleibenden Reibungskoeffizienten zur Verfügung standen.

Bild 9 zeigt die Kupplungsteile auseinandergezogen: Schale, Bremsbänder mit den zugehörigen Ringen und Mitnehmernaben mit den 4 Mitnehmern, die paarweise für jede Drehrichtung wirksam sind. Die folgenden Bilder bringen Zusammenstellungszeichnungen der wichtigsten Bauarten der PIV-Sicherheitskupplung.

Bild 10a zeigt eine Kupplung zum Einbau in eine Riemscheibe, ein Zahnrad oder ein Kettenrad. Das Drehmoment der Kupplung wird durch die Stärke der eingesetzten Druckfedern bestimmt.

Ähnlich sieht die Kupplung zum Verbinden zweier Wellen aus *(Bild 10b)*.

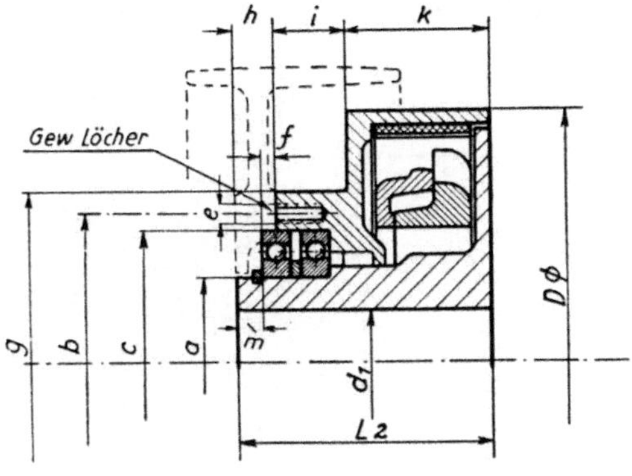

Bild 10a. PIV-Sicherheitskupplung für Zusammenbau mit Riemenscheibe

Bei den ausrückbaren Typen werden die Bremsbänder beim Ausschalten radial von den Zylinderflächen abgehoben. Dabei legen sie sich auf die Mitnehmernocken auf *(Bild 10c)*.

Die letzte Zeichnung zeigt die Kombination der PIV-Sicherheitskupplung mit der elastischen Voith-Maurer-Kupplung *(Bild 10d)*.

Für das Ausschalten des Motors beim Gleiten der Sicherheitskupplung hat PIV eine patentierte Einrichtung geschaffen *(Bild 11)*. Hier wird durch die Relativdrehung der zwei Kupplungsteile ein Bajonett-Verschluß gelöst, der unter Federspannung steht. Die sich entspannende Feder betätigt einen Anstoßschalter.

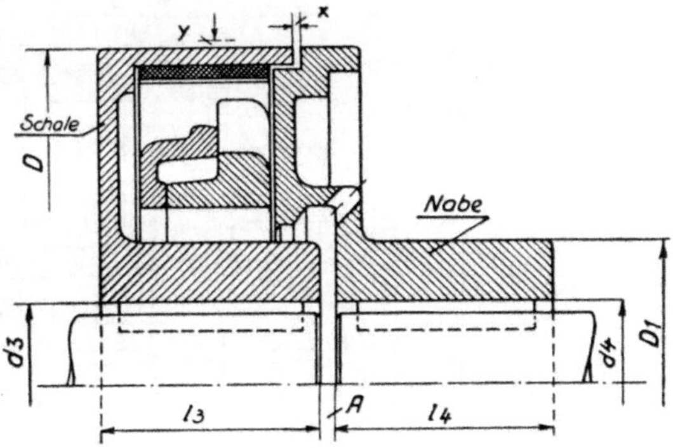

Bild 10b. PIV-Sicherheitskupplung zum Verbinden zweier Wellen

Auf *Bild 12* ist die kleinste PIV-Sicherheitskupplung dargestellt. Sie enthält nur ein Bremsband und eine Feder. Die Wirkungsweise ist hier besonders klar erkennbar: Der Mitnehmerzapfen an einem Bandende überträgt das Drehmoment, indem er auf die Anpreßfeder drückt. Hierdurch lockert er die Anpressung des Bremsbandes. Das Diagramm erläutert noch einmal den Vorgang beim Ansteigen des eingeleiteten Drehmomentes und die gleichzeitige Änderung des Reibmomentes. Am Schnittpunkt beider Linien tritt Rutschen ein.

Als Typ einer drehmomentbegrenzenden Lamellenkupplung ist hier die Ortlinghaus-Kupplung herausgegriffen *(Bild 13)*. Ihre Kupplungslamellen werden durch Schraubenfedern zusammengepreßt, die durch Drehen einer Ringmutter

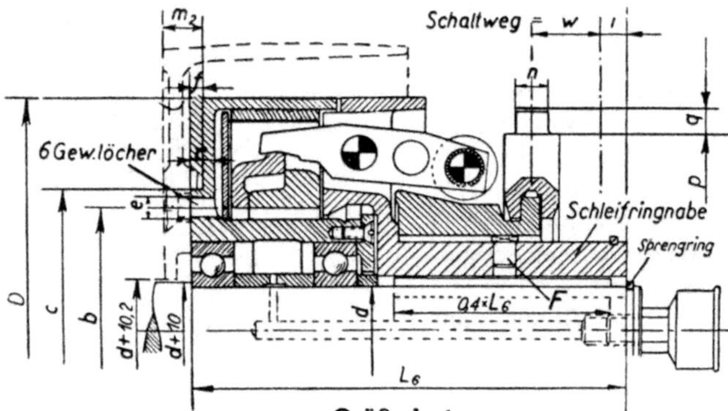

Bild 10c. **Ausrückbare PIV-Sicherheitskupplung**

nachgestellt werden können. Es ist klar, daß bei derartigen Bauarten der Reibungskoeffizient an den Mitnahmeflächen eine entscheidende Rolle spielt. Auch die Firma Ortlinghaus benutzt deshalb für Fälle, wo es auf eine genaue

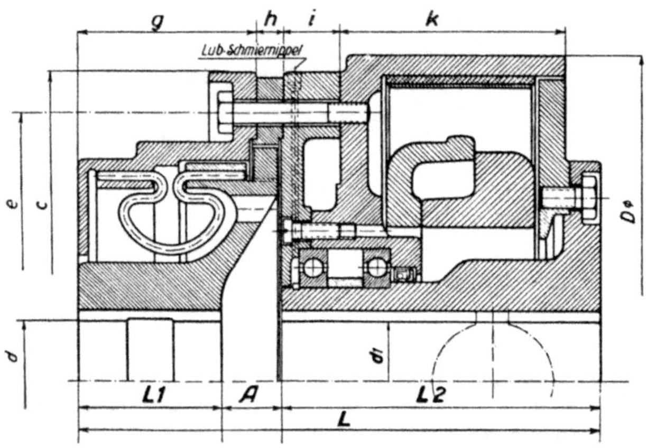

Bild 10d. **PIV-Sicherheitskupplung, kombiniert mit elastischer Voith-Maurer-Kupplung**

Einhaltung des Rutschdrehmomentes ankommt, Lamellen mit Kupplungsbelägen.

Die Reibflächenpaarung Bremsbelag auf Guß bzw. Bremsbelag auf Stahl findet sich auch bei den amerikanischen Bauarten von DMBK. Wie die Prospekte zeigen, hat sich die Idee der DMBK in den Vereinigten Staaten schon weitgehend durchgesetzt. Die Konstruktionen sind gut durchgedacht und in einem weiten Größenbereich lieferbar.

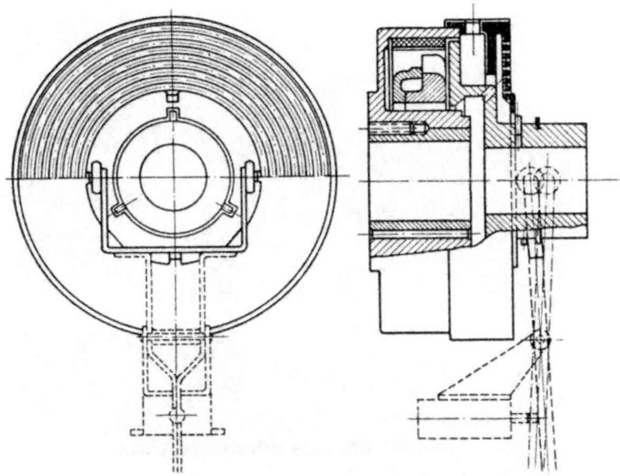

Bild 11. **PIV-Kupplung mit Ausschalt-Einrichtung**

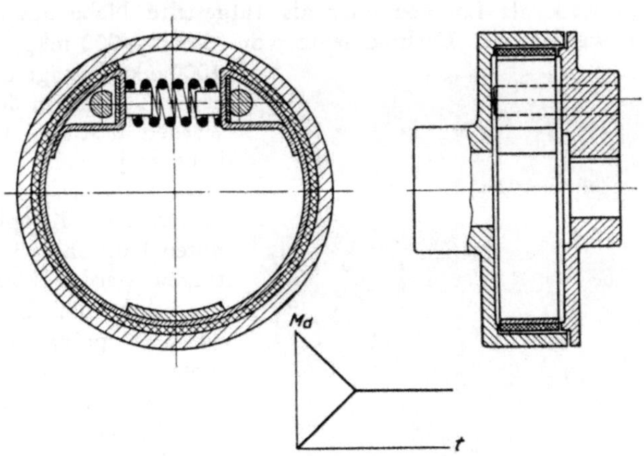

Bild 12. **Kleine PIV-Sicherheitskupplung**

In *Bild 14* werden DMKB der Hilliard-Corporation, Elira, N. Y., gezeigt. Das Schnittbild gibt einen Begriff von der sorgfältig durchgebildeten robusten Konstruktion. Die eine Reibfläche sitzt am Flansch der Nabe. Auf dieser ist eine Scheibe mit der zweiten Reibfläche durch eine Verzahnung undrehbar geführt. Diese Scheibe hat Rippen, zur besseren Ventilation und Wärmeabführung. Sie wird angepreßt durch einen Satz Schraubenfedern, der sich auf einen Ring abstützt. Er wird durch eine Ringmutter dem Drehmoment entsprechend angespannt. Eine Verzahnung am Außen-ϕ des Reibringes über-

Bild 13. **Ortlinghaus-Rutschkupplung**

trägt das Drehmoment auf den anderen Kupplungsteil. Dieser ist je nach Verwendungszweck als Losnabe oder als aufgeteilte Nabe ausgebildet. Die Kupplungen werden für Drehmomente von 6 bis 4000 mkg gebaut. Bei 4000 mkg beträgt der Außen-ϕ etwa 700 mm. In dem Prospekt werden auch PS-Zahlen in Abhängigkeit von der Drehzahl angegeben, welche ohne Überhitzung der Kupplung 5 Minuten lang unter Schlupf übertragen werden können. Es ist beachtlich, daß die Firma bis zu 3 Kupplungsscheiben hintereinander verwendet, und daß sie für Anwendungsfälle mit längeren Schlupfperioden zwischen den beiden Kupplungsscheiben Ventilationsschlitze anordnet *(Bild 15a)*. Es dürfte noch interessieren, daß die Firma für Aufwickeleinrichtungen Rutschkupplungen liefert, bei denen das Drehmoment während des Laufes verstellt werden kann. Hierbei regelt ein kugelgelagerter Anpreßring, ähnlich wie ein Schaltring, die Federspannung *(Bild 15b)*.

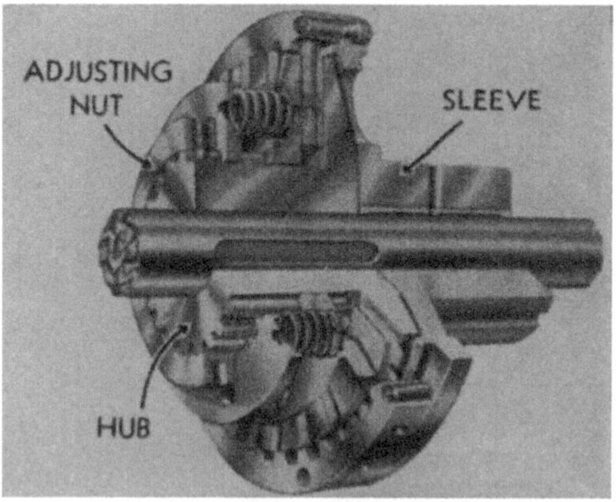

Bild 14. **Hilliard-Kupplung**

Drehmomentbegrenzungskupplungen für 3 bis 10 000 mkg liefert die Falk-Corporation in Milwaukee *(Bild 16)*. Die Kupplungen sind zwar im Drehmoment nur durch gleichmäßiges Anziehen der im Umfang angeordneten

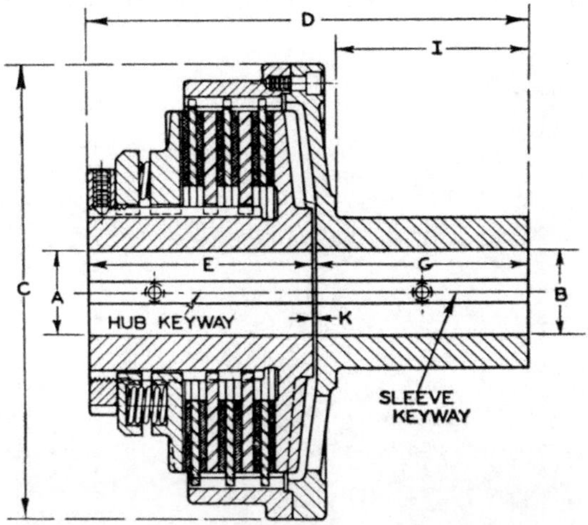

Bild 15a. **Hilliard-Kupplung mit drei Kupplungsscheiben**

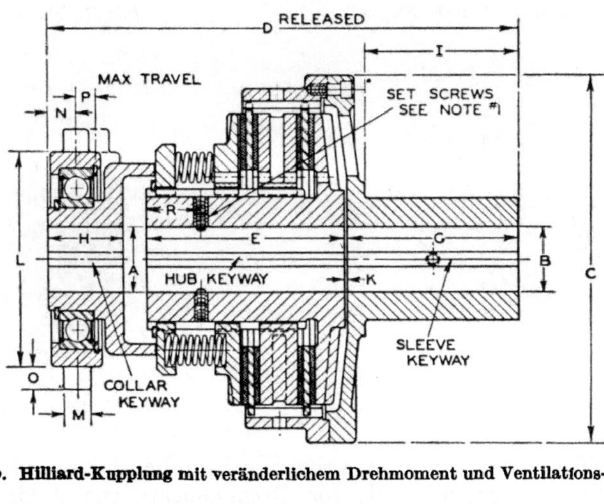

Bild 15b. **Hilliard-Kupplung mit veränderlichem Drehmoment und Ventilations-Scheiben**

Spannschrauben zu verstellen, aber die Kupplungen sind äußerst robust gebaut und für die Abfuhr großer Wärmemengen dimensioniert. Sie besitzen eine besonders große Oberfläche, und vor allem sind sie normalerweise mit

einer flexiblen Stahlkupplung ähnlich der Bibby-Kupplung organisch zusammengebaut.
Eine im Drehmoment einstellbare Konuskupplung bauen die Flaton Machine Works in St. Louis *(Bild 17)*. Obgleich die Konstruktion mit ihrer Anpres-

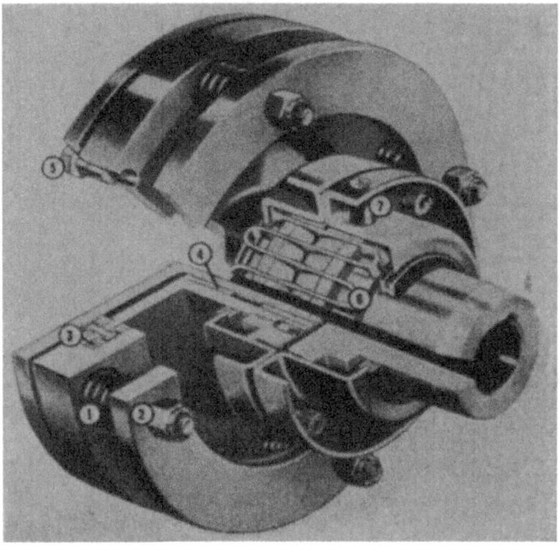

Bild 16. **Falk-Kupplung**

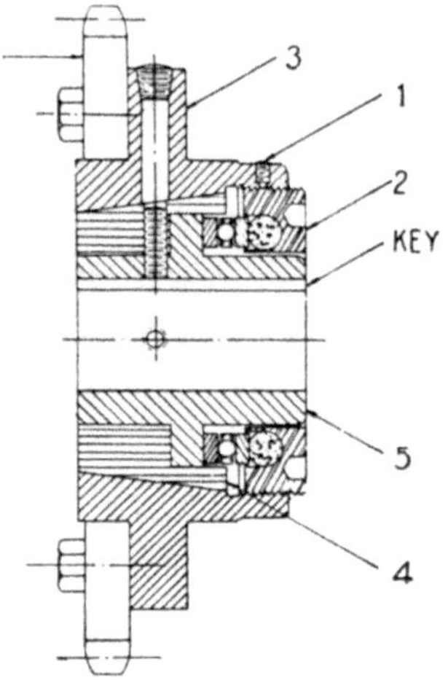

Bild 17. **Flaton-Kupplung**

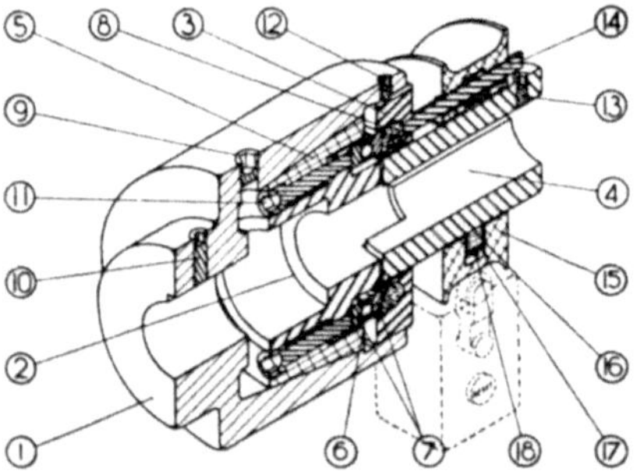

Bild 18. **Flaton-Kupplung mit Motor-Schutzschalter**

Bild 19. **Ringspann-Kupplung**

sung durch einen federnden Gummiring zunächst keinen besonders überzeugenden Eindruck macht, wird sie für Drehmomente von 2 bis 1000 mkg gebaut und, wie der Prospekt zeigt, wohl auch in großen Stückzahlen angewendet. Ihre kleinen Abmessungen machen sie für den Einbau in Werkzeugmaschinen besonders geeignet, und zwar sowohl im Hauptantrieb wie im

Vorschubmechanismus. Auch in Gewindeschneideinrichtungen werden die Flaton-Kupplungen serienmäßig eingebaut. Diese Kupplung wird auch mit einer Einrichtung zum Ausschalten des Motors beim Schlupf der Kupplung geliefert *(Bild 18)*. Die Einrichtung arbeitet in der Weise, daß durch den

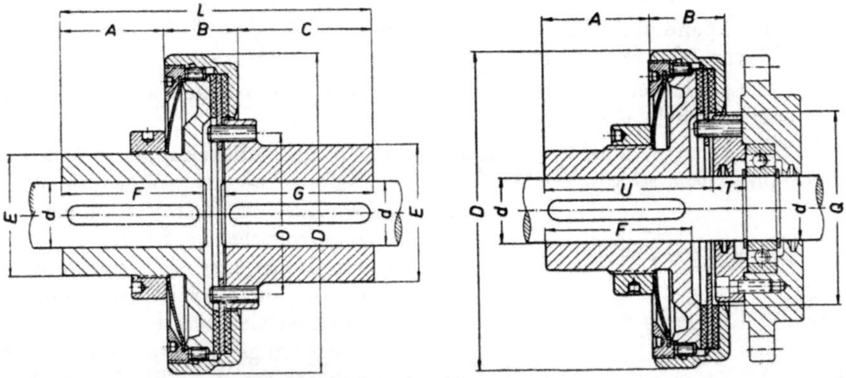

Bild 20a und b. **Ringspann-Schutzkupplungen**

Schlupf eine Wandermutter auf ihrem Gewinde sich verstellt. Diese wirkt dann auf den Schutzschalter.

Als eine neuere deutsche Konstruktion soll zum Schluß noch die Ringspann-Schalt- und Schutzkupplung genannt werden *(Bild 19)*. Sie unterscheidet sich

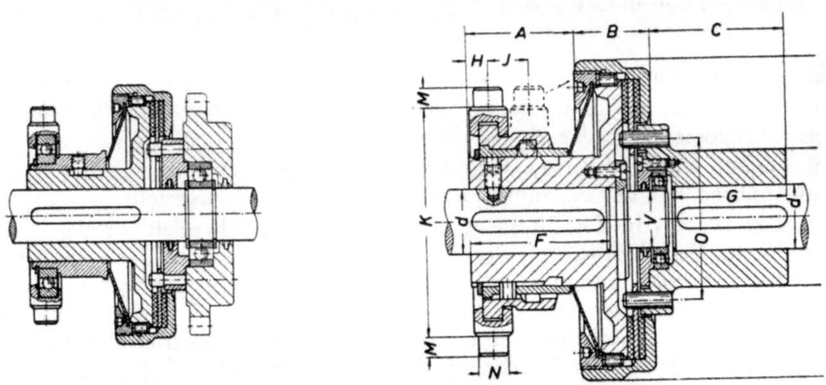

Bild 20b und c. **Ringspann-Schaltkupplungen**

von den zuletzt genannten Bauarten mit ringförmigen Reibscheiben durch ihren Anpreßmechanismus bzw. die Anpreßfeder. Ihr kennzeichnendes Bauteil ist eine sogenannte Ringspann-Scheibe, die folgende Funktionen ausübt:

1. Sie ist mit ihrem Außenrand wie ein Sprengring federnd in eine Nut eingesetzt.
2. Beim Schalten wirkt die Ringspann-Scheibe als Übersetzungshebel und verwandelt die geringe Schaltkraft bei großem Weg in eine vielfach so große Anpreßkraft mit kleinem Weg.
3. Unter Spannung, also eingeschaltet, stellt die Ringspann-Scheibe eine Vielzahl von Blattfedern, etwa gleicher Festigkeit, dar.
4. In ausgeschaltetem Zustand wirkt die Ringspann-Feder wie eine Kegelfeder und hebt die Reibflächen voneinander ab.

Wie *Bild 20* zeigt, wird die Ringspann-Schalt- und Schutzkupplung in schaltbarer und nicht schaltbarer Ausführung geliefert. Das Drehmoment kann in eingebautem Zustand durch Verstellung eines mit Gewinde versehenen Ringes verändert werden. Er ist im ausgeschalteten Zustand unbelastet. Die nicht schaltbare Kupplung wird am inneren Gewindering, der nur mit einer relativ geringeren Axialkraft belastet ist, im Drehmoment verstellt. In der Konstruktion ist besonders angestrebt, das gesamte Material zur Wärmespeicherung und Wärmeabfuhr auszunützen. Die große, weiche Anpreßfeder hält das *Md* auch bei Abnutzung etwa konstant. Die Abbildung zeigt

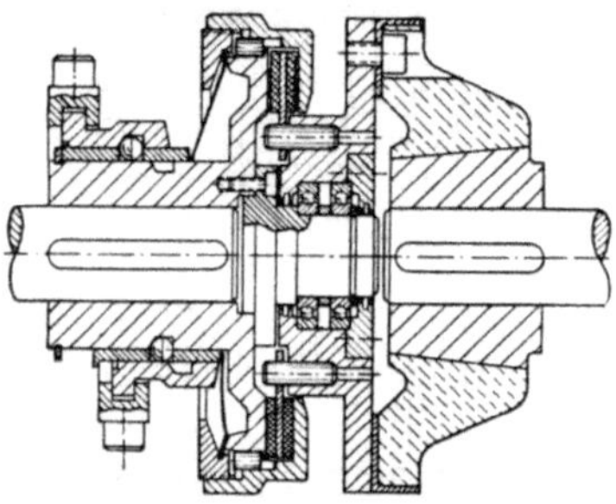

Bild 21. **Ringspann-Schaltkupplung, kombiniert mit elastischer Kupplung**

eine Rutschkupplung zur Verbindung zweier Wellen,
eine ähnliche Kupplung zum Zusammenbau mit einem andern Triebwerksteil,
eine Bauart mit während des Betriebes verstellbarem Drehmoment und
eine drehmomentbegrenzende Schaltkupplung.

In *Bild 21* ist eine derartige Kupplung mit beweglicher Mitnehmernabe, eine Kombination mit der bekannten Kegelflex-Kupplung, dargestellt.

Ein Kapitel, das in der Literatur bisher nur wenig behandelt wurde, ist die Berechnung der DMBK. Im Gegensatz zu elastischen Kupplungen, bei denen es im allgemeinen lediglich auf ein ausreichendes Übertragungsdrehmoment und eine Abstimmung der Eigenschwingungsfrequenz auf ein richtiges Verhältnis zu den Impulsfrequenzen der antreibenden oder angetriebenen Maschine ankommt, spielt bei der Berechnung der DMBK die Wärmekapazität und die Wärmeabführung eine wichtige Rolle.

Viele Mißerfolge mit DMBK sind darauf zurückzuführen, daß sie nicht richtig berechnet wurden. Es sind deshalb von den Herstellerfirmen verschiedene Berechnungsverfahren entwickelt worden, die aber meist bisher nur einen Teil der auftretenden Fälle erfaßten.

Ich habe mich nun bemüht, für die Ringspann-Schalt- und Schutzkupplungen ein umfassendes Verfahren zu entwickeln, das dabei so einfach ist, daß es auch von dem rechnerisch ungeübten Ingenieur in wenigen Minuten durchgeführt werden kann.

Berechnung nach der Übertemperatur ΔT der Kupplung in Grad Celsius

Die Übertemperatur ΔT setzt sich zusammen aus der Temperaturerhöhung in einer Schlupfperiode und aus der Temperaturerhöhung infolge laufend wiederkehrender Schlupfperioden.

1. Temperaturerhöhung in einer Schlupfperiode ΔT_1

Bei einer Anzahl von Z_1 Schlupfumdrehungen in einer Schlupfperiode bei einem Rutschdrehmoment der Kupplung M_{tr} (mkg) und einer Wärmespeicherzahl K der Kupplung ist nach Formel 3

$$\Delta T_1 = \frac{M_{tr} \cdot Z_1}{K} \text{ Grad Celsius} \tag{1}$$

Tafel für K

Kupplungsgröße	20	27	35	38	50	65	85	110	140
Wärmespeicherzahl K	8	14	27	41	77	147	294	569	910

Z_1 kann überschlägig berechnet werden aus der Schlupfdauer S in Sekunden, dem Drehzahlunterschied U_1 zwischen den beiden Kupplungshälften bei Beginn der Schlußperiode und dem Drehzahlunterschied U_2 am Ende der Schlupfperiode.

$$Z_1 = \frac{U_1 + U_2}{2} \cdot \frac{S}{60} \tag{2}$$

2. Temperaturerhöhung durch wiederholte Schlupfperioden

ΔT_2 ist die Temperaturerhöhung, welche die Kupplung erfährt, um die bei wiederkehrenden Schlupfperioden entstehende Reibungswärme laufend abzuführen.

Berechnungsformel: $$\Delta T_2 = \frac{M_{tr} \cdot Z_2}{W + \frac{K}{A}} \text{ Grad Celsius} \tag{3}$$

Hierin bedeutet Z_2 die Höchstzahl der gegenseitigen Schlupfumdrehungen der beiden Kupplungshälften pro Stunde.

W entspricht der Wärmeabführung und ist abhängig von der Kupplungsgröße und der Kupplungsdrehzahl. W kann nachstehender Kurventafel entnommen werden. K siehe Tafel. A = Zahl der ohne Pause aufeinanderfolgenden Arbeitsstunden mit wiederholten Schlupfperioden.

ΔT_2 kann wahlweise errechnet werden nach dem durch Schlupf im Durchschnitt vernichteten Leistungsanteil N_r (in PS).

Formel:
$$\Delta T_2 = \frac{43000\, N_r}{W + \frac{K}{A}} \text{ Grad Celsius} \qquad (4)$$

Die gesamte Temperaturerhöhung ΔT infolge der Schlupfreibung ist
$$\Delta T = \Delta T_1 + \Delta T_2 \qquad (5)$$

Kupplungstemperatur = Raumtemperatur + ΔT. Die Kupplungstemperatur soll folgende Werte nicht überschreiten: Bei häufig wiederkehrenden Schlupfperioden 100°, bei verhältnismäßig seltenen Schlupfperioden 160°, bei ausnahmsweise vorkommendem Schlüpfen der Kupplung (z. B. bei reinen Sicherheitskupplungen) 300°.

Anmerkung: Für die Bestimmung von W kann bei offenlaufenden Kupplungen mit geringerer Drehzahl wegen der Schornstein-Wirkung n mit 100 Upm angenommen werden.

Berechnung nach der Lebensdauer des Belages

Die voraussichtliche Dauer einer Betriebsperiode in Tagen, bis eine Nachstellung der Kupplung erforderlich wird, sei Ln. Bei einer Betriebstemperatur der Kupplung von höchstens 120° ist Ln zu berechnen nach der Formel:
$$Ln = \frac{Vn}{M_{tr} \cdot Z_3} \qquad (6)$$

Die Gesamtbetriebsdauer des Belages in Tagen bis zur Notwendigkeit eines Ersatzes sei Ll.

Sie errechnet sich nach der Formel: $$Ll = \frac{Vl}{M_{tr} \cdot Z_3} \text{ Arbeitstage.} \qquad (7)$$

Die Werte Vn und Vl können nachstehender Tafel entnommen werden:

Größe	20	25	35	38	50	65	85	110	140
Vn	120 000	210 000	330 000	540 000	900 000	1 500 000	3 000 000	6 000 000	13 000 000
Vl	1 500 000	3 000 000	4 500 000	9 600 000	15 000 000	33 000 000	60 000 000	90 000 000	165000000

M_{tr} = das Schlupfreibungsmoment der Kupplung in mkg.

Z_3 = Zahl der gegenseitigen Schlupfumdrehungen beider Kupplungshälften pro Arbeitstag.

Die Berechnung kann wahlweise auch nach der durchschnittlich durch Schlupf vernichteten Leistung N_r (in PS) erfolgen, wenn A_1 die Zahl der täglichen Arbeitsstunden ist.

Formeln: $$Ln = \frac{Vn}{43000 \cdot A_1 \cdot N_r} \text{ bzw. } Ll = \frac{Vl}{43000 \cdot A_1 \cdot N_r} \text{ (in Arbeitstagen)} \qquad (8) \text{ und } (9)$$

Man muß sich selbstverständlich darüber klar sein, daß infolge des Einflusses der Umgebung praktische Versuchsergebnisse wesentliche Abweichungen von den rechnerich ermittelten Werten ergeben können. Aber die Berechnung gibt auf jeden Fall einen Anhalt für die Größen-Bemessung und die praktische Einsatzfähigkeit sowie das Verhalten im Betrieb für die ausgewählte Kupplungsgröße.

Die größten Unterschiede zwischen rechnerisch ermittelten Werten und den Ergebnissen der Praxis werden sich bezüglich der Lebensdauer der Kupplungsbeläge ergeben. Die Hersteller dieser Beläge können auf die Frage nach der Lebensdauer im allgemeinen nur sehr unbestimmte Angaben machen. Eine Firma hat mir auf die Frage nach dem Verschleiß der K.-Beläge ein Versuchsprotokoll mit einer Reihe von Versuchsergebnissen überlassen, die nach Ansicht der Firma eine mathematische Gesetzmäßigkeit nicht erkennen ließen. Eine eingehende Beschäftigung mit diesen Zahlen hat aber ergeben, daß für den untersuchten Belag eine solche Gesetzmäßigkeit durchaus bestand. Der Verschleiß in Gramm pro PS-Stunde konnte durch eine Formel erfaßt werden, die im Zähler eine lineare Funktion der Anpreßkraft p = kg/cm² enthält. Im Nenner steht die Differenz zwischen der Temperatur (300°), bei der der Belag zugrunde geht, und der beobachteten Betriebstemperatur T°. Weiterhin steht im Nenner als Faktor die Differenz zwischen einer maximalen, diesen Belag kennzeichnenden Gleitgeschwindigkeit (9,8 m/sec) und der wirklichen Gleitgeschwindigkeit V. Es wäre interessant, einmal zu prüfen, ob auch andere Kupplungsbeläge ähnlichen Gesetzmäßigkeiten in ihrem Verschleiß unterworfen sind. Man könnte mit solchen Grundlagen der Praxis erheblich bessere Berechnungsgrundlagen zur Verfügung stellen, als sie bis heute vorhanden sind.

Die wirtschaftlichen Folgen der Verwendung richtig bemessener DMBK dürften besonders deutlich in folgenden beiden Fällen zum Ausdruck kommen:

Ein Walzwerk hat auf Grund von Überlegungen in den Antrieb der Oberwalze von Blechwalzwerken je eine Sicherheitskupplung eingebaut. Die Folge dieses Umbaues war, daß der Kammradsatz für den Antrieb dieser Walze nunmehr die 5fache Lebensdauer gegenüber dem früheren Zustand bekam. Gegenüber dieser Ersparnis spielten die Anschaffungskosten der jeweils erforderlichen Sicherheitskupplung überhaupt keine Rolle.

Ein anderes Beispiel großen Stils bietet der Vergleich zwischen einer deutschen und einer amerikanischen Herstellerfirma für stufenlos regelbare Antriebe. Die Konstruktionen der beiden Firmen und vor allem die Gewichte der Getriebe für eine bestimmte Leistungsübertragung ohne Benutzung einer DMBK sind im wesentlichen gleich. Für bestimmte Anwendungsgebiete hat die deutsche Firma von vornherein immer die Verwendung einer antriebsseitigen Leistung bzw. Drehmomentbegrenzungskupplung vorgeschrieben. Sie konnte dadurch die Übertragungsreserven des Getriebes wesentlich weiter ausnutzen als die amerikanische Firma. Im Endeffekt ergab sich, daß, wo für einen Zweck die amerikanische Firma ein Getriebe von 75 kg verwenden mußte, bei der deutschen Firma ein Getriebe von 42 kg Gewicht genügte. Das deutsche Getriebe mit 72 kg konnte da eingesetzt werden, wo die amerikanische Firma eines von 132 kg verwenden mußte. In ähnlichem Verhältnis ging es bei den großen Getrieben weiter, so daß schließlich das deutsche Getriebe mit 385 kg und Drehmomentbegrenzungskupplung da genügte, wo die Amerikaner ein Getriebe mit 730 kg Gewicht vorsehen mußten. Was war die Folge? Die deutsche Firma konnte ihre Getriebe im Werkzeugmaschinenbau einführen, während dies in Amerika nicht möglich war, weil die dort verwendeten Getriebe zu groß bauen. Endergebnis: Die deutsche Firma fertigte schon 1938 etwa viermal so viel Getriebe wie die amerikanische Firma.

Wenn man die heutigen Prospekte amerikanischer DMBK betrachtet, bekommt man allerdings den Eindruck, daß jetzt drüben die Einsicht in die Notwendigkeit derartiger Maschinenelemente weiter fortgeschritten sei als hier. Um so mehr dürfte es sich lohnen, in unserem Lande zu prüfen, wo durch richtigen Einsatz von DMBK die Wettbewerbsfähigkeit und die Sicherheit der von uns gelieferten Maschinen und Anlagen noch verbessert werden können.

Obering. A. MAIER, Friedrichshafen

Mechanische Reibungskupplungen

Neue Entwicklungen

Im nachstehenden möchte ich über Erfahrungen mit neueren Arten mechanischer Reibkupplungen berichten.
Die Anwendung mechanischer Kupplungen bei Kraftfahrzeugen blieb seit Jahren auf die *Standardbauform* der Ein- und Mehrscheibentrockenkupplung beschränkt.
Für den *Gangwechsel* im Getriebe sind bei uns nur Formschlußkupplungen oder Formschlußkupplungen mit Drehzahlangleichung (sog. Synchronisierungen) allgemein angewandt.

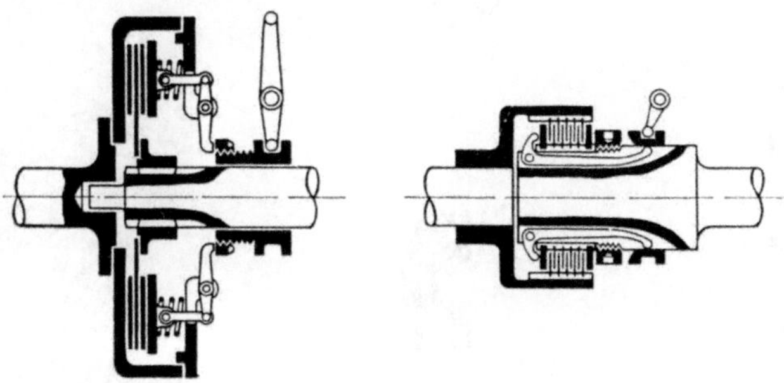

Bild 1. Bauformen von Kupplungen

Es liegt in der fortschreitenden Natur der Technik, daß, obwohl noch die Standardform der Synchronkupplung weitgehend verwendet wird, schon die vollkommenere Schaltung mit *Vollastkupplungen* in Getrieben Anwendung findet.
In *Werkzeugmaschinen* haben sich in der letzten Zeit die *Vielscheibenkupplungen* in großem Umfang eingeführt. Sie verändern die Geschwindigkeiten bei voller Leistung und mit unverminderter Antriebsdrehzahl und sind *unmittelbar mit Zahnrädern im gleichen Ölbad* zusammengebaut.
Der Einbau dieser nassen Lamellenkupplungen beginnt jetzt auch in deutschen *Kraftfahrzeuggetrieben* Fortschritte zu machen, nachdem er in Amerika schon zur Selbstverständlichkeit geworden ist. Z. B. verwendet die *ZF* solche Kupplungen in den sogenannten *Media-Getrieben, Borgward* in Personenwagengetrieben, und andere namhafte Firmen werden in Kürze in dieser Richtung in Erscheinung treten.

Hochleistungskupplungen

In Werkzeugmaschinen und Kraftfahrzeugen finden wir fast nur noch *Hochleistungszahnräder* in gehärteter und geschliffener Ausführung, die sehr kleine Achsabstände bedingen.

In diese *Achsabstände* können nur Kupplungen untergebracht werden, die, verglichen mit den Trockenkupplungen üblicher Bauform, nur die Hälfte bis zu einem Drittel des Durchmessers zulassen.

Aus dem *Zwang zur Raumeinsparung* sind diese nassen Mehrscheibenkupplungen in einer nicht voraussehbaren Weise zu kleinsten Baumaßen weiter entwickelt worden.

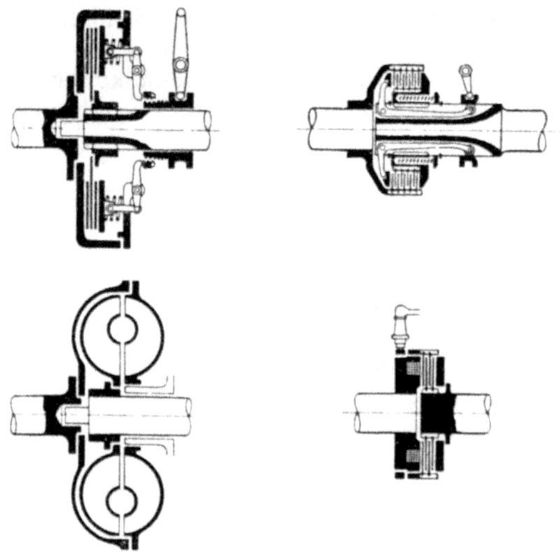

Bild 2. Größenvergleich von Kupplungen

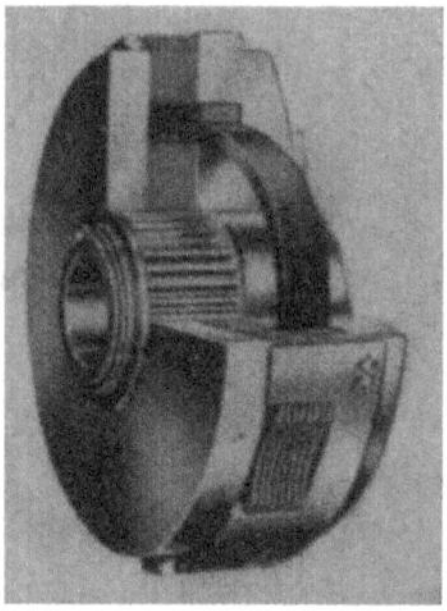

Bild 3. Siemens-ZF-Elektrokupplung

Die letzten Bauformen, die in größeren Stückzahlen verbreitet sind, lassen bei Durchmessern von 150 bis 250 mm und Längen von 40 bis 80 mm Übertragungsmomente von 40 bis 250 mkg zu.

Die *Lamellen* sind nur noch 0,8 bis 1,2 mm dick und schmiegen sich durch ihre innere Federung beim Schalten eng aneinander. Die normale Lamellenzahl hat 13 bis 14 Paar überschritten.

Diese dünnen Lamellenblätter sind in verschiedener Form in *Stahl-auf-Stahl*-Paarung betriebssicher entwickelt.

Neben dem Hochleistungszahnrad steht heute dem Konstrukteur die *Hochleistungskupplung*, die von Spezialfabriken in hoher Präzision hergestellt wird, zur Verfügung.

Kupplungsbezeichnungen

Diese Kupplungen unterscheiden sich durch viele Arten der Betätigung. Man spricht von *mechanischen*, *elektrischen* und *hydraulischen* Kupplungen, aber diese Bezeichnungen treffen oft nicht zu.

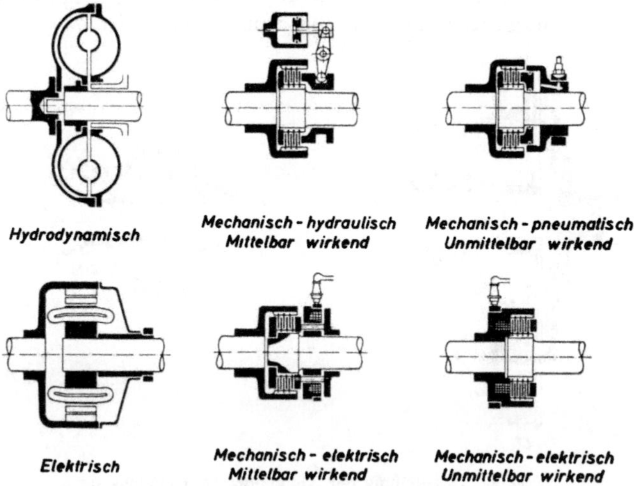

Bild 4. Kupplungsbegriffe

Wenn *hydraulisch* übertragen wird, ist das Übertragungsmittel keine Reibfläche, sondern eine Flüssigkeit.

Wenn *elektrisch* übertragen wird, erfolgt die Kraftübertragung ebenfalls nicht durch eine Reibfläche, sondern durch Kraftlinien, die von einem Anker zum anderen gehen.

Werden Reibflächen benutzt, ganz einerlei ob sie durch manuell-mechanische, hydraulische oder pneumatische Kräfte zur Anpressung kommen, so sind es immer *mechanische* Kupplungen.

Die Bezeichnung

mechanisch-elektrisch
mechanisch-hydraulisch oder
mechanisch-pneumatisch

ist richtig.

Wir müssen uns bemühen, die Bezeichnungen für mechanische Kupplungen entweder in einem Normblatt oder in einem allgemein gültigen, vielleicht durch den Fachnormenausschuß Maschinenbau festgelegten Begriffsblatt zu fixieren, so daß sich im Sprachgebrauch die zur Verständigung notwendigen technisch richtigen Bezeichnungen einführen.

Kupplungen mit Nachstellung

Jahrelang war den mechanischen Kupplungen zu eigen, daß ihre Abnutzung durch *Nachstellorgane*, die von außen von Zeit zu Zeit nachreguliert wurden, in ihrer Betätigung ausgeglichen werden mußten.
Beim Auto ist das unerwünschte Nachstellenmüssen der Kupplung bekannt, das insbesondere nach scharfen Beanspruchungen nötig ist.

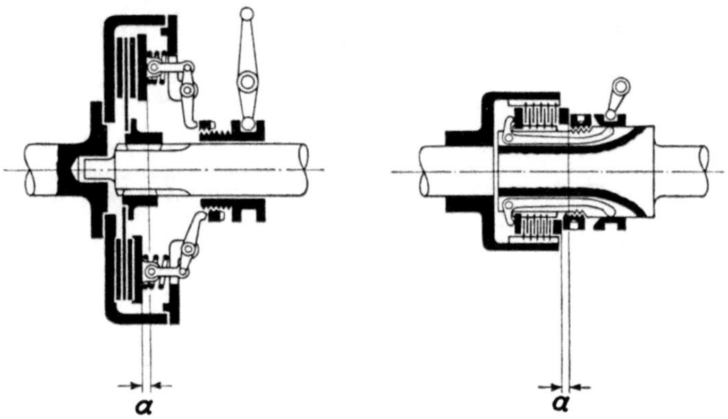

Bild 5. Nachstellung der Abnutzung an Kupplungen

Bei *Werkzeugmaschinen* sind verschiedene Lamellenkupplungsbauformen in Gebrauch, bei denen durch eine Feineinstellung in gewissen Zeiträumen der Abrieb auf den Reibscheiben ausgeglichen werden muß. Sowohl beim Kraftfahrzeuggetriebe als auch beim Werkzeugmaschinen-Räderkasten ist aber der Zugang zu den oft versteckt angeordneten Kupplungen schwierig. Dies gilt in besonderem Maße für das Kraftfahrzeug, bei dem man im Getriebekasten nachträglich keinerlei Einstellungen vornehmen kann.
Die Einführung von *Hochleistungskupplungen* ist deshalb im Getriebekasten erst dann in noch viel größerem Maße möglich geworden, nachdem Bauformen entwickelt waren, die während ihrer Betriebszeit keine äußere Einstellung erforderten.

Selbstnachstellung

Das Bemühen der Konstrukteure galt deshalb schon lange der Schaffung von mechanischen Reibkupplungen, die keiner Nachstellung bedurften.
In den letzten Jahren sind für Reibkupplungen kleinster Abmessung *in Lamellenbauart* Bauformen entstanden, die keiner Nachstellung der Abnutzung bedürfen und somit besonders geeignet erscheinen, in Getrieben von Kraftfahrzeugen eingebaut zu werden.

Eine dieser Bauformen, die mechanisch-elektrische *Siemens-ZF-Lamellenkupplung* ist in der Lage, so lange die gleichbleibende Kraft zu übertragen, bis das Kupplungsreibmaterial vollständig verschlissen ist. Die Ankerscheibe folgt

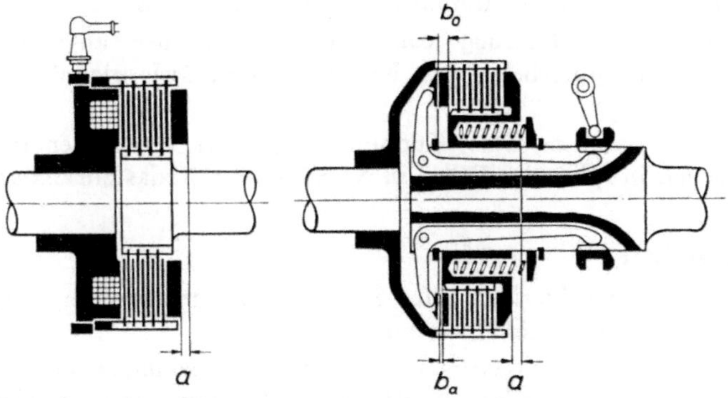

Bild 6. Nachstellungsfreie Kupplungen

in ihrem Bestreben, immer auf die Lamellen und den Anker zu drücken, jeder Dickenveränderung der Lamellen.
Eine andere Bauform, die ebenfalls den Charakter der nachstellungsfreien Reibkupplung hat, ist die sogenannte *ZF-Media-Kupplung*. Ihre Verbreitung hat sie in schweren Fahrzeuggetrieben gefunden.

Kupplungsverhalten

Die Entwicklung von Mehrscheibenkupplungen, in Räderkästen, in denen Hochleistungszahnräder und empfindliche Wälzlager untergebracht sind, brachte nun aber eine Reihe von neuen Aufgaben, die gelöst werden mußten. Daß sie nachstellungsfrei arbeiten können, war eine konstruktive Vorarbeit zu ihrer Anwendung.
Für den schnellen Drehzahlwechsel beim Kuppeln sind hohe und höchste Reibwerte erwünscht. Da die Kupplung aber im Getriebeöl mit höchstem Schmierwert arbeiten muß, setzt dieses den Reibwert wieder sehr weit herunter.
Während ein Lager auf kleinsten Reibwert entwickelt werden kann und eine Trockenkupplung den größten Reibwert anstrebt, ist die im Getriebeöl mit höchstem Schmierwert arbeitende Hochleistungskupplung in einer schwierigen Ausgangslage.
Es wurde von allen Seiten eine Unzahl von Kupplungspaarungen untersucht, die entweder auf nichtmetallischer, halbmetallischer oder metallischer Grundlage arbeiten.
Für die genannten Anwendungsfälle galt es die Bauform zu finden, die auf kleinstem Raum mit geringster Abnutzung die gewünschte Leistung überträgt.

Sie wurde auf Grund sorgfältiger Untersuchungen vorläufig gefunden. Heute hat sich eine Stahl-Paarung von C 60 mit 43 bis 45 Rockwell für die Innen-Lamelle und 45 bis 48 Rockwell für die Außen-Lamelle als die betriebsbeständigste und höchstleistende im kleinsten Raum bewährt.

Neben diesen ist die Paarung von *Stahl-Lamellen* der angegebenen Art mit Lamellen mit Sinterbelag auf Kupfer-Graphit-Basis als nächstbeste ermittelt worden.

Was aber diese *Stahl-auf-Stahl*-Kupplung gegenüber verschiedenartigen Reibungspaarungen in speziellen Fällen in Nachteil setzt, ist das Einschaltverhalten.

Einschaltcharakter

Die *Übertragungscharakteristik* beim Schaltvorgang geschmierter Reibscheiben besitzt keinesfalls einen gleichbleibenden Reibwert.

Während des Beschleunigungsvorgangs über z. B. 1½ Sekunden steigt der Reibwert zunächst bis zum Reibungskoeffizienten der Bewegung an, bleibt dann

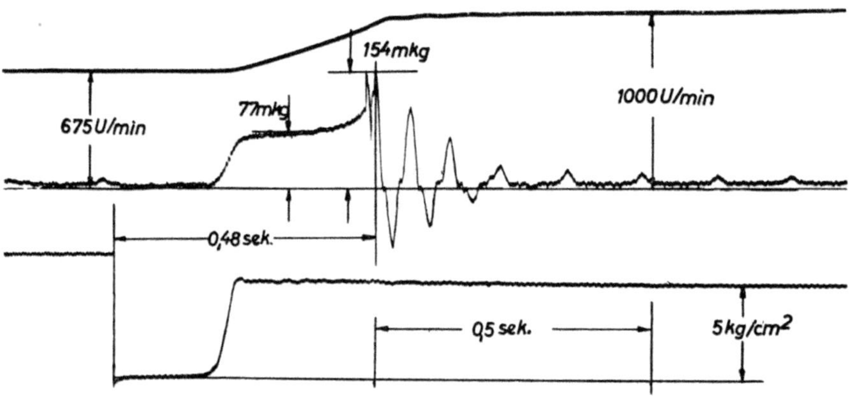

Bild 7. **Oszillogramm eines Kupplungsvorganges**

einige Zeit auf diesem verharrend, um dann plötzlich zu Ende des Beschleunigungsvorgangs in denjenigen der Ruhe überzugehen. Dieser Übergang löst oft im Triebwerk einen spürbaren Beschleunigungsstoß aus.

Der Reibwert der Ruhe ist etwa doppelt so groß als der Reibwert der Bewegung.

Bei *Stahl-auf-Sinter-Paarung* ist der Unterschied etwa 3 : 1. Das Schalten bekommt dadurch einen weicheren Charakter.

Bei *Trockenkupplungen* nimmt der Reibwert stetig bis zum Endzustand zu.

Das Reibwertverhalten *geschmierter Kupplungen* ist aber noch abhängig vom Zustand der Oberflächen, wobei selbst feinstbearbeitete Oberflächen eine geringe Veränderung durch das Einlaufen bringen.

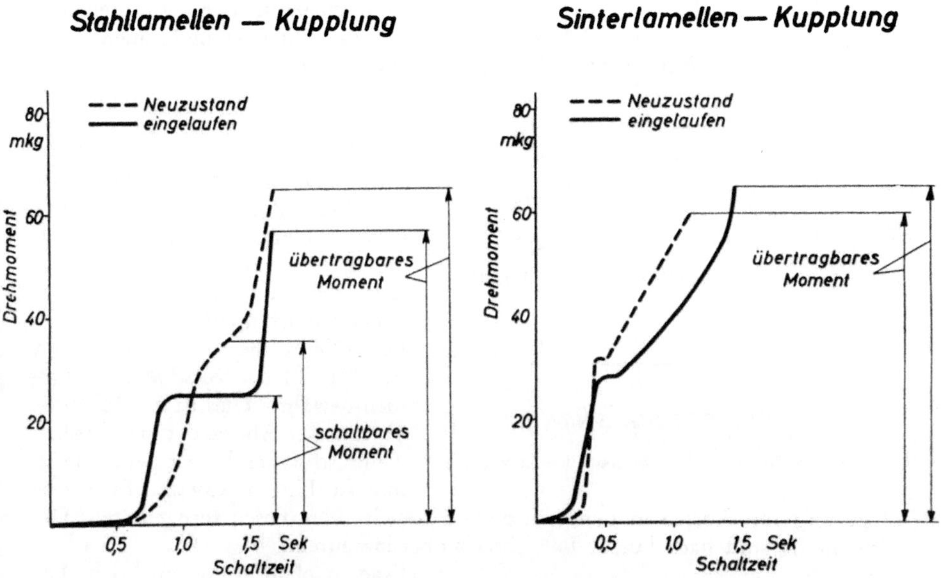

Bild 8. **Einschaltverlauf verschiedener Kupplungen**

Die geforderte Schaltzeit und die auszugleichenden Massen des Antrieb- und Abtriebsteiles verändern zwar den Vorgang im zeitlichen Ablauf, aber der Unterschied in den Reibwerten bleibt bestehen.

Reibwert

Für jede Kupplungsbemessung ist die Höhe des *Reibwertes* von entscheidender Bedeutung.

Der *Reibungskoeffizient* ist, abgesehen von seiner Veränderlichkeit während der Schaltzeit, vom Anpreßdruck abhängig. Bei Heraufsetzen der Anpreßkraft wird der Reibwert geringer, aber gerade das Erhöhen der Anpreßkraft zur Verkleinerung der Kupplungsdimension wäre dem Konstrukteur erwünscht. Wird eine Kupplung neu dimensioniert, so muß sie, wenn sie unter Last geschaltet wird, nach dem Reibwert der Bewegung berechnet werden. Das Übertragungsmoment ist dann etwa im Verhältnis 2 : 1 größer.

Somit ist die so berechnete Kupplung mit dem zweifachen Motormoment statisch gesichert, wenn sie für das einfache Moment dynamisch berechnet wurde. Ein Abreißen dieser Kupplung ist, da sie fest gekuppelt einen zweifachen Drehmomentwert aufnimmt, nicht zu befürchten, vorausgesetzt, daß das eintreibende Moment konstant bleibt.

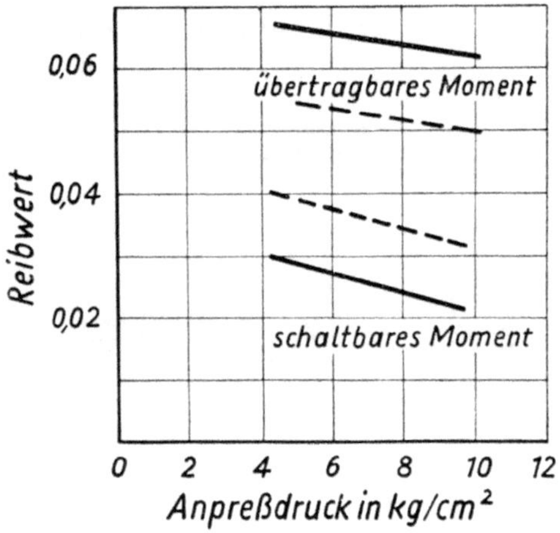

Bild 9. Reibwert der Stahllamellen-Kupplung

Verschleiß

Für den *Verschleißverlauf* ist charakteristisch, daß während der ersten 5000 Schaltungen ein Abrieb der Bearbeitungsrauhigkeiten eintritt, während nachher der Verschleiß konstant bleibt.

Für *Öle* solcher Kupplungen hat sich HD-Öl der verschiedenen Firmen bewährt. Dies ist ein Mineralöl, das den Abrieb der metallischen Teile schwebend hält und diesen nur in Filtern absetzt. Eine Ablagerung von Abrieb in unerwünschten Ecken ist von diesen ferngehalten. Die Innenteile sind nach langer Betriebszeit oberflächenrein.

Eine Asphaltierung auf den Lamellen, die den Reibwert bedeutend verändert, ist nicht vorhanden. Die Viskosität ist im Rahmen der amerikanischen Normen mit der Bezeichnung SAE 10 bis SAE 20 zu halten.

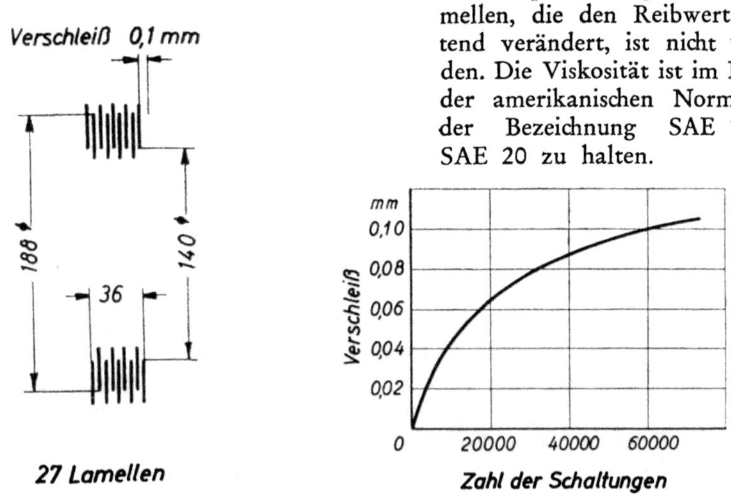

Bild 10. Verschleiß (normaler Verlauf) von Stahllamellen-Kupplungen

Beeinflussung des Einschaltcharakters

Die einfache Gewohnheit, eine Kupplung einfallen zu lassen, also in ihrem Anpreßdruckverlauf sich selbst zu überlassen, ist bei Forderung der größtmöglichen Schaltweichheit nicht mehr möglich.

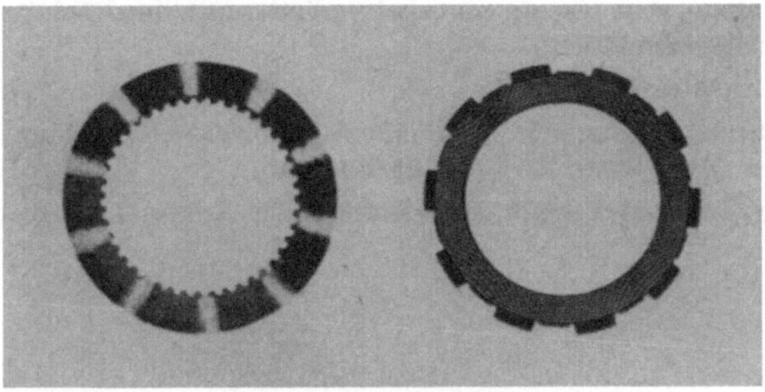

Bild 11. Neue Lamellenformen

Durch verschiedene Ausbildung der Lamellen, durch Wellung, durch Eindrehen von Rillen zur Ölfilmableitung, wurden Verbesserungen erreicht, aber grundsätzlich hat die Stahl-auf-Stahl-Paarung mit dem Reibwertunterschied der Ruhe und der Bewegung von etwa 2 : 1 ein anderes Verhalten als eine Paarung verschiedener Werkstoffe oder eine Trockenkupplung.

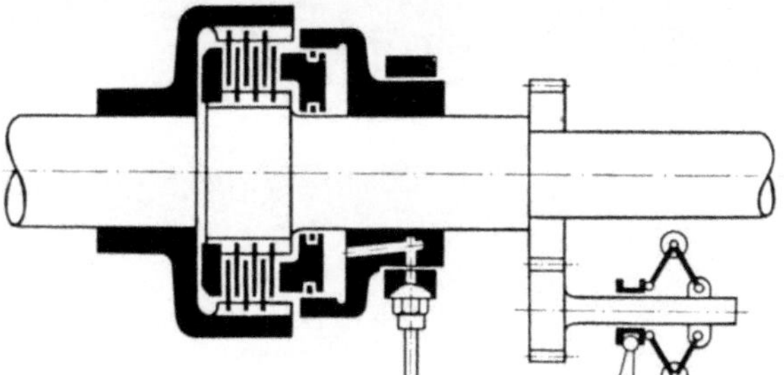

Bild 12. Gesteuerte Einrückung

Für viele Fälle wird die Steuerung des Einrückvorganges im zeitlichen Ablauf unumgänglich sein, so daß drehzahlabhängig und selbsttätig durch Ausnutzung dynamischer Rückwirkungen auf den Einschaltvorgang gearbeitet werden muß. Es sind in dieser Form Kupplungen in der Entwicklung, die von der Motordrehzahl gesteuert werden.

Diese Übersicht über das Verhalten von Lamellen-Kupplungen in Werkzeugmaschinen und Kraftfahrzeugantrieben kann noch ergänzt werden durch einen Blick in die nächste Zukunft.

Die *Idealkupplung,* wie sie dem Konstrukteur in der nächsten Zeit vorschwebt, müßte folgende Eigenschaften haben:

1. Wartungsfrei (keine Einschaltveränderung durch eintretende Reibscheibenabnutzung).
2. Noch kleiner als heute.
3. Einrückvorgang mit bestimmtem Reibwertverlauf und selbstlaufend vom Augenblick der Impulsgebung an.
4. Im Energieverbrauch zum Aufbau der Anpreßkraft niedrig.

Dr. techn. E. FUHRMANN, Stuttgart-Zuffenhausen

Synchronisierkupplungen an Zahnrad-Stufengetrieben

Zahnrad-Stufengetriebe haben ihre Vorrangstellung im Getriebebau trotz bedeutender Fortschritte, vor allem auf dem Sektor der hydraulischen Getriebe, nicht eingebüßt; dies ist in nächster Zeit auch nicht zu erwarten. Zuverlässigkeit, guter Wirkungsgrad, geringer Platzbedarf, damit geringes Gewicht und niedriger Preis sind Vorzüge, die auf einigen Anwendungsgebieten immer ausschlaggebend sein werden. Eine besondere Ausbildung der Schaltkupplungen ist allerdings notwendig, wenn der Gangwechsel im Betrieb vorgenommen werden soll, wie es bei allen Fahrzeuggetrieben der Fall ist. Ohne auf alle konstruktiven Möglichkeiten zur Lösung dieser Aufgabe einzugehen, sollen die zwei Ausführungsformen erwähnt werden, die sich bisher durchgesetzt haben:

1. Jede Übersetzungsstufe erhält eine kraftschlüssige Kupplung, die imstande ist, das gesamte Drehmoment zu übertragen. Damit ist Schalten im Betrieb möglich. Die einfache und sichere Betätigung wird durch den Aufwand einiger großer — weil kraftschlüssiger — Kupplungen erkauft. Ausgeführt wird dieses System bei Cotal, Wilson und neuerdings im ZF-Media-Getriebe.

2. Es ist nur eine kraftschlüssige Kupplung vorhanden, die das gesamte Betriebsdrehmoment übertragen kann; den Übersetzungsstufen ist je eine formschlüssige, d. h. kleine und billige Kupplung zugeordnet. Diese kann nicht ohne weiteres im Betrieb, also bei Relativdrehzahlen, geschaltet werden. Sie muß erst synchronisiert, d. h. die beiden Kupplungshälften müssen zum Gleichlauf gebracht werden. Das kann durch geschicktes Manövrieren auf der Antriebsseite geschehen, im Kraftfahrzeugbetrieb bekannt als „Zwischengas und Zwischenkuppeln", oder durch eine kleine kraftschlüssige Vorkupplung, die Synchronisierkupplung.
   Damit haben wir die Standard-Ausführung des heutigen Personenwagengetriebes vor uns: 1 Scheibenkupplung als Hauptkupplung zum Unterbrechen des Kraftflusses und für jede Übersetzungsstufe 1 Klauen- bzw. Zahnkupplung evtl. mit je 1 Synchronisierkupplung.

Nach diesem kleinen Überblick soll die Aufgabe der Synchronisierkupplung noch einmal kurz herausgestellt werden:
Der Strang der Kraftübertragung ist beim Schalten zweimal unterbrochen, einmal bei der Hauptkupplung, zum zweiten bei der Stufenkupplung. Der zwischen beiden liegende Teil des Stranges ist frei drehbar und mit einer Hälfte der formschlüssigen Stufenkupplung verbunden. Diese Masse ist durch

die Synchronkupplung der Drehzahl der zweiten Hälfte der Stufenkupplung anzugleichen. Dabei ist ein Beschleunigungs- und Reibungsmoment zu überwinden, welches zusammen aber wesentlich kleiner als das Betriebsdrehmoment ist. Dieses Beschleunigungs- und Reibungsmoment hängt sehr weitgehend vom Aufbau des Getriebes ab. Es ist daher bereits bei der Konstruktion durch geschickte Wahl der Lage der Synchron- und Stufenkupplung auf

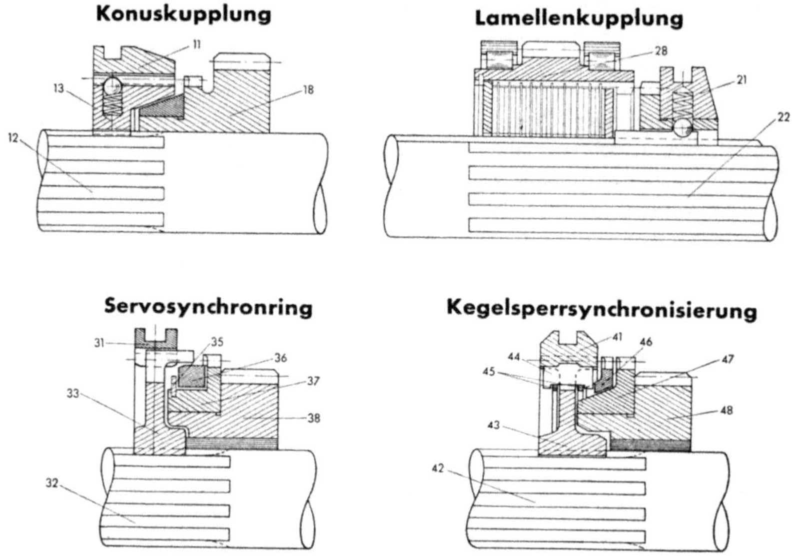

Bild 1. Synchronisierkupplungen

geringe zu synchronisierende Massen zu achten. Den größten Anteil der zu beschleunigenden Massen hat meistens die Scheibe der Hauptkupplung, ein kleines Trägheitsmoment derselben ist anzustreben. Für die Kupplungsbeläge auf der Scheibe sollte neben den Belastungsgrößen in Zukunft noch mehr das spezifische Gewicht in Betracht gezogen werden. Die Reibungsverluste werden durch leichtgängige Lager, vor allem Rollenlager, und dünnflüssige Öle klein gehalten, wobei die Grenze der Ölviskosität nach unten weniger durch die Belastung als durch die Geräuschanfälligkeit des Getriebes gegeben ist.

Die Synchronkupplung ist als Vorkupplung nur ein Anhängsel im Getriebe, sie muß mit wenig Platz und Aufwand vorliebnehmen können und dabei ihre Aufgabe einwandfrei erfüllen.

Die wichtigsten, bisher ausgeführten Typen von Synchronkupplungen sind die folgenden *(Bild 1)*: Die Konuskupplung, die Lamellenkupplung und als Neuerung jetzt der Servosynchronring. In jedem Fall ist versucht, die kraft-

schlüssige Vorkupplung und die formschlüssige Stufenkupplung konstruktiv weitgehend zu einer Einheit zusammenzufassen.
Grundsätzlich sind noch 2 Gruppen zu unterscheiden:
Synchronkupplungen, bei denen die Anpreßkraft fest eingestellt ist, und solche, die eine unbegrenzte Anpreßkraft zulassen.
Zu den ersteren zählen die über Kugelrasten betätigten Konus- oder Lamellenkupplungen. Die Schiebemuffe (11, 21), die eine Hälfte der Zahnkupplung trägt, drückt über die Kugelraste den Konus bzw. die Lamellen auf ihr Gegenstück, es wird synchronisiert, bis die Federkraft an der Raste überschritten wird; dann kommt die Zahnkupplung in Eingriff, gleichgültig wie weit der Synchronisiervorgang gediehen ist. Die Schaltkraft gleich der Anpreßkraft ist fest eingestellt; das Synchronisieren kann durch willkürlich längeres oder kürzeres Verweilen im Rastpunkt gesteuert werden. Zur selben Gruppe gehört auch der Servo-Synchronring, der aber insofern eine Sonderstellung einnimmt, als die Anpreßkraft unabhängig von der Schaltkraft ist, wie weiter unten ausgeführt wird.
Zur zweiten Gruppe einer unbegrenzten Anpreßkraft gehören die sogenannten Sperrsynchronisierungen. Bei ihnen wird das Überschalten der Synchronkupplung so lange gesperrt, bis keine oder nur mehr eine so kleine Relativbewegung zwischen den Zahnkupplungshälften ist, daß diese geräuschlos geschaltet werden können. Das heißt, bei kleinen Relativdrehzahlen, also kleinerer Synchronisierarbeit, kann mit einer kleineren Anpreßkraft oder kürzer geschaltet werden als bei großen Relativdrehzahlen. Die größte Verbreitung hat jetzt die Kegel-Sperrsynchronkupplung gefunden. Es gibt dafür verschiedene Ausführungsformen; die typischen Merkmale sind aber bei allen gleich. An dem dargestellten Beispiel soll diese interessante Konstruktion vorgeführt werden, die als Abschluß einer Entwicklung von etwa 25 Jahren gelten kann. Sie ist in dieser vollkommenen Form in einigen bekannten europäischen und amerikanischen Personenwagen eingebaut.
Die Schiebemuffe (41) ist mit der Welle (42) über den Führungskörper (43) drehfest verbunden. In diesem sind 3 Sperrstücke (44) gelagert, die durch 2 Ringfedern (45) gegen die Schiebemuffe gedrückt werden. Die Sperrstücke sichern den Synchronkonus (46) aus Bronze, der außen eine zur Schiebemuffe passende Verzahnung trägt. Dieselbe Verzahnung ist auch im Kupplungskörper (47), der mit dem Zahnrad (48) frei drehbar auf der Welle sitzt.
Die Funktion ist dem umstehenden Schema zu entnehmen *(Bild 2)*. Die Schiebemuffe setzt über die federgerasteten Sperrstücke den Synchronkonus an den Kupplungskörper, wo er bis zum Anschlag an die Sperrstücke mitgenommen wird. Diese Stellung ist so gewählt, daß die Schiebemuffe nach dem Überdrücken der Ringfedern direkt über ihre stirnseitigen Zahnschrägen auf den Synchronkonus drückt. Ihre Fortbewegung ist dadurch gesperrt. Denn diese Zahnschräge ist so ausgelegt, daß die kraftschlüssige Sperre erst nach Wegfallen der Umfangskomponente in Richtung der Relativdrehung

unwirksam wird. Die Verzahnung des Synchronkonus kann in die Lücke der Schaltverzahnung gedreht werden, damit ist der Weg der Schiebemuffe zum Einrücken der Zahnkupplung frei.

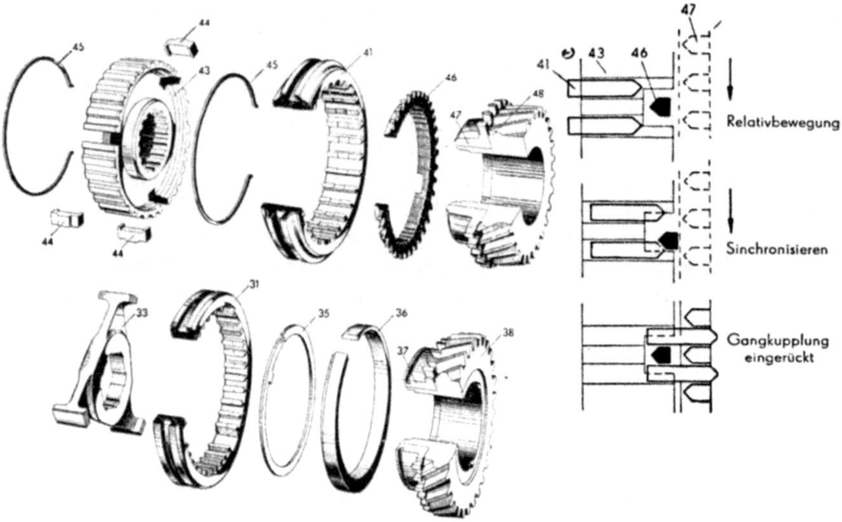

Bild 2. oben: Kegelsperrsynchronisierung — unten: Servosynchronring

Wenn dieser in Personenkraftwagen-Getrieben bewährten und oft angewendeten Synchronisierkupplung der Servosynchronring gegenübergestellt wird, so wird dies weniger durch seine gegenwärtige Verbreitung gerechtfertigt als durch seine Neuheit und Eigenart im Betrieb.
Im folgenden soll nur auf diese beiden Systeme und deren Vergleich miteinander eingegangen werden:
Der Servoring (36) sitzt lose, durch eine Nase am Verdrehen gehindert und in der Längsrichtung durch einen Sprengring (35) gesichert, am Kupplungskörper (37), dieser wieder mit dem Zahnrad (38) frei drehbar auf der Welle (32). Die Schiebemuffe (31), über den Führungskörper (33) drehfest mit der Welle (32) verbunden, drückt vor dem Eingriff der Zahnkupplung den Synchronring so weit zusammen, daß bei einer Relativbewegung das Reibungsmoment zum Synchronisieren beider Kupplungshälften ausreicht. Der Synchronring arbeitet direkt auf der Schaltverzahnung der Schiebemuffe, also am größten, verfügbaren Durchmesser. Entsprechend dem System ohne Sperrwirkung sind die Einzelteile der Servoringsynchronisierung etwas einfacher als die der Kegelsperrsynchronisierung. Dem außenverzahnten Synchronkonus aus Bronze entspricht der glatte, offene Stahlring, am Führungskörper fallen die Sperrstücke und ihre Taschen weg.

Hier sei noch eine grundsätzliche Bemerkung über die Sperrsynchronisierungen eingefügt: Mit der Narrensicherheit der Funktion wird dem Fahrer bis zu einem gewissen Grad aber die Willkür des Einschaltzeitpunktes genommen, es kann ja erst nach vollständiger Synchronisierung geschaltet werden.
Das ist aber in manchen Situationen unerwünscht, z. B. lehnen Rennfahrer eine Sperre durchweg ab, ebenso ist sie für eine sportliche Fahrweise wenig geeignet. Aber auch beim Betrieb schwerer Wagen — Lastwagen und Omni-

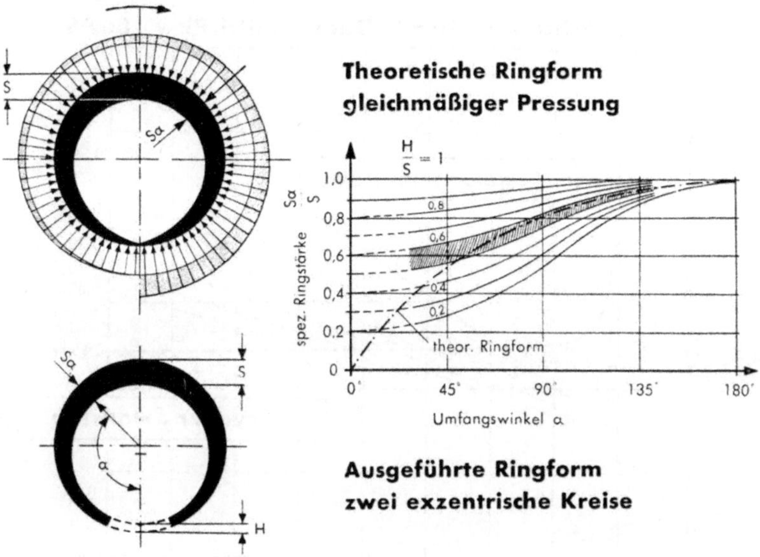

Bild 3. Der Servosynchronring

busse — müßte manchmal das Einlegen des Ganges ohne Rücksicht auf Geräusch und erhöhte Abnützung zuverlässig und rasch möglich sein, und zwar bei Talfahrten und Notbremsungen. Zahlreiche Unfälle könnten so vermieden werden. Wenn es je gelingt, bei einem ungesperrten System die Synchronisierzeit unter die nötige Schaltzeit zu senken, wird die Sperrung augenscheinlich hinfällig.
Das größte Problem bei der Entwicklung des Servosynchronringes war die Abnützung der Reibfläche des Ringes und der Schaltverzahnung. Die ersten Ringe mit gleichmäßiger Stärke hatten eine außerordentliche Synchronisierwirkung. Dieser Ring liegt nur in drei Punkten in der Bohrung an und ist dann nahezu ein Klemmgesperre, wie in einem Aufsatz der ATZ im August 1953 nachgewiesen wurde. Dementsprechend ist aber die Abnützung an den Enden erheblich. Deshalb wurde zum Ring gleichmäßiger Pressung übergegangen, er liegt in der Bohrung am ganzen Umfang mit gleicher Pressung an *(Bild 3)*.

Seine theoretische Form ist aber aus konstruktiven Gründen nicht ganz zu verwirklichen. Die leicht herstellbare Ringform aus 2 exzentrischen Kreisen weicht von der theoretischen nur an den Enden ab, wie aus dem Diagramm auf *Bild 3* zu entnehmen ist. Eine gleichmäßige Pressung im Betrieb ist auch wegen der Servo-Wirkung des Ringes nicht zu erreichen, die die Pressung am abgestützten Ende erhöht, und zwar auf das $e^{2\pi\mu}$ fache; wobei der Reibbeiwert $\mu = 0{,}07$ bis 0,09 einzusetzen ist. Das ergibt eine Zunahme der

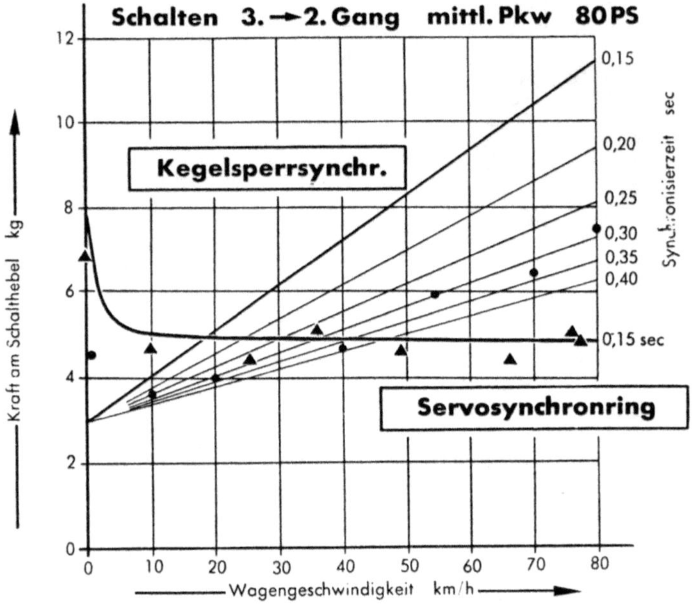

Bild 4. **Vergleich der Schaltkräfte im Fahrbetrieb**

Pressung am abgestützten Ringende um das 1,5- bis 1,8fache. Das Synchronmoment des Ringes wird durch Servowirkung um 25 bis 33% vergrößert.

Für die Bewertung eines Synchronsystems ist es wichtig, wie groß die Schaltkraft für ein bestimmtes Synchronmoment ist *(Bild 4)*.

Bei der Kegelsynchronisierung besteht ein linearer Zusammenhang zwischen beiden, abhängig von dem Durchmesser der Kupplung, dem Reibungskoeffizienten und dem Konuswinkel; letzterer darf den Betrag der Selbsthemmung nicht erreichen. Anders beim Servosynchronring, wo das volle Synchronmoment ohne Aufwendung einer Schaltkraft wirkt, wenn die Schaltbewegung beim Synchronisieren unterbrochen wird. Aber auch beim zügigen Durchschalten ist die Schaltkraft sowie das Synchronmoment außer von der Ringzuspannung von der Schaltgeschwindigkeit und der relativen

Umfangsgeschwindigkeit Ringmuffe abhängig, da sich der Reibungswiderstand in die beiden Richtungen diesen Geschwindigkeiten verhältig aufteilt.

In dem schon erwähnten Aufsatz in der ATZ wurden diese Verhältnisse dimensionslos dargestellt, hier ist ein spezielles Beispiel rechnerisch behandelt; da in demselben Getriebe beide Synchronsysteme eingebaut waren, konnten Messungen die Ergebnisse bestätigen. Ordinate ist die Kraft am Schalthebel, Abszisse die Wagengeschwindigkeit, bei der vom 3. in den 2. Gang eines vierstufigen Personenwagen-Getriebes geschaltet wurde. Es sind Punkte gleicher Synchronisierzeit verbunden.

Sehr deutlich gehen daraus die besonderen Eigenschaften beider Systeme hervor. Die Kegelsynchronisierung weist im Bereich geringer Beanspruchung, also bei niedriger Fahrgeschwindigkeit, kleinere Schaltkräfte auf, bei großer Synchronisierarbeit sind die Verhältnisse umgekehrt. Es erhellt daraus eine prinzipielle Überlegenheit des Servosynchronringes auf diesem Gebiet. Im Fahrzeugbau sind das die Sport- und Rennwagen-, insbesondere aber die Lastwagengetriebe, wobei im Sportwagen die hohen Relativdrehzahlen, beim Lastwagen die schweren zu synchronisierenden Massen die große Belastung verursachen.

Einige Zahlen sollen die Forderungen an Synchronkupplungen im Personen- und Lastwagenbau illustrieren: Die zu synchronisierenden Massen, bezogen auf die Synchronkupplung, betragen bei einem Pkw 4-Gang-Getriebe im 3. Gang etwa $0{,}4 \cdot 10^{-3}$, im 1. Gang dagegen $3 \cdot 10^{-3}$ mkg/sec^2. Für ein Lkw 5-Gang-Getriebe kann beim 4. Gang mit $9 \cdot 10^{-3}$ und beim 2. Gang mit $60 \cdot 10^{-3}$ mkg/sec^2 gerechnet werden, das ist ungefähr das 20fache. Die von der Synchronkupplung zu leistende Arbeit beträgt beim Pkw bis zu 14 mkg, im Lkw des 10fache, also 140 mkg. Die Synchronisiermomente der Kupplungen bewegen sich beim Pkw von 0,3 bis 0,8 kgm, beim Lkw werden bis zu 3,5 kgm notwendig. Damit ereicht man beim Pkw Synchronisierzeiten von 0,1 bis 0,3 sec, beim Lkw 0,3 bis 0,8 sec. Diese Mittelwerte einiger ausgeführter Konstruktionen können immerhin einen Anhalt über die vorkommenden Größenordnungen geben.

Während im Personenwagenbau mit der Kegelsperrsynchronisierung eine befriedigende Lösung gefunden wurde, konnte sie sich im mittleren bis schweren Lastwagen bisher weniger durchsetzen. Gegenwärtig laufen in 4 verschiedenen Lastwagentypen Servosynchronringe im Fahrversuch und auf dem Prüfstand mit überraschend guten Ergebnissen.

Schließlich sei ein kurzer Überblick über den Stand des Serienbaues von Ringsynchronisierungen gegeben. Bisher wurden für einen deutschen Sportwagen 2500 vollsynchronisierte Getriebe gebaut. Dem ging selbstverständlich eine intensive Entwicklung und scharfe Erprobung voraus, wobei die Entwicklung zweckmäßig am Prüfstand, die Erprobung im Fahrbetrieb durchgeführt wurde. Dieser gibt auch Aufschluß über die vorkommende Belastung, nämlich die Zahl der Schaltungen und die Fahrgeschwindigkeit beim Schalten, so daß von den Prüfstandversuchen auf die voraussichtliche Lebensdauer im Fahrzeug geschlossen werden kann.

Am Prüfstand *(Bild 5)* wurde die Schaltzeit bei einer Drehzahl entsprechend 20 km/h im 1. Gang und 60 km/h im 2. Gang für einwandfreies Synchroni-

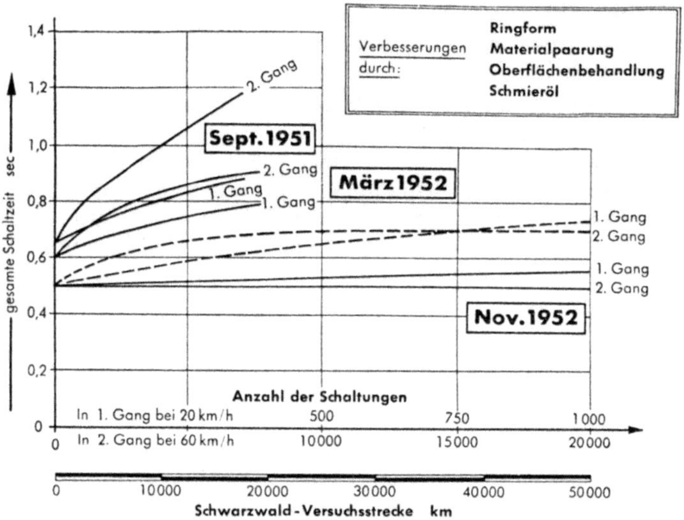

Bild 5. **Dauerprobung am Prüfstand. Servosynchron-Getriebe Typ 519**

sieren gemessen. Die dabei erreichten Schaltzahlen von 1000 im 1. Gang und 20 000 im 2. Gang entsprechen den 50 000 Fahrkilometern auf der später beschriebenen Versuchsstrecke.

Die einzelnen Entwicklungsstufen wurden mit demselben Getriebe gefahren. Der Fortschritt ist lediglich durch sorgfältige Kleinarbeit, Ausfeilen der Formen, passende Materialwahl und -behandlung erreicht worden.

Gegenwärtig sind für die beiden Hälften der Synchronkupplung, nämlich den Synchronring 20 MnCr 5 (alte Bezeichnung EC 100) und die Schaltmuffe 16 MnCr 5 (EC 80) verwendet. Das ist in beiden Fällen ein nickelfreier Einsatzstahl mit einer Oberflächenhärte von 62 HRc. Die Schaltmuffe wird phosphatiert, und zwar 5 Minuten in einem Gleitbonderbad von 98° C. Als Schmieröl wird für die Erstfüllung des Getriebes ein Hypoidöl SAE 80, im weiteren Betrieb normales Getriebeöl SAE 80 verwendet.

Es ist durchaus nicht ausgeschlossen, daß im Verlauf der weiteren Entwicklung eine noch günstigere Materialpaarung oder Oberflächenbehandlung gefunden wird.

Der Fahrversuch *(Bild 6)* wurde auf einer Rundstrecke von 394 km Länge durchgeführt, zum größten Teil kurvenreiche Schwarzwaldstraßen mit einem Höhenunterschied von insgesamt 4760 m, nur 18% der Strecke waren Autobahnen.

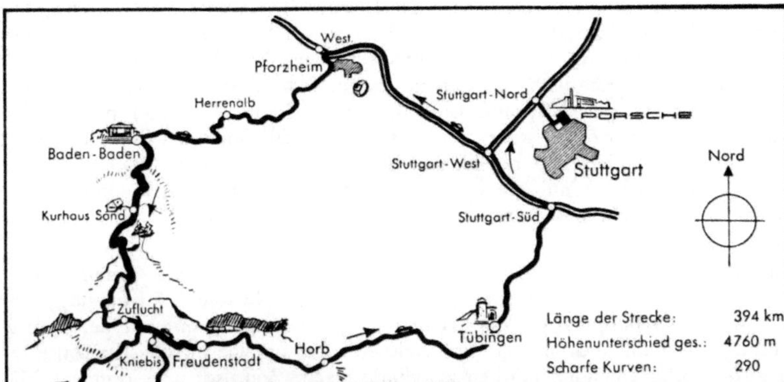

Versuchsdauer: 27. 4. 53 bis 6. 8. 53
Gefahrene Strecke: 58 447 km **Durchschnittliche Geschwindigkeit: 74,6 km/h**

Schaltungen	Zahl der Schaltungen	Schaltungen pro 100 km	Fahrgeschwindigkeiten beim Schalten km/h	
			durchschnittl.	maximal
Vom II. in den I.	1 172	2	12,5	18
Vom I. in den II.	3 307	5,7	35	43
Vom III. in den II.	20 451	35	51	80
Vom II. in den III.	22 570	38,6	68	80
Vom IV. in den III.	14 312	24,5	85	122
Vom III. in den IV.	14 759	25,3	94	110

Bild 6. **Dauererprobung im Fahrbetrieb Servosynchronringgetriebe Typ 519**

Bei jedem Wetter wurden an 75 Fahrtagen 58 000 km mit einem Gesamtdurchschnitt von 75 km/h zurückgelegt. Bei dieser sportlich forcierten Fahrweise wurde z. B. alle 2,5 km bei durchschnittlich 50 km/h in den 2. Gang, alle 1,5 km im Mittel bei 75 km/h in den 3. Gang geschaltet.
Dabei ist zu bedenken, daß die Synchronisierarbeit mit dem Quadrat der Fahrgeschwindigkeit wächst. Nach Abschluß des Versuches war ein Nachlassen der Synchronisierwirkung nicht festzustellen. Diese Zahlen beweisen somit übereinstimmend mit den Prüfstandversuchen eine ausreichende Dauerhaltbarkeit des Servosynchronringes.
Zusammenfassend kann gesagt werden, daß zur Schalterleichterung in Zahnradstufengetrieben außerordentlich leistungsfähige Vorkupplungen entwickelt wurden. Bisher haben sich Konuskupplungen, die zum größten Teil mit einer Sperrvorrichtung versehen sind, bestens bewährt. In neuerer Zeit wurde ihnen der Servosynchronring an die Seite gestellt, der für manche Anwendungsgebiete Vorteile bringen dürfte.

Aussprache

Prof. *vom Ende*, Lenggries: Ich halte die Einteilung, die Herr Prof. *Martyrer* gegeben hat, für sehr dankenswert. Es ist die höchste Zeit, daß etwas Derartiges unternommen wurde. Ansätze dazu wurden schon vor 20 Jahren gemacht. Im Grunde genommen ist die Lösung nicht so furchtbar schwer. Wir haben einmal den Kupplungsvorgang, der mechanisch, elektrisch, magnetisch oder hydrodynamisch erzeugt werden kann, dann den Kupplungsschluß, der mechanisch, elektro-magnetisch oder hydrostatisch erzeugt werden kann, und als drittes schließlich den Steuerungsvorgang, der auch in dieser Weise zu regeln ist. In dieses Schema kann man alles hineinbringen. Das wären aber nur die beweglichen Kupplungen. Dazu kommen aber noch die schaltbaren Kupplungen mit Drehmomentbegrenzung und die elastischen Kupplungen.

Ich möchte noch einen anderen Punkt aufgreifen, das ist die Reibung bei den Lamellenkupplungen. Ich möchte da aber vor einer falschen Auffassung warnen. Wenn man die Reibungszahlen der Ruhe und der Bewegung miteinander vergleichen will, dann muß man auch immer den gleichen oder annähernd gleichen Zustand der beiden aufeinanderreibenden Flächen zugrunde legen. Praktisch ungeschmierte Flächen, also vollkommen trockene Flächen, gibt es aber eigentlich nicht, denn jede Fläche, die an die Luft kommt, überzieht sich mit einer Oxyd- oder einer Schmutzschicht oder dgl., die irgendwie schmierend wirkt.

Wir haben also den Zustand, daß praktisch immer irgendwie geschmierte Flächen vorliegen, und daß sich die Reibung der Ruhe zumindest immer in dem Gebiet der Grenzschmierung bewegt. Nehmen wir nun, wie es bei der Lamellenkupplung der Fall ist, zwei annähernd gleiche Werkstoffe — in diesem Falle Stahl —, so wird der Schmierfilm durchbrochen, und es tritt ein Verschweißen ein. Das bedeutet aber, daß man solche planparallelen Flächen möglichst nicht aufeinandergleiten lassen soll, denn sie lassen sich schlecht schmieren, und wenn sie aufeinander gleiten, dann rutscht das Schmiermittel weg. Nach der bekannten Theorie brauchen wir ja bei geschmierten Flächen immer den Schmierkeil. Es ist deshalb auch ganz natürlich, daß sich gewölbte Lamellen besser verhalten. Lamellen mit den Ringnuten sind auch nicht richtig. Sie können vielleicht eine kleine Verbesserung bewirken, aber rein theoretisch gesehen sind sie nicht in Ordnung, sondern nur die mit gewölbten Flächen.

Dipl.-Ing. *Dück*, Burscheid: Herr *Maier* hat in seinem Referat eine Beziehung angeführt, in welcher der Verschleiß in Abhängigkeit von der Zahl der Schaltungen zum Ausdruck kam. Wir wissen, daß gerade bei Stahl/Stahl-Paarung sehr ungünstige Verschleiß- und Gleitbedingungen angegeben sind. Es interessiert in diesem Zusammenhang zu erfahren, welche Leistung übertragen wurde, da dieses Bild sonst zu falschen Überlegungen führen könnte.

Obering. *Maier*, Friedrichshafen: Alle Angaben, die Stahllamellenkupplungen betreffen, sind nicht als grundsätzlich anzusehen, sondern — wie ich zum Ausdruck gebracht habe — als Meßwerte, die unter bestimmten Voraussetzungen, mit bestimmten Zahlen, mit bestimmten Massenverhälnissen erzielt wurden. Es ist ganz klar, daß über Abnützung überhaupt kein Wert genannt werden kann, der z. B. für eine Stahlpaarung gilt. Sie kann größer sein, sie kann kleiner sein, die Einflüsse sind derart verschieden, daß ich mir wirklich überlegt habe, ob ich dieses Bild überhaupt zeigen sollte, weil es vielleicht dazu führen könnte, der Bewertung einer Kupplungsbauform zugrunde gelegt zu werden. Aber um überhaupt eine irgendwie geartete Größenordnung zu nennen, habe ich schließlich dieses Bild doch gebracht. Gerade die Ermittlung der Abnützung, die Erforschung der Reibwerte, des Verhaltens von Oberflächen ist ein Gebiet, in dem ungeheuer viel erkannt worden ist, und jeder, der mit diesen Dingen zu tun hat, weiß, daß da noch unglaublich viel zu forschen ist, so daß man also unter keinen Umständen abschließend darüber etwas sagen kann. Tatsächlich aber hat sich für spezielle Fälle — ich habe die Werkzeugmaschinenkupplung gewählt — in der praktischen Anwendung schon ein Bereich erkennen lassen, in dem man ein gewisses Kupplungsverfahren ungefähr übersehen kann. Es war also nicht der Zweck meiner Ausführungen, etwa Fixwerte zu geben wie: bei 10 000 Lastschaltungen so viel Abnützung; das kann zur Zeit niemand angeben, und man wird es wahrscheinlich in einer einzigen Zahl überhaupt niemals ausdrücken können.

Prof. *Martyrer,* Hannover: Quantitativ — das ist selbstverständlich — kann man das nicht sagen, aber die Kurve hat einen qualitativen Charakter, und der ist sehr wesentlich. Die Abnutzungskurve nähert sich asymptotisch einem Grenzwert. Und nun ergibt sich eine wesentliche Frage: Steigt die Abnutzung über 20 000 bzw. über 40 000 — die Zahlen sind hierbei gleichgültig — weiter, oder wird sie zu Null, d. h. ist dann noch eine Lebensdauergrenze gegeben, oder wird nachher die Lebensdauer überhaupt nicht mehr beeinflußt? Insofern ist also der Charakter der Kurve natürlich von entscheidender Bedeutung, und wenn der nicht doch eine gewisse Wahrscheinlichkeit hat, dann ist natürlich das ganze Bild gefährdet.

Obering. *Maier:* Der Sinn dieser Kurve war zu zeigen, daß sich die neu zusammengebauten Lamellen zunächst mehr abnützen, die Kurve also ansteigt, und daß nach mehreren tausend Schaltungen sich eine Verminderung im Abnützungsgrad zeigt. Es bauen sich gewisse Spitzen der Oberflächenbearbeitung ab, und sie charakterisieren dann das unterschiedliche Verhalten einer neuen Kupplung zu einer gebrauchten Kupplung. Nur so sollte es verstanden werden.

Prof. *Martyrer:* Damit bestände aber doch die Hoffnung, daß in Zukunft die Abnützung durch Verfeinerung der Bearbeitungsmethoden und Steigerung der Oberflächengüte zu verringern ist.

Obering. *Maier:* Wir sind heute in bezug auf die Oberflächengüte bei Werten angekommen, die eine wesentliche Steigerung kaum noch erwarten lassen.

Neumann, Oberhausen: Im Zusammenhang mit dem Vortrag von Herrn Obering. *Maier* und mit Rücksicht auf die daran angeschlossene Diskussion dürfte es nützlich und sinnvoll sein, kurz die Ergebnisse zu schildern, die in der Zwischenzeit auf dem Gebiet der gesinterten Werkstoffe erreicht wurden. Der Weg, die Reibwerkstoffe nicht auf Fertigform zu sintern, sondern zunächst ein Halbzeug herzustellen, hat sich grundsätzlich als vorteilhaft erwiesen. Das Halbzeug kann zudem mit einer sehr viel dünneren Belegschicht hergestellt werden. Es ist nämlich für die Beständigkeit und die Abriebfestigkeit von Vorteil, wenn die sehr heterogenen Reibwerkstoffe nur in so dünner Schicht auflackiert werden, wie diese mindestens für die Bearbeitung und beim Planschliff benötigt werden. Der Werkstoffverschleiß kann, wenn auf beste Oberflächengüte der Gegenlamelle geachtet wird, so gering gehalten werden, daß er unmeßbar bleibt, daher ist also die dünne Lackierung im Vorteil, weil sie mehr Baulänge für den Trägerkörper beläßt. Die höhere Beanspruchbarkeit des karbidhaltigen Sinterreibwerkstoffes läßt auch Übertragungen größerer Drehmomente zu, wodurch zwangsläufig höhere Scherkräfte in den Angriffspunkten der Kraft, hier also in der Verzahnung der Lamelle, zur Wirkung kommen. Der Versuch, Bleche höherer Festigkeit als Trägerelemente zu wählen, führte allerdings, was die Planizität betrifft, zu Schwierigkeiten, da sich diese festeren Bleche bisher dem Versuch, sie zu richten, widersetzten. Die jüngsten Vorschläge beschäftigen sich daher wieder mit Grundwerkstoffen aus weichem Stahl, der nur an den Stellen der Beanspruchungsspitzen einsatzgehärtet werden soll. Vielfach wird auch bemerkt, daß der Reibwert solcher Sinterschichten gegenüber denjenigen aus anderen Reibwerkstoffen, beispielsweise auf der Basis Asbest, Kunststoff, Metalldraht, zu gering sei. Für trockene Reibung werden nämlich nur Reibwerte von etwa 0,25 bis im Höchstfalle 0,3 erreicht. Amerikanische Sinterschichten sollen Werte von 0,4 und mehr erreichen. Hierbei ist jedoch eines zu berücksichtigen, daß in den deutschen Erzeugnissen ein Zusatz von Reibwert erhöhender, aber auch den Verschleiß steigernder Kieselsäure bewußt vermieden wurde. Es hat sich bei der Fertigung von Reibwerkstoffen erfahrungsgemäß als günstig herausgestellt, wenn der Lamellenring aus der gesinterten Platine ausgearbeitet und nicht unmittelbar belegt wird. Zwar wird dann der Abfall in diesem Fall etwas größer, aber dieser Abfall wird durch die höhere Preiswürdigkeit des Endproduktes wettgemacht. Die besonders günstigen Eigenschaften der nach diesem Verfahren hergestellten Reibwerkstoffe haben inzwischen dazu geführt, daß eine große Zahl von Anwendungsgebieten und Anwendungsmöglichkeiten erschlossen werden konnte.

Dipl.-Ing. *Kotthaus*, Düsseldorf: Das Oszillogramm des Kupplungsvorganges zeigte nach der Spitze ein Abklingen und in der Fortsetzung weitere kleine Spitzen in regelmäßiger Folge. Handelt es sich dabei noch um ein weiteres Abklingen oder um irgendwelche äußeren Einflüsse, die diese Spitzen verursachen? Wenn es sich nicht um ein Abklingen handelt, sondern um irgendwelche sonstigen Einflüsse, könnten sich darin noch Unregelmäßigkeiten der Oberfläche der Kupplungslamellen auswirken. Das Einlaufverhalten dürfte überhaupt im wesentlichen eine Funktion des Oberflächenzustandes sein. Die Meßmethodik von heute bietet aber die Möglichkeit, den Oberflächenzustand zu definieren. Es wäre also möglich, den erwünschten Schlußzustand schon von vornherein durch die Wahl der geeigneten Bearbeitungsverfahren herbeizuführen, vielleicht aber auch überhaupt ein Verhältnis in den Oberflächenrauhigkeiten der beiden Gegenflächen herbeizuführen, das evtl. sogar besondere Vorteile hinsichtlich des Einlaufs und des späteren Kupplungsvorganges bieten könnte.

Obering. *Maier:* Ich hatte in meinem Vortrag zum Ausdruck gebracht, daß über diese speziellen Vorgänge noch keine ausreichenden Untersuchungsergebnisse vorliegen. Welcher Art diese Auslösungen sind, und welche Ursachen dafür verantwortlich gemacht werden können, ist noch nicht bekannt. Eines ist jedenfalls sicher: aus allen Versuchen wissen wir, daß wir zuwenig wissen.

Dr. *Falderbaum*, Olpe/Westf.: Bezüglich des Verschleißes an Kupplungen können im Hinblick auf die Magnetpulverkupplung folgende Angaben gemacht werden: in Dauerversuchen ist die Standzeit des Pulvers in der Kupplung ermittelt worden, wobei ein Arbeitsumsatz pro Schaltung von 2,22 kW/sec oder 0,53 kcal pro Dreh-

momenteinheit 1 mkg zugrunde gelegt wurde. Das ist ein spezifischer Wert — es handelte sich in diesem Fall um eine 15 mkg Kupplung —, also bezogen auf 1 mkg wurden 0,53 kcal bei einem Schaltvorgang umgesetzt. Bei dieser Belastung wurde eine Lebensdauer bis zu 100 000 Schweranläufen festgestellt. Das zum Thema: Kann man irgendwelche objektiven Maße anlegen, die die Lebensdauer eines Reibungsbelages oder — in unserem Falle — des Pulvers ausmachen?
Dann zu der Frage des Verschleißes und einer Formel hierfür: Nach unseren Messungen haben wir pro Schaltung eine Temperatur von 200 °C und eine Geschwindigkeit von 17,5 m/sec gehabt.

Prof. *Kollmann,* Karlsruhe: Zu der Frage, die Herr Prof. *vom Ende* angeschnitten hat, möchte ich bemerken, daß ich nicht glaube, daß die Ölfilmbildung durch gewölbte Lamellen bei der gespannten Kupplung wesentlich gefördert wird. Dagegen scheint mir folgendes Problem außerordentlich wichtig zu sein, über das noch nicht gesprochen wurde: Wenn man eine ungespannte Kupplung betrachtet und in diese ungespannte Kupplung eine Sinuslamelle einlegt, dann bildet sich selbstverständlich in den Taschen auf alle Fälle ein Ölfilm, der das Leerlaufreibmoment der Kupplung auf einen Bruchteil herabsetzt gegenüber Planlamellen, bei denen folgendes eintritt: Wenn hier eine Außenlamelle und zwei Innenlamellen vorhanden sind, dann legen sich plane Lamellen im Augenblick der entspannten Kupplung immer nach einer oder der anderen Seite an die Nachbarlamelle an, sobald Öl dazwischen ist. Es tritt also eine Saugwirkung ein. In dem Augenblick, wo sich diese Lamelle an die andere Seite wieder ansaugt — und es tritt sofort ein, nachdem die Kupplung getrennt ist, also wenn die Kupplung entspannt ist und die beiden Teile, Primärteil und Sekundärteil, ins Rutschen kommen —, legt sich unweigerlich die eine Lamelle an die andere an, saugt sich an, und dann steigt das Reibungsmoment im Leerlauf außerordentlich stark, d. h. auf ein Vielfaches an. Um ein Beispiel, das sich natürlich auf einen Versuch bezieht, zu nennen: der Wert steigt von 8 cmkg auf etwa 80 bis 100 cmkg. Und wenn man nun statt dieser planen Lamellen — wie es die Amerikaner z. B. im *Hydromatic*-Getriebe machen und es in vielen anderen Getrieben gemacht wird — besonders abgeschirmte Lamellen einsetzt, dann erreicht man genau das gleiche wie mit der Sinuslamelle: man verhindert das Ansaugen nach der einen Lamellenseite und erreicht sehr niedrige Drehmomentenwerte der entspannten Kupplung. Darum glaube ich, daß die Sinuslamelle ebenso wie die geschirmte Lamelle in erster Linie von Wichtigkeit ist für den Leerlaufzustand der Kupplung. Wenn man dagegen den gespannten Zustand in beiden Fällen betrachtet, dann legt sich ja auch die Sinuslamelle genau wie die geschirmte Lamelle absolut plan, im geschalteten Zustand entstehen also dieselben Verhältnisse wie bei ebenen Planlamellen, die weder geschirmt noch sinusartig geformt sind. Ich wollte darauf hinweisen und glaube, daß es also tatsächlich einer ganz ausführlichen und intensiven Untersuchung noch bedarf, um dahinterzukommen, wie sich der Ölzustand bei verschiedenen Oberflächenformen auswirkt. Ich glaube, daß es Wege geben wird, um hier zu vernünftigen Lösungen zu kommen, z. B. durch eingearbeitete Ölkeile. Welche Form dabei aber die beste sein wird, wird abzuwarten sein.

Dipl.-Ing. *Wunsch,* Düsseldorf: Wir haben nun eine ganze Reihe neuer Kupplungen kennengelernt, und damit dürfte die Frage nach der Normung von Kupplungen berechtigt sein. Im Jahre 1936 erschien ein Normblatt über Kupplungen, das sich bezeichnenderweise „Aufgesetzte Kupplungshälften“ nennt. Man erkennt daraus schon, daß diese Bezeichnung längst überholt ist, und es dürfte an der Zeit sein, dieses Normblatt zu überholen. Es ist weiterhin festzustellen, daß eine Reihe von Wellenenden genormt ist, und zwar sind es sowohl zylindrische wie auch kegelige. Bei den zylindrischen handelt es sich um kurze und lange Wellenenden, bei den konischen einmal um die Kegel 1 : 5, 1 : 10 und 1 : 6, also erhebliche Unterschiede. Die Festlegung einer Toleranz für diese Kegel besteht nicht. Zur Zeit laufen Normungsarbeiten, einmal vom Verein Deutscher Maschinenbau-Anstalten und zu gleicher Zeit auch vom Verein Deutscher Eisenhüttenleute für Kupplungen an Kranen. Es ist damit zu rechnen, daß diese Arbeiten im Laufe des nächsten Jahres abgeschlossen werden.

Dr. *Schunk*, Unna/Westf.: Ich möchte mich zu drei Punkten äußern:
Zunächst die Lamellenform, also die Gestaltung der Lamelle, die äußere Form. Dazu ist folgender kurze Hinweis zu geben: Die sinusförmige Lamelle hat bei niedrigen Drehzahlen den einen Nachteil, daß sich zwischen den beiden Reibflächen ein Ölkeil bildet, der ein Zufassen der Lamelle in sehr starkem Maße verhindert. Diese Feststellung bezieht sich natürlich nicht auf Relativzahlen. Bei niedrigen Drehzahlen kann also die sinusförmige Lamelle nachteilig sein. Die Frage, welche Lamellenausbildung man überhaupt für Lamellenkupplungen wählen soll, kann m. E. heute noch nicht eindeutig beantwortet werden. Es ist hier eine ganze Reihe von Punkten zu beachten, so beispielsweise der Verschleiß, der bereits in verschiedenen Diskussionsbeiträgen behandelt wurde. Grundsätzlich ist es so — wie auch aus dem von Herrn Dir. *Maier* gezeigten Diagramm zu ersehen war —, daß der Verschleiß bei Lamellenkupplungen, die sehr gut geschmiert sind, außerordentlich gering ist, und damit dürfte das Diagramm von Herrn Dir. *Maier* den Zustand durchaus richtig darstellen, d. h. also der Verschleiß dürfte praktisch degressiv verlaufen und nachher ungefähr einem Nullwert zustreben. Eines gilt es bei der Lamellenkupplung zu vermeiden, das ist das Fressen. Wenn dieses Fressen grundsätzlich vermieden werden kann, alo wenn immer ein Ölfilm zwischen den Lamellen besteht, dann wird der Verschleiß derartig gering sein, daß man ihn auf Jahre hinaus kaum messen kann. Zu den Schwingungserscheinungen ist noch zu sagen: Sie sind auch aus anderen Gebieten der Technik bekannt, und zwar treten sie immer dann auf, wenn sehr kleine Relativbewegungen vorliegen. Die Amerikaner haben für diese Erscheinungen den Ausdruck *slip-stick*-Effekt (schlüpfen — stocken) geprägt. Es handelt sich hier um echte Schwingungserscheinungen. Wenn sie auftreten, dann muß also immer das vorhanden sein, was bei jeder Schwingung da ist, eine Elastizität, eine Masse und eine Dämpfung. Alle drei Momente dürften in der Reibungskupplung vorhanden sein. Die Massen sind da, ebenfalls die Elastizität. Der Vorgang stellt sich also etwa so dar, daß zunächst einmal die Kupplung sehr stark faßt, dann kommt sie praktisch zur Ruhe, dann kommt schließlich eine Überbeanspruchung zustande, die die Kupplung wieder zum Rutschen bringt. Dadurch, daß jetzt der Reibwert kleiner wird, als er beim Fassen gewesen ist, rutscht die Kupplung stärker. Sie kommt dann wieder zum Fassen, und so wiederholt sich in dieser Form der Vorgang ständig, bis er abgeklungen ist.

Dr.-Ing. *Schulze*, Gießen: In der Landwirtschaft werden zum Antrieb von Dreschmaschinen und Fördergebläsen Schleifring- und Stromverdrängungsmotoren verwendet. Diese Motoren müssen überdimensioniert ausgelegt sein, um ein genügend

hohes Anzugsmoment aufbringen zu können. Anlaßhilfen in Form von Widerständen oder Stern-Dreieck-Schaltern sind notwendig, um den Anlaufstrom unter der Grenze des zweifachen Nennstromes zu halten. Die Verwendung des Käfiganker-Motors (echter Kurzschlußläufer), der wegen seines hohen Anzugsmoments am geeignetsten wäre, verbietet sich, weil der Anlaßstrom viel zu hoch ist (ein Mehrfaches des Nennstromes). Damit ist die Gefahr verbunden, daß besonders in schwachen ländlichen Stromversorgungsnetzen ein unzulässig hoher Spannungsabfall auftritt. Die Überdimensionierung der genannten Motoren hat jedoch zur Folge, daß die Belastung während des Betriebes nur etwa $^3/_5$ der Nennlast beträgt.
Mit der immer mehr zunehmenden Verwendung von elektrischen Antrieben dieser Art — insbesondere von Häckselmaschinen und Häckseldreschmaschinen mit pneumatischer Förderung und auch Fördergebläse — in landwirtschaftlichen Betrieben ist die zu geringe Ausnutzung der Motoren wegen des damit verbundenen schlechten *cos* φ eine sehr akute Frage der Elektrizitätswirtschaft. Es geht deshalb das Bestreben dahin, den Käfiganker-Motor auch für größere Antriebsleistungen zu verwenden, und zwar unter Verwendung von Anlaßhilfen in Form von Kupplungen, die nach dem Hochlauf des Motors sich selbsttätig einschalten oder von Hand eingeschaltet werden. Zu diesem Zweck sind eine Anzahl von Kupplungen entwickelt worden, die entweder elektromagnetisch oder mechanisch eine allmähliche Übertragung des Dreh-

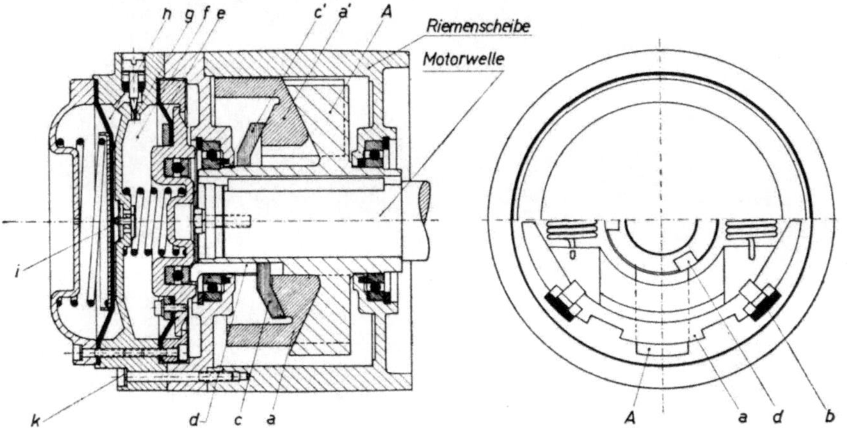

Bild 1: **Schnittbild der MERZ-Fliehkraftkupplung (Reibungskupplung mit hydraulich gesteuerter Eingriffsverzögerung)**

momentes auf die Arbeitsmaschine bewerkstelligen. Kupplungen, die elektromagnetisch gesteuert werden, bedingen eine zusätzliche elektrische Ausrüstung des Motors. Kupplungen, die mechanisch gesteuert werden, lassen sich ohne weiteres auch von ungelernten Kräften auf einen Elektromotor montieren.
Es soll in diesem Zusammenhang auf eine neue auf dem Markt erschienene Kupplung hingewiesen werden, bei der der Eingriff hydraulisch gesteuert wird. Die Kupplung wurde von den MERZ-Werken in Frankfurt/M.-Rödelheim entwickelt. Ihre Funktion ist folgende: (s. *Bild 1*).

Ein mit der Motorwelle drehhaltig verbundener Doppelarm *A* nimmt zwei Fliehgewichte *a* und *a'* (*a* ist in Ruhestellung und *a'* in Kraftschlußstellung gezeichnet) mit, die nicht nur eine den Fliehkräften entsprechende Radialbewegung ausführen, sondern auch durch die schrägen Kanten der Arme axial verschoben werden. Diese Axialbewegung wird durch die Konusscheibe *c* über drei Gleitfedern *d* auf die Membran *e* der ersten Ölkammer *f* übertragen. Der einstellbare Öldruck verzögert somit die Beschleunigung der Fliehgewichte, verlängert also die Zeit bis zum Reibungsschluß der Kupplung. Durch die Membran *e* wird nämlich das Öl aus der ersten Kammer *f* durch den Überstromkanal *g* gedrückt, dessen Querschnitt durch eine Stellschraube veränderbar ist. Das Öl sammelt sich in der zweiten Kammer *h*, deren Raum ebenfalls durch eine Membran gesteuert wird. Wird der Motor abgeschaltet und lösen sich die Kupplungsbacken infolgedessen vom Gehäuse, dann werden die Membranen der Ölkammern durch Federdruck zurückgestellt, wobei das Öl aus der zweiten Kammer über das Rückströmventil *i* rasch in die erste Kammer zurückfließt. Verschleißteile sind lediglich die Reibungsbeläge *b*, welche sehr leicht auswechselbar sind. Es braucht nur die Ölkammer durch Lösen der Schrauben *k* abgezogen zu werden. Die Fliehgewichte sind somit zugänglich. Der Riemen kann auf der Scheibe belassen werden.

Die Kupplungen sind für jeden Schwerlastanlauf verwendbar, bis jetzt werden sie bis zu einer Nennleistung von 250 PS bzw. Maximalleistung 500 PS gebaut.

In der SCHRIFTENREIHE ANTRIEBSTECHNIK sind weiterhin erschienen:

Heft 1: **Fachtagung Zahnradforschung 1950** (Vergriffen)
Vorträge und Diskussionen
Herausgegeben von Prof. Dr.-Ing. G. Niemann und Dr. H. Glaubitz

Heft 2: **Kegelräder**
Tafeln für die Berechnung der Abmessungen von Geradzahn-Kegelrädern ohne Profilverschiebung
von Dr. H. K. Hellmich

Heft 3: **Praktische Berechnung der Stirnrad-Verzahnung**
von Dr. H. M. Hiersig

Heft 5: **Belastungsgrenzen bei Gerad- und Schrägverzahnung von Stirnrädern**
Bearbeitet von Prof. Dr.-Ing. C. Weber und Dr.-Ing. W. Thuß. Herausgegeben von Prof. Dr.-Ing. G. Niemann

Heft 10: **Versuche an Zylinder-Schneckentrieben**
Bearbeitet v. Dr.-Ing. E. Heyer. Herausgegeben v. Prof. Dr.-Ing. G. Niemann

Heft 11: **Formänderung und Profilrücknahme bei gerad- und schrägverzahnten Rädern.** Theoretische Untersuchung
Bearbeitet von Prof. Dr.-Ing. C. Weber. Herausgegeben von Prof. Dr.-Ing. G. Niemann

Es befinden sich in Vorbereitung:

Heft 4: **Reibrad-Regelgetriebe**
Bearbeitet von Dr.-Ing. W. Thomas. Herausgegeben von Prof. Dr.-Ing. G. Niemann

Heft 6: **Profil-Beziehungen bei der Herstellung von Schnecken, Schneckenfräsern und Gewinden**
Bearbeitet von Prof. Dr.-Ing. C. Weber. Herausgegeben von Prof. Dr.-Ing. G. Niemann

Heft 13: **Hinweise zur Anwendung der DIN-Verzahnungstoleranzen**
Herausgegeben von der Fachgemeinschaft Getriebe- und Antriebselemente im VDMA

Heft 14: **Die Grundgesetze der Umlaufgetriebe**
von Dr. A. Wolf

Schriftleitung: Geschäftsführung der Fachgemeinschaft Getriebe und Antriebselemente im VDMA, Düsseldorf-Oberkassel

GPSR Compliance

The European Union's (EU) General Product Safety Regulation (GPSR) is a set of rules that requires consumer products to be safe and our obligations to ensure this.

If you have any concerns about our products, you can contact us on ProductSafety@springernature.com

In case Publisher is established outside the EU, the EU authorized representative is:

Springer Nature Customer Service Center GmbH
Europaplatz 3
69115 Heidelberg, Germany

Batch number: 10577919

Printed by Printforce, the Netherlands